唐代服饰文化研究

兰　宇　著

陕西新华出版传媒集团

陕西人民美术出版社

图书在版编目（CIP）数据

唐代服饰文化研究 / 兰宇著. — 西安：陕西人民
美术出版社，2017.9（2020.10重印）
ISBN 978-7-5368-3407-1

Ⅰ. ①唐… Ⅱ. ①兰… Ⅲ. ①服饰文化－研究－中国
－唐代 Ⅳ. ①TS941.742.42

中国版本图书馆CIP数据核字（2017）第228637号

责任编辑：高立民　白　雪
封面设计：高　雅
书装统筹：徐静辉

唐代服饰文化研究

作　者　兰　宇

出版发行　陕西新华出版传媒集团
　　　　　陕西人民美术出版社
经　　销　新华书店
地　　址　陕西省西安市雁塔区登高路1388号
邮　　编　710061
印　　刷　陕西隆昌印刷有限公司
开　　本　889mm×1194mm　1/32
印　　张　11
字　　数　252千字
版　　次　2017年9月第1版　2020年10月第3次印刷
印　　数　10001－20000
书　　号　ISBN 978-7-5368-3407-1
定　　价　58.00元

目 录

绪论 走进隋唐盛世

公元581年，北周大将杨坚夺取政权，自立为皇帝，改国号为隋，年号开皇，定都长安。589年，隋文帝在平定北方之后，又南下夺取了南朝陈的政权，从而结束了从东汉末年到魏晋南北朝时期三百多年的分裂局面，重新实现了中华民族的大一统，中国历史翻开了新的一页。自从进入隋唐社会之后，中华文明焕发出了全新的活力，特别是唐朝，成为漫长的封建帝制社会最为鼎盛的时代。

确实，唐代有令人说不尽、道不完的辉煌成就——如文学中的诗歌、散文、传奇故事，艺术中的音乐、绘画、书法、雕塑、舞蹈、戏剧等，都是唐代文化的组成部分。而唐代服饰就像绚丽迷人的花朵，娇艳地开放在地球东方的大地之上，点缀在公元7世纪初到10世纪初这段漫长的特殊的历史画卷上。这一切都仰赖于唐代社会政治稳定、国力强盛、经济繁荣、文化发达、思想开放所奠定的坚实基础。

一

在中国封建社会，隋朝是继秦汉以后建立的第三个统一的封建帝国。隋朝和秦朝的历史命运非常相似：一是存在时间非常短暂，二是紧随其后都跟从着一个漫长而又更加强大的朝代。汉、唐是中国封建史上两个鼎盛时期，它们均创造出了辉煌的成就。隋朝和秦朝还有一个相似的地方是，尽管它们在历史上存在的时间都不长，但是所产生的历史影响却十分深远——如果要叙述汉朝历史，就绕不过秦朝；要叙述唐朝历史，同样也绕不过隋朝。隋朝是中国封建历史从低谷走向另一个高峰的过渡时期，它在政治、经济、文化等方面，都为后来唐帝国的建立奠定了较为坚实的基础。

《旧唐书》对隋文帝有一段赞颂性的文字描写，说他勤劳思政，事必躬亲，每天在朝廷理政，常常要从早晨忙到太阳西斜，和现在上班差不多。五品以上的官员们谈论政务、国事都以皇帝的行为作为表率，所以大家都很勤政。隋文帝当政时期，朝廷已经开始实施多项国家建设项目；隋炀帝执政期间，建设规模更进一步扩大。

隋朝最重要的建设项目有：一是大力兴建都城大兴城和陪都洛阳。隋朝建立不久，隋文帝就命令建筑师宇文恺营建大兴城（即长安城新区，在汉制长安城东南方向）。隋炀帝登基后，又命令杨素营建东都洛阳。经过倾力营建的长安和洛阳两都，宏伟壮观，遥相对峙，屹立于秦豫大地之上，是当时世界上著名的大都市。

二是广建粮仓。隋朝在长安、洛阳和其他地方广设仓库，规模之大，积贮之多，令人惊叹。著名的仓库有洛口仓和含嘉仓等。含嘉仓在洛阳城内，仅粮窖就有四百多座，其中大窖储粮达一万多石，小窖也有数千石。唐朝建立二十年后，隋朝储存在粮窖的粮食居然还没有吃完，可见其储备之一斑。

三是开通大运河。公元605年至610年隋炀帝连通了永济渠、通济渠、邗沟和江南河，建成了一条贯通南北的大运河。大运河长达五千多里，以洛阳为中心，北起涿郡（今北京），南达余杭（今杭州），成为当时世界上最长的一条运河。早在春秋时期，吴王夫差就开凿了连接江淮的运河——邗沟（即后来的江苏邗江）。隋炀帝在历代古运河的基础上，大兴劳役，连通了大运河。运河渠道深广，渠旁修筑御道，沿河遍栽榆柳，风景优美，极为壮观。大运河开通以后，商船漕运，络绎不绝，呈现出欣欣向荣的景象。正如《旧唐书》卷六十七《李勣传》中所说，隋唐之际，大运河"商旅往还，船乘不绝"。[①]唐人杜佑《通典》卷一七七《州郡典·河南府》写道："隋炀帝大业元年，更令开导，名通济渠，西通河洛，南达江淮……其交广、荆、益、扬、越等州，运漕商旅，往来不绝。"[②]

四是修筑驰道。隋炀帝为了防范突厥和高丽，下令在北方修筑了两条大道，西起内蒙古准格尔旗十二连城向东直达北京，改善了北方的交通状况。南北有大运河沟通，北方东西又有驰道相连，运河与驰道成为南北、东西连通的大动脉，为全国的交通便利提供了基本条件，更为唐朝以后的兴盛发达打下坚实基础。

经过考察，我们还发现，除了上述的建设项目外，隋朝对后代社会产生很大影响的原因还有两个方面：一是民族结构发生多元性变化，二是南北经济同时得到飞速发展。在南北朝时期，出现了中国历史上很有名的一次各民族大融合的局面。居住在北方的匈奴、鲜卑、羯、氐、羌等少数民族和居住在南方

---

① 刘昫等：《旧唐书》卷六十七，中华书局，1975，第2483页。
② 杜佑：《通典》卷一七七，中华书局，1988，第465页。

的僚族、俚族等少数民族，这时已基本上和汉民族融合。在风俗习惯与日常生活方面，各少数民族都在保留各自民族特征的基础上，与汉民族之间相互交融、联系密切。

在汉代以前，以黄河流域为中心的北方地区，无论是政治、经济，还是文化、艺术等方面，其发展和成就都远远超过长江以南的地区。长江以南诸地一直被视为蛮荒之地，即使在唐朝，甚至在北宋，朝廷获罪官员被贬谪至江南某地，就被认为是一种严厉的惩罚，韩愈、柳宗元、刘禹锡、苏轼等人的遭遇足以说明这一点。

南北朝时期，南北方的经济都有了相当大的发展。北方黄河流域的经济在五胡十六国时期曾受到很大的破坏，北方一部分贵族和知识分子，为了避乱，纷纷迁徙南方，大大增强了南方的经济实力，同时也提升了南方人群的文化素质。北方自北魏实行均田制以来，经济得到了一定的恢复与发展。长江以南的广大地区在劳动人民的辛勤开发之下，经济水平也有很大提高，一些地区甚至赶上并超过了黄河流域。当然，南方地区特别是过去的吴越之地是鱼米之乡，南朝时期政治稍有稳定，经济很快就发展起来。而南北经济的这种平衡与繁荣局面，为隋唐时期的服饰发展提供了雄厚坚实的物质保障。

有历史研究专家曾说过这样的话：在唐代以前，北方一直比南方发达，文明程度高。以历史上每一次腐朽政权被推翻的农民起义战争为例，在唐朝以前，都是呈东西方向起始，但是唐末农民起义战争却是呈南北方向发展。这说明南方的经济实力增强之后，已可以和北方抗衡了。事实上，就政治与文化所占的比重而论，中国历史政治与文化的重心一直是在北方。笔者认为，从明朝以后，中国经济的重心才完全呈现出向南方倾斜的态势，特别是清末以后，南方经济越来越发达，直到上海成为国际经济大都会，再到新时期的改革开放，东南沿海成为中国经济最发达、富裕的区域，这都是以后的事情。

经济是社会发展的基础。人类社会的发展，都得受到经济条件的制约，而任何思想观念的产生和发展，都离不开一定的社会历史条件，这个条件就是"从物质生产的一定形式产生：第一，一定的社会结构；第二，人对自然的一定关系。人们的国家制度和人们的精神方式由这两者决定，因而人们精神生产的性质也由这两者决定"①。马克思在这里所揭示的是精神生产的一般规律，也为我们研究唐代服饰文化提供了基本的思路。

二

隋朝初期，最高统治者就想根据周代就已经颁行于世的古制《周礼》，对本朝的衣冠服饰制度进行一番修改完善，为自己树立一个独有的历史形象。但是由于长期战乱的影响，周秦汉魏以来的冠冕式样和典籍文献已毁损、散失，难以找寻，到了隋朝只能靠一些抽象的文字资料进行整理。隋朝刚刚建立，从战争的创伤中走出来，第一要务是休养生息，恢复生产，在百废待兴之际，根本没有精力顾及服饰规范问题。到隋炀帝时期，国家才勉强着手恢复衣冠古制，出台了属于自己的冠冕制度。但隋朝对制定什么样的冠服制度，也没有一个完整系统的规定。宋代理学家朱熹曾评价说，从古代直至今天，衣冠服饰

---

① 《马克思恩格斯全集》第26卷，人民出版社，1965，第296页。

制度规定，祭祀的礼节中都是用冕服，上朝会时用朝服，全都是直领垂之。当今（指宋朝）的公服，很多人却都喜欢穿夷狄之戎服。自从古代胡夷等少数民族进入中原之地，再到隋炀帝巡游无度，而且命令百官戎服从驾，而朝官们只以紫、绯、绿三种服色作为九品的区别。这就不是先王所制定的法服，也不是当朝祭祀、上朝等重要场合所穿的正服，可以说都是胡乱穿着，不讲体统。究其原因，都是为了简便行事，不愿意遵守古法，而且还不愿意改变这种不合礼规的做法，真是不应该。戎服即作战之服，就是今天所说的军装，隋炀帝将其用于出游外访之服，很是不合古今已有的庄重严肃的着装规矩。但是，隋炀帝及其下属尚知道通过用服装颜色来区分随行官员的品位等级，这还算是沿袭了古代的冠服制度。

几乎是从服饰起源的那天起，先人们就已将其固有的生活习俗、审美情趣、款式与色彩的爱好，以及种种文化心态、社会观念等内容，都沉淀于服饰之中，构成了我们民族服饰文化特有的物质文明与精神文明相结合的内涵。我们希望从唐朝特色鲜明、品格独具的服装与配饰入手，借着对这个时代服装专题的研究，由表及里，上下关联，纵横发掘，为大家理清一条探索唐代服饰文化和服饰审美的路子。

中国的冠服制度最早起始于周代，《周礼》是我国最早的关于着衣制度的典籍。它不但对祭祀、典礼、临朝等正式场合的着衣有明确且严格的规定，而且对民间日常服装的穿着都有规定，甚至对服装的生产、管理问题也做了规定。可见其全面性、细致性与周到性，所以在整个中国封建社会时期都有着深远的影响。由《周礼》开始，几乎每朝每代都有自己特别制定的服装冠冕制度——有的叫《舆服志》，有的叫《车服志》。

规定冠服的等级差别不仅以颜色来区分，还以服装款式、服装质地、装饰（包括刺绣、图案、绘织）设计等来区别人的身份、等级。比如《周礼·春官》就有这样一段记载：

> 司服掌王之吉、凶衣服，辨其名物与其用事。王之吉服，祀昊天、上帝，则服大裘而冕，祀五帝亦如之；享先王则衮冕；享先公、飨、射，则鷩冕；祀四望山川，则毳冕；祭社稷五祀，则希冕；祭群小祀，则玄冕。凡兵事，韦弁服。视朝，则皮弁服。凡甸，冠弁服。凡凶事，服弁服。凡吊事，弁绖服。凡丧，为天王斩衰，为王后齐衰。王为三公六卿锡衰，为诸侯缌衰，为大夫士疑衰，其首服皆弁绖。大札、大荒、大灾，素服。公之服，自衮冕而下如王之服。侯伯之服，自鷩冕而下如公之服。子男之服，自毳冕而下如侯伯之服。孤之服，自希冕而下如子男之服。卿大夫之服，自玄冕而下如孤之服。其凶服加以大功小功。士之服，自皮弁而下如大夫之服。其凶服、亦如之。其齐服、有玄端、素端。①

这段文字非常详细明白地说明了上自帝王下至大夫、卿士的冠服穿着情况及其各种具体制度规定。

其实以衣裳的颜色来区分人的身份、等级的制度，从周代已经开始了。比如周天子上衣是白色，诸侯上衣是玄色，大夫、士和诸侯一样。天子、诸侯下裳均为朱色，大夫下裳为素色，上士为玄色，中士是黄色，下士是杂色。古代的服装分为

---

① 《周礼注疏》卷二一，《十三经注疏》（上册），商务印书馆，1956，第781－782页。

上衣下裳，一般上衣都用正色，下裳用间色，这种规矩是从周代就开始的。

从这种情况不难看出，起码在隋炀帝时，朝野内外的服饰礼规虽然有所恢复，但还远远没有像先秦那样发展成为一种法律制度，只是一种简单的行为。然而也正因为隋炀帝的随意之为，才得以为隋朝服饰的发展提供了一个较为宽松的环境，更为唐代服饰文化的全面发展和繁荣奠定了一个很好的基础。

三

谈到大唐的繁荣、富庶与强大，人们自然就会联想到伟大诗人杜甫在《忆昔》诗中所描绘的喜人景象：

忆昔开元全盛日，
小邑犹藏万家室。
稻米流脂粟米白，
公私仓廪俱丰实。
九州道路无豺虎，
远行不劳吉日出。
齐纨鲁缟车班班，
男耕女桑不相失。

短短的五十六个字，把整个大唐帝国经济繁荣昌盛、社会平安康泰、百姓安居乐业的升平情景，生动形象地展现于我们的眼前（图绪-1）。

在隋朝腐败不堪，农民起义不断，其政权处于风雨飘摇之际，公元618年，李渊在晋阳称帝，很快击败各地起义军和割据势力，统一全国。626年，李渊次子李世民发动玄武门政变，逼父让位，次年改元贞观。政权稳固之后，唐太宗君臣就经常研讨隋朝灭亡的原因及教训，他以"水能载舟，亦能覆舟"的道理，反复强调"存百姓"的思想，励精图治，并提出了有针对性的结论：一个政权如果过分暴虐，使百姓无法忍受，迟早会被人民所推翻。按照唐太宗原本的说法就是："为君之道，必须先存百姓。若损百姓以奉其身，犹割股以啖腹，腹饱而身毙。"[1]他又说："天子者，有道则人推而为主，无道则人弃而不用，诚可畏也！"[2]在这种民本思想指导下，唐代最高统治者除了实施减免赋税、鼓励农耕等休养生息的政策外，还敞开国门，促进中外的文化交流，使唐代的服饰文化得以在一个更加广阔的文化背景中借鉴、吸收、发展和提高。

图绪-1　唐代宝相花水鸟纹印花绢
（新疆吐鲁番阿斯塔那出土）

唐太宗在位期间，政治清明，社会稳定，人民安居乐业，加上有隋朝的建设积淀，经济很快重新发展起来，国力迅速增强，这就是历史上有名的"贞观之

①② 吴兢：《贞观政要》卷一，上海古籍出版社，2006，第1页。

治"。唐太宗的统治对唐朝的崛起起到非常良好的奠基作用，也为后代统治者树立了榜样。唐太宗自己总结说，治国就像栽树一样，树根长得坚实稳固，它就不会动摇，就会枝叶茂盛。这样君主才能清净，而百姓才会安居乐业。

唐朝初期有了李世民的铺垫，很快显示出强盛的趋势。俗话说得好，万事开头难，良好的开端是成功的一半。李世民对整个唐朝逐渐走向强盛的贡献主要体现在三个方面：一是政治上知人善任，虚怀纳谏。他认为，为政的首要之务，就是得到有用的人才。所以，他要求臣子们广开耳目，求访贤哲。他对人才的举荐和使用，不避仇怨，不拘门第，量才授职，所以当朝人才济济，贤相名将不胜枚举。同时，借助人才大力革新政治，在隋制基础上完善体制。二是经济方面轻徭薄赋，劝课农桑，并兴修水利，促进生产发展，而且戒奢从简，不准大兴土木。三是文化方面兴科举，以儒为师，大办学校，发展教育事业，传播知识。这和我们今天的科教兴国是一致的。正因为有这些措施，国家富强指日可待。后来经过武则天的治理，社会经济水平得到进一步提高，国家综合力量不断提升。直到唐玄宗时代，进入开元盛世。当时的李隆基力图改革，充满魄力。他选贤任能，改革吏治，大胆任用年富力强的人，精简官吏，定期考核在职官吏；大力发展生产，限制佛教，禁建新的佛寺；大兴文治，加强科举制度选拔，设立集贤院，广聚学者。这些措施的施行，终使唐朝政治清明，国家强盛，经济空前繁荣，唐朝达到全盛时期。这是中国历史上继西汉之后出现的第二个盛世局面。

法国哲学家、法学家、启蒙主义者孟德斯鸠在其著作《论法的精神》中说："我们看到在中国历史上有过二十二个相继更替的朝代，也就是说，经历了二十二次比较大的革命——这还不包括无数次特别的革命。最初的三个朝代持续时间较长，因为施政明智……但是大体上我们可以这样说，所有的朝代建立时都是相当好的。注重品德，处世谨慎，有警惕心，这些在中国都是必要的；但是这些东西在朝代之初还能保持，到朝代之末便没有了。实际上，开国的皇帝都是在艰苦的征战中成长起来的，他们推翻了沉湎于逸乐的旧代皇室，自然是尊崇品德，惧怕淫逸。因为他们曾亲身体会到品德的益处，也看到了淫逸的危害。然而在开国之初的三四个君主以后，后继的君主便成为腐化、奢侈、懒惰、逸乐的俘虏。他们把自己关在深宫里，不但精神萎靡不振，寿命也缩短了，皇室日见衰败……"[①]孟德斯鸠这段精辟言论就是针对中国历朝历代朝廷因奢侈产生的必然后果而做的总结，非常切合中国历史实际，唐朝自然也不会超越这样的规律。

四

隋唐时期，国家统一、强盛，交通发达，陆上和海上丝绸之路比较畅通。前期统治者都推行轻徭薄赋、劝课农桑等政策，国内各民族交往密切，互通有无，发展平衡。隋唐政府对外采取开放政策，中外经济交往频繁。这些因素使隋唐两代成为中国封建社会经济空前繁荣的发展时期。

首先，农业得到很大发展，北方一直处于较高的发展状态，而南方土地资源得到进一步开发，水稻产量得到提高，江

[①] [法] 孟德斯鸠：《论法的精神》，陕西人民出版社，2006年，第170－171页。

南成为重要的粮食基地。中国经济重心开始向南方转移。农业发展之后，农产品商品化程度提高，比如茶叶，逐渐成为这一时期人们生活的必需品。茶叶市场分布广泛，茶园规模越来越大，使国家经济力量得以更大幅度地提高。随着农业的发展，农副产品的丰富，手工业也得到很大发展。手工业主要有丝麻织品生产、瓷器生产等。丝麻织品有绫、锦、绡等十几类，每类又分许多品种，仅绫就有二十多种。关于绫，白居易有一首诗《缭绫》：

> 缭绫缭绫何所似？
>
> 不似罗绡与纨绮。
>
> 应似天台山上月明前，
>
> 四十五尺瀑布泉。
>
> 中有文章又奇绝，
>
> 地铺白烟花簇雪。
>
> 织者何人衣者谁，
>
> 越溪寒女汉宫姬。
>
> 去年中使宣口敕，
>
> 天上取样人间织。

缭绫是绫的一种，从诗中可以看出绫的华美程度，织绫人的辛苦，穿绫人的高贵，绫本身价格的高昂。绫最早产于浙江一带，所以诗中说是越女所织。绫是一种有彩纹的丝织品，光如镜面，像缎子却比缎子薄，就连罗绡与纨绮都难能与之相比，可见其珍贵程度。早在春秋战国时期，我国丝织业就已经发展起来了，文献记载和民间传说中的齐纨、鲁缟就已经证实了丝织业在那时的发展水平。绫在汉代已有很先进的生产水平，六朝时绫与锦已经同样贵重。到唐代时，其生产水平尤为发达，而且名目繁多，品种齐全。无论是宫廷还是民间，穿着和使用绫罗都很普遍，其中以蜀中出产的锦彩、吴越出产的异样纹绫纱罗和河南北纱绫最为著名。最早的绫表面呈叠山形斜路（纹路），人们形容"其纹望之如冰凌之理"[①]，所以得名为绫。它既然都超过了罗绡、纨绮，自然就只有在"天上取样人间织"了。

白居易这首《缭绫》诗列于《新乐府》五十篇中的第三十一篇。唐自安史之乱后，越州一带的丝织业在朝廷和官府的奖掖下急速发展，缭绫就是其中极精美的一种。元稹在《阴山道》诗中曾写道："越縠（一种薄而轻的绉纱）缭绫织一端（唐制以六丈为一端），十匹素缣（一种微带黄色的细绢）功未到。"意即用织十匹普通素绢的工力，也织不出一端缭绫。这种高级新型丝绸的精难程度可见一斑。为了满足宫廷贵族的消费需求，辛勤纺织的越溪寒女便不得不日夜操劳，甚至把自己一生的青春都付与丝织的劳作之中。元稹在《织妇词》中还写道："缲丝织帛犹努力，变缉（古代计丝的单位量词）撩机苦难织。东家头白双女儿，为解挑纹（挑成花纹）嫁不得。"足见当时缭绫贡户之辛苦、艰难。

江南经济发展水平的提高促进了丝织业的发展，唐代的服饰文化也得到了高度发展。

---

① 刘熙：《释名·释采帛》，中华书局，2016，第64页。

五

我们考察一个社会或一段历史时期，首先看它的政治，再看它的经济，最后由政治、经济再看它的文化。文化中包含着哲学、科学技术、文学艺术和民风民俗等内容。

隋唐文化博大精深、辉煌绚烂、耀眼夺目，堪称中国传统文化的精粹，在整个历史长河中具有无与伦比的崇高地位，影响深远；即使在世界历史上，也是独树一帜，至今对周边如日本、朝鲜等亚洲国家，影响深远。

文化是与政治、经济、科学技术以及自然科学等相对而言的概念，文化属于意识形态范畴，是建立在那个时代经济基础之上的上层建筑的组成部分。经济是基础，政治是经济基础的集中表现，而文化乃是政治和经济的能动反映，同时又对二者起反作用和巨大影响，它深深地根植于其所赖以生存的土壤之中。隋唐文化是隋唐时代人们在三百多年间所创造的一切物质财富和精神财富的总和。具体来讲，其物质财富表现为衣食住行和科技生产成就，比如服饰、饮食、建筑、交通、医疗等；精神财富表现为文学艺术、宗教哲学、历史与社会学、风俗礼仪等，比如诗歌、散文、传奇、戏剧、音乐、绘画、雕塑、舞蹈、工艺美术等。唐代文化成就最高的是文学艺术，文学中成就最高的是诗歌和散文。中华文化沃土在大唐时代孕育了像李白、杜甫、白居易这样的伟大诗人，像韩愈、柳宗元这样伟大的散文家；像张旭、颜真卿、柳公权这样伟大的书法家，像阎立本、吴道子这样伟大的画家……艺术珍品有流芳百世的唐三彩、敦煌莫高窟雕塑艺术宝藏、音乐《秦王破阵乐》、舞蹈《霓裳羽衣舞》（唐代舞蹈有健舞和软舞两种，健舞有《胡旋舞》《胡腾舞》等，软舞有《绿腰》《春莺啭》等）、绘画《簪花仕女图》……唐代文化艺术珍品数不胜数。隋唐文化是在继承以往中国传统文化的基础上，广泛吸收、兼容外来文化的精华而创造出来的一种具有鲜明时代特色和浓郁民族风格特征的开放型文化。隋唐文化以其深厚凝重和博大精深的特征，不但深刻影响着自己的后世文化，而且对世界其他国家也产生了巨大影响。因此，它也成为世界文化的重要组成部分。

　　隋唐时期，统治者推行开放、兼收并蓄的文化政策，为文化的发展创造了极为有利的条件和宽松氛围。另外，国内外各民族之间交往频繁、密切，在文化上相互融合、补充，为中华民族固有文化在深厚、凝重的基础上增添了刚劲、豪放、热烈、活泼、丰富的多民族色彩。中国和亚洲、非洲、欧洲的一些国家有频繁的往来，文化上大量吸收外部优秀的因素和成分，视域更加宽广。

　　隋唐（主要是唐代）服饰文化中有太多太多让后世人崇尚和骄傲的辉煌成就，唐代服饰中有很多让我们如数家珍一样的创造。比如"帝王尚黄"服饰色彩观念的出现，"石榴裙"服饰及概念的出现，"百鸟毛裙"的独创及影响，女性时兴穿着男装、胡装，女性崇尚以露为美的着衣风尚等，本书后文将给予充分的阐述。

第一章　唐代服饰文化的缘起

第一节　隋唐丝织业的发展

　　唐王朝虽然建立了新政权，但是统治者对刚刚丢失政权的大隋王朝失败的原因不得不进行深刻的反思。同时，他们也畏惧农民起义的强大力量。因此，大唐统治者在建国初期，就能够从巩固帝国统治的总体设想出发，施行一系列调整、改革的举措，比如实行均田制、租庸调制等政策，来缓和阶级矛盾。这些都非常有益于恢复生产，使人民得以休养生息，使社会得以安定和发展。唐代初期，老百姓在比较宽松和安定的环境里生产和生活，这就具备了发展生产、振兴经济的基本条件。唐代从贞观年间到开元时代的一百年的历程中，封建经济不断发展，在"贞观之治"之后，再经过武则天的巩固发展，终于迎来了"开元盛世"可喜的社会局面。

　　唐玄宗李隆基即位后，在其执政初年，尚能励精图治，革除武则天晚年以来统治集团内部所滋生的腐败痼疾；对佛教势力过度膨胀以及政局混乱不堪等弊病，给予果断的处理。青年时期，李隆基具有很大的政治抱负，能够倡导节俭，澄清吏治。在生产方面治理蝗灾、开垦荒地，扩大有效土地面积，同时兴修水利，发展农业生产。他是继太宗李世民以来，能够以国为本、躬身勤政、开明有为的好皇帝，他的作为为国家的发展奠定了非常坚实的基础。正是由于唐玄宗的躬亲政务，努力治国，大唐才出现了国力空前强盛、经济飞速发展、文化高度繁荣、中外交流极其频繁、百姓安居乐业的真正盛世景象，史称"开元之治"或"开元盛世"。

一、隋唐纺织业的发展和兴盛

隋唐丝织业的发展，是隋唐服饰发展的基础，丝织业发达的程度决定着隋唐服饰文化可能达到的水平与高度。隋唐丝织业是在春秋战国以来历史积淀的基础上发展起来的，并为其后世丝织业的发展打下了厚实的基础，推动了民族服饰文化的整体发展。所以，隋唐时期丝织业的发展并不是孤立的现象，它和前后的历史流变紧密联系，起到非常良好的承前启后的重要作用。

唐王朝在建立后的一百多年间，农业生产就已经达到了相当高的水平。在这一基础上，手工业也迅速发展起来，进而纺织、冶炼、造船、制糖、酿酒、文具纸张等行业全面发展、繁荣起来。在开元年间，全国出现了不少手工业集中的城镇和街市。据《唐书》《唐会要》等史书记载，当时规模比较大的手工业作坊有数十人乃至数百人之多。尤其是以纺织业为主的手工业作坊，在这一时期发展得更加迅速。只就织锦业来看，无论是在织造技术还是在图案花纹式样上，都有着重大的变化，其品类之丰富，花样之多，出现了前所未有的景象。这时出现了绫、罗、锦、绮、绢、纱、绡、絁（shī，音施，一种粗绸

子）、帛等品种，而见于文献记载的还远不止上述的这些品种。丝绸有这么多的品样，可见织造业的繁盛。

隋唐时期，尤其是唐代，织锦的水平和技术相当高超，而且唐代最高级的丝织品就是锦。唐代的锦纹样相当细密，染色也很精美，图案更为绚丽多彩，可谓丝织品中的极品。具体的品类大致有三种：最普遍的一种是直条的连续织纹，常见的是织成各种花卉图案，在花卉中连缀上卷叶，这种织品样式都是用来装饰衣服边缘的，比如领口、袖口、衣襟等处；稍微复杂的一种是很规整的散点图案织品，以很多散点组成各种几何图案的花样，基本呈格子状态，这种图案有菱形、龟背形、棋盘形等格子图案，有的还在格子图案中点缀上花朵图案，这些织品基本都是用于妇女服装，比如襦裙、霞帔等；最复杂的一种是以团花珠圈为中心，中间绣上祥瑞珍贵的鸟兽或者花卉图案，这就是非常高级的织锦了，也是唐代丝织物中最有特色、最受人们喜爱的纹样。这种复杂纹样的织锦大多用作富贵人家的装饰物。

织锦业在中国具有悠久的历史。据考证，至少已有三千多年的历史。我国早在春秋以前就出现了最早的锦类织物，《诗经·秦风·终南》中就有"锦衣狐裘""黻衣绣裳"的描述。湖南战国墓葬中出土过"深棕地红黄菱纹锦"和"朱条暗花对龙对凤纹锦"。锦分经锦和纬锦两种，若经线是彩色的，由经线显现花纹的就称为"经锦"；若纬线是彩色的，花纹基本上是由纬线显现出来的就称为"纬锦"。1959年新疆民丰尼雅遗址出土多种东汉丝织品，有"万事如意"锦袍、"阳字"彩格锦袜等。青海都兰还出土了"联珠对鸟纹锦上衣"（图1-1）等。

1969年，在新疆阿斯塔那发现了唐代锦袜。这种锦是在大红色地上起各种禽鸟、花朵和行云的图案，可以被视为是云裳

图1-1 唐代联珠对鸟纹锦上衣（青海都兰出土）

的具体表现。相对来说，经锦好织，只用一把梭子，生产效率相对高些；而纬锦织起来就比较费时费力，要用到两把以上的梭子，这样织出来的织品色彩丰富，图案多样。南北朝以前主要织的是经锦，隋唐以后，发展为主要织纬锦。唐代织锦的典型特征就是从织经锦发展为织纬锦。纬锦的纹样表现比经锦更为复杂细腻，当然也更加流畅美观，价格相对更昂贵。有一种锦产于南京，纹样色彩极为灿烂绚丽，辉煌耀眼，其华美程度宛如天上的云彩，因而得名为"云锦"。相传云锦起源于南北朝时期，发展于隋唐，在明清时期达到极盛。它是中国四大名锦之一。云锦主要包括妆花锦、库锦和库缎三种。妆花锦是以缎纹为地组织，地纬和片金线用通梭织造，彩色花纬用小梭子挖花，是中国古代织锦最高水平的代表，有"寸锦寸金"的美誉，被誉为"东方瑰宝"。

晚唐诗人温庭筠就有一首《织锦词》诗，诗中写道："簇簇金梭万缕红，鸳鸯艳锦初成匹。锦中百结皆同心，蕊乱云盘相间深。"诗人以他的生花之笔描绘了唐代织锦的盛况，也透露出织锦的繁忙、艰辛和不易。与温庭筠同时期的李商隐写过一首《隋宫》诗，其中"春风举国裁宫锦，半作障泥半作帆"

的句子，讽刺隋炀帝的穷奢极欲和糜烂生活。"障泥"是指骑马时为了防止扬起的土灰弄脏衣服，用丝织物罩起马腿、马蹄；"帆"是指船帆用丝织物做成，这样的糟蹋、浪费，不亡国才怪呢！唐末诗人陆龟蒙在《纪锦裙》一文中，描写他曾见到的一条锦裙上面织着二十只势如飞起的鹤，每只都是折着一条腿，口中衔着花枝。鹤群的后面还有一只耸肩舒毛的鹦鹉，鹤和鹦鹉的大小不一样，中间还间隔着五光十色的花卉。这当然纯粹是文学的夸张了（图1-2）。

说到这里，我们自然会想起李白的"云想衣裳花想容，春风拂槛露花浓。若非群玉山头见，会向瑶台月下逢"的美妙诗句，又会想起唐玄宗所创制的《霓裳羽衣舞》。唐朝从李世民执政的贞观年间，到李隆基即位后的开元时期，是最强盛的时期（图1-3）。这段时间之所以被称作盛世，是因为它在各个方面都表现得优秀、突出。丝织业生产的发展，织锦业

图1-2 绫地花鸟纹刺绣（青海都兰夏日哈出土）

图1-3 唐代大宝相花纹毡，以羊毛制成天蓝色地，白、黄、绿、青、红多色图案，硕大的宝相花由繁花环绕，于富丽堂皇之中见庄重典雅，颇显盛唐之繁荣华贵气象

的成就就是其中一个具体表现，这和诗歌、音乐、舞蹈、绘画等文学艺术所取得的成就是一样的。

因为锦很贵重，所以人们就喜欢用"锦"字来比喻美好的事物，比如成语就有"锦绣前程""锦心绣口""锦天绣地"等。

唐代珍贵的丝织物还有著名的缭绫，在绪论中已经举了白居易《缭绫》诗的例子，这里不再重复了。

二、唐代纺织业的管理制度

唐代统治者对纺织业非常重视，承隋制，置织染署，掌管织造天子、嫔妃、宫女及群臣的冠冕、服饰、组绶、瑞锦、官绫以及其他丝织品等。由织染署规定并设计织成的丝织品，有对雉、斗羊、祥凤、游麟、神龙等纹样品类，色彩华丽，图案精美。这些纹样的织法是由唐代初年一个叫窦师伦的人设计的。生产这样的纺织品，都设有专职官员监督、巡视，不能随便生产，更不准流传到宫廷外面去，否则是要治重罪的。这些织品每年的花费、织品的数量、样品等都要向朝廷奏明，不能没有记录。唐太宗在位时，曾下诏规定：在外所织造的大张锦、独软锦、瑞锦等，"并宜禁断"；绫锦花纹凡织成盘龙、对凤、麒麟、狮子、天马、辟邪、孔雀、仙鹤、芝草、万字以及羌样文字（特指印度梵文）等，也要"一律禁绝"。《旧唐书·后妃传》中记载，武则天当政时期，织染署所领作坊有绫锦坊织工共三百六十五人，内作使绫匠八十三人，掖庭绫匠一百五十人，内作巧儿四十二人。另外，还记载有唐玄宗宠幸杨贵妃期间，曾专为贵妃院做工的织工和绣工多达七百人以上，其中有很多织锦女工（被称为巧儿）。对那些手艺高超、技术精湛的织女，官府不允许她们结婚成家，怕她们把织锦技

图1-4 唐代狩猎纹夹缬绢丝绸织品（新疆吐鲁番阿斯塔那出土）

图1-5 唐代联珠对马纹纬锦（新疆吐鲁番阿斯塔那302号墓出土）

艺传到宫外。她们把美好青春乃至一生精力都耗费在皇宫里，正如晚唐诗人秦韬玉在《贫女》诗中写的那样："苦恨年年压金线，为他人作嫁衣裳。"（图1-4，图1-5）

唐代著名诗人元稹在江陵做官时，就曾目睹谙熟挑纹技巧的织户女子，因为被限制而不能出嫁，最后独自终老一生。那时的手工业者想靠自己超人的特殊手艺甚至绝活维持自己的生计，或企图获得更好的独占性的利益，就不得不采取一切可能的办法，严守各自的技术秘密，绝对不可能传授给外人。按理，他们靠自己独特的技能应该比一般人生活得更好些，得到更多的生活优待和恩惠，但事实上，他们一旦成为朝廷看中的对象，可能就因此而招来厄运。正如前面所说的那些织锦巧儿终身不能嫁人成家，要把所有的能力和精力耗费在劳作之中，没有自己的自由，无法实现自己的生活理想，这是非常残酷的遭遇。宋代诗人陆游在《老学庵笔记》中就记述了类似的事例。他说，在唐代的亳州这个地方，出产轻纱这样超薄的丝绸，拿在手里感觉好像没有拿什么东西。用它裁剪做成衣服，宛如烟雾一般美丽迷人。在整个亳州，只有两户人家能够纺织这种轻纱。这两户人家渐渐成为大户，他们世世代代互为婚姻，不与其他人家结姻，就怕其他人家得到这种轻纱的纺织秘法。有人说，这两户人家纺织轻纱，从唐代以来，已经有三百多年的历史。原话是这样说的："亳州出轻纱，举之若无，裁以为衣，真若烟雾。一州惟两家能织，相与世世为婚姻，惧他人家得其法也。云：自唐以来名家，近三百余年矣。"[1]

无论是锦，还是绫，这些精美的丝织品在唐人手中所取得的辉煌成就，无疑是美的创造物。

三、唐代丝织业重心的转移及衰落

安史之乱以后，唐朝社会的经济重心也开始从北方转移到南方。此后，江南的养蚕业，缫丝业，丝织和绸缎、绫锦的生产，出现了前所未有的繁荣发达景象。人们纷纷扩大桑树种植面积，丝织生产规模不断扩大，生产技术水平迅速提高。在从天宝到贞元的不到一百年的时间里，丝织业整体水平大幅度提高。农桑和丝织业之所以能在南方发展起来，和魏晋南北朝时期很相似的一个潜在的原因是，为了躲避战祸，北方很多种桑养蚕和纺织丝绸品的能工巧匠都大批地流徙到江南。唐人李肇《国史补》卷下"越人娶织妇"一条记录了这段历史事实——浙江东道节度使薛兼训在唐大历二年（767）曾下密令，让军

---

① 陆游：《老学庵笔记》卷六，中华书局，1979，第80页。

中尚未结婚的士兵，去北方"娶织妇以归。岁得数百人，由是越俗大化，竞添花样，绫纱妙称江左矣"[①]。

安史之乱后，北方生产遭到严重破坏，老百姓的生存都无法保障，更不必说给朝廷供给服装了。朝廷对内化解矛盾无能，但是对无辜的老百姓却残酷榨取，毫不留情。当北方的百姓承受不住时，逃亡、迁徙、流动就成为必然。朝廷在北方得不到更多的好处，便转而求诸南方，这无形中促使南方纺织业迅速发展起来。在贞元中期，江南每年向朝廷进贡缭绫，专供朝廷使用。

总之，隋唐前期生产的发展、经济繁荣自然相应地带动了丝织业技术的发展，进而丝织品的样式、花型、质量等全都超过了以往，甚至有些品种的生产是空前绝后的。但因有些工匠将其技能严密保守起来，概不外传，致使一些可贵的丝织工艺失传，给民族文化遗产的流传留下空白，这是无法弥补的损失。

不管怎么说，唐代发达的丝织业，为服装业的兴盛奠定了坚实的基础，没有隋唐丝织业的持续发展，如何会有云锦、缭绫、霓裳羽衣这样的辉煌成果？

---

① 李肇、赵璘：《唐国史补·因话录》（卷下），上海古籍出版社，1979，第276页。

第二节 秦汉服饰理念的延续
——远逝的历史背影

　　隋唐时代的服饰无疑是在秦汉及魏晋南北朝的基础上起步发展的。世间任何事物的发展变化，都有其特殊的历史背景以及嬗变轨迹。

一、隋代的服饰状况

　　隋代的服饰，直接沿袭了周秦和汉晋的旧制。国家刚刚建立，一切都显得很稚嫩、脆弱，这是自然规律（图1-6）。到了隋炀帝时期，服饰从样式到用料，逐渐成熟起来。《隋书·礼仪志》记载：

图1-6（a） 新疆民丰县北1号墓出土后汉至魏晋时期"万世如意"锦袍

图1-6（b） 湖南长沙马王堆1号墓出土汉代印花敷彩绛红纱锦袍

及大业元年（605），隋炀帝始诏吏部尚书牛弘、工部尚书宇文恺、兼内史侍郎虞世基、给事郎许善心、仪曹郎袁朗等，宪章古制，创造衣冠，自天子逮于胥皂，服章皆有等差。若先所有者，则因循取用，弘等议定乘舆服，合八等焉。

至（大业）六年后，诏从驾涉远者，文武官等皆戎衣。贵贱异等，杂用五色。五品已上，通着紫袍，六品已下，兼用绯绿，胥吏以青，庶人以白，屠商以皂，士卒以黄。[①]

从上述史籍资料中可以看出，隋朝建国二十多年时间都还没有定下自己的服装。

隋炀帝虽然召集相关官员，一起商议本朝服饰的问题，对官民的服饰等级差别做了明确规定，但是在实际生活中，官员和百姓平常服装也会随着社会风气的变化而发生相应变化，不可能按严格的制度限定每一个人的具体穿着。综合史料情况看，隋文帝在位的隋朝初年，从上到下，人们着衣还是比较简朴的。其实每个朝代建立之初都是这个样子，刚刚结束了战乱，从天子到公卿，再到黎民百姓，人人思安，百业待兴，从简戒奢，这是符合历史规律的。从隋炀帝起，国家经济发展了，积蓄相对厚实了，物产也丰富了，国库充实了，社会风气由俭入奢。隋炀帝崇尚华丽豪奢的举动，也对唐朝后来服饰追求的华贵艳丽的审美取向，产生了不可低估的影响。

二、唐代服饰承前启后的特征

唐朝政权延续时间长，和汉朝一样成为中国历史上最强盛

---

① 魏徵等：《隋书》卷一二，中华书局，1979，第262页。

的朝代之一，其服饰的发展空间非常大，不但很好地继承和发展了民族服装传统中良好的体制，也表现出很多创造性的壮举。唐王朝接受少数民族文化，在京城长安大量容纳胡人。汉人服装在很大程度上融入胡服的元素：一是服装变得越来越华美；二是胡人男装为唐朝女性所喜欢，这也是服装美化的一个方面（即充满阳刚之气）；三是社会上出现汉人直接穿胡服，并学习化胡妆的现象。开元、天宝年间，长安、洛阳化胡妆风气极为兴盛。诗人元稹在《和李校书新题乐府十二首·法曲》中较为详细地描绘了唐人化胡妆、学胡人音乐、骑马和舞蹈的盛况："自从胡骑起烟尘，毛毳腥膻满咸洛。女为胡妇学胡妆，伎进胡音务胡乐。火凤声沉多咽绝，春莺啭罢长萧索。胡音胡骑与胡妆，五十年来竞纷泊。"

唐朝发展到全盛阶段后，不仅中国周边的亚洲诸国频繁来朝，学习中国的文化、政治制度以及包括服饰在内的其他礼仪制度和有关知识，就连西方欧洲诸国也不断地到中国来访问交流。外国使者到中国来学习的同时，也把自己文化中丰富、合理的元素带到了唐朝，为唐文化注入了新鲜的血液。在唐代这个特殊的历史时期，民族本体文化和多元的外来文化的融合、交流达到了顶峰。在这个处于空前开放和充满自信的历史阶段，唐人服装中自然也融入了更多新的内容。

唐人喜欢胡人服装、妆饰等，除了唐代社会特别开放的直接原因外，还有一个潜在的原因，就是唐王朝统治者身上流淌着胡人的血液——李家的祖上就是鲜卑族。鲁迅先生也曾说过"李唐王室大有胡气"的话。

唐代还出现了妇女们喜欢戴的花冠。花冠是由桃、杏、荷、菊、梅等花卉集合在一起编织成的首饰。后来，宋代人将花冠的样式发展到了极致。比如有的人将花冠做成玉兰花苞形状；有的人则将头发梳成高髻，再将各种花朵堆成宝塔形状，装饰在头上；有创意者将能找来的一年四季的花朵品种合插于头冠之上，将这种装饰叫作"一年景"。这种新颖的创造对宋明以后妇女产生了深远的影响，受到后世妇女的喜爱。唐代最早出现的"石榴裙""百鸟毛裙""孔雀裘"等，被文人墨客盛赞不已。这些无不反映出唐代人继承中国古代先民开发自然、利用自然来美化自身的聪明才智，以及以自然为美的服饰观念。

第三节　魏晋思想解放风气的影响
——播撒开放的种子

说到盛唐，我们自然会想到帝国疆域的广大、文化的精深博大、人们思想的自由开放、人才济济、英雄辈出等特征。唐代初年，正像一个血气方刚、年富力强、心中充满希望、浑身总有使不完劲儿的青年人，朝气蓬勃，生机无限。唐朝政令统一，国家团结，国土连通四海，有着"万国衣冠拜冕旒"的辉煌与威严。在唐代初期，人们既可以畅所欲言，为国家建言献策，又可以以自己的真才实学，通过科举选拔的道路，实现个人"朝为田舍郎，暮登天子堂"的价值和梦想。正是这样一个开放与包容的时期，焕发了整个社会有识之士积极奋斗、拼搏向上的进取精神和生命激情……

一、对三大文化体系的兼收并蓄

盛唐迥异于历史上其他任何封建王朝的时代精神，为其服装文化的灿烂辉煌和丰富多彩，提供了丰厚的物质基础和精神准备。唐代宽松、自由的文化氛围，给整个社会提供了奇异而崭新的创造动力。唐代社会的种种力量聚合在一起，为人们营造出一个又一个平等自由、兼收并蓄的平台，让有志者来倾力展示，并伺机脱颖而出。

儒、道、释三大文化体系原本具有相互抵牾的性质，但是唐朝君主却将这三者融合起来，彼此互补，并将其作为立国的理论基础。唐代人表现出空前的包容、宽松、开放的思想理念。唐玄宗尊崇文化，尤其倡导儒、道、释三种文化并存，并亲自为三种文化的重要经典《孝经》《道德经》和《金刚经》进行注疏。在他的身体力行和大力推行下，翰林院里荟萃了各方面的文化精英，涌现出了李白、杜甫、王维等一批成就卓著的大诗人，也涌现出了吴道子、李思训、周昉、张萱等大名鼎鼎的画家，还有张旭、李阳冰、颜真卿等出类拔萃的书法大师，以及李龟年、永新、念奴、公孙大娘、杨玉环、张云容等优秀的歌唱家和舞蹈家。在文学艺术之后，中原和西域、北方少数民族往来密切，少数民族的胡文化和新颖的服装深深地影响了以传统为主的中原服装。两种服饰文化相互交融、相互影响，彼此不断地在服装款式、颜色、用料等方面有所改进，花样不断翻新，令人耳目一新。比如妆面光眉形就有十多种，发式几十种，面饰花样多不可数，各种新型服装款式、样式不断时兴于宫廷，再由宫廷很快影响到民间，进而再风行海外。游艺性的击毬、斗鸡、顶竿、绳技、舞马、荡秋千等娱乐形式，丰富整个王朝的社会生活，多姿多彩的文化孕育出了丰富多彩和开放自由的社会风尚。

隋朝时，隋炀帝经常外出游玩，随从官员为图方便，喜欢穿着戎装，而天下百姓都喜欢穿着戎装。盛唐时期，中原人穿衣随意任性，谁想穿什么服装，没有人限制。比如中原的人们喜欢穿胡服和游牧民族的靴子，"士女皆竞衣胡服"，戴胡帽。受西域习俗影响，妇女们盛行穿男装，而女装则流行袒胸窄袖，这是各种文化广泛交融后出现的可喜局面。隋唐两代，特别是盛唐时期，社会盛行骑乘之风，无论帝王、公卿贵族，

图1-7　陕西乾陵章怀太子墓出土壁画《狩猎出行图》

还是普通百姓，甚至僧尼，只要出门都喜欢骑马或者骑驴，连贵族女子也喜欢骑马出门。《步辇图》《虢国夫人游春图》《丽人出行图》《狩猎出行图》（图1-7）等绘画反映的就是这样的生活状态。

二、对魏晋自由风习的传承

魏晋服装观念在受到道家哲学思想的影响之后，从先秦时代一直流行的那种以自然物质的某些特征来比拟和象征社会伦理精神，以服饰穿着显示人的社会身份、突出等级制度的做法

有所减弱，代之而来的是魏晋时期人们更加纯粹、更加广泛地将自然万物运用于服饰，以满足自己的爱美之心。而且这个时候，人们的着衣观念、着衣行为等，全不受上层社会（具体来说就是统治者）的约束限制，人们我行我素，想怎么选择就怎么选择。这个时代可以说是春秋战国以后，中国最自由的一个时代。这样的时代特征最终孕育了人们装饰服装的一种自觉行为。（图1-8，图1-9）但是，不管是侧重于自然的比拟意义的美，还是侧重于自然事物本身的感性形态的美，中国古代始终将自然界看成是一个多样统一的和谐整体，并将这种认识通过各种方式表现在服饰上。从上衣下裳的形制，到上玄下黄的服色，从历代帝王冕服上绘制的日月星辰等纹样图案，到平民百姓"衣裳相连，被体深邃"的整体造型，无不表现出中国古代崇尚自然、以和谐统一为美的服饰美学观念。将自然界有机统一的整体性同人的穿戴相联系，并在这种联系中创造出源于自然又高于自然的服饰美学效果，体现了古代人对自然美和人的关系的发现与升华，以及对自然与人之间所存在的异质同构关系的正确领悟和成功实践。这不但使中国古代服饰文化观念和

图1-8　魏晋南北朝高古游丝

图1-9　魏晋南北朝女服

美学思想从中获得了取之不尽的智慧，而且对于后来隋唐时代服饰的进一步发展以及隋唐服饰审美标准、文化价值观念的创新，具有多方面的暗示、启迪、引导和影响作用。

我们都知道，魏晋时代尽管相对开放，但是社会统治的严酷、政治的黑暗残酷、各集团之间斗争的尖锐复杂、阶级矛盾的深化和激烈，并不比其他历史阶段弱。但由于朝代变换快速，政权更替频繁，统治者对民众思想的钳制相对不是那么严厉，再加上魏晋南北朝时期外来文化的影响、民族的大融合等有利因素，缓和了阶级矛盾，人们的思想相对来说是自由、开放的。这时影响整个社会的主流文化及思想观念，也不单纯只是汉朝规定的单一的"罢黜百家，独尊儒术"，人们在儒学之外，更喜欢信奉老庄哲学，所以这时的玄学就非常盛行。东汉以来，佛教在以洛阳为中心的中原一带也很盛行，人们的思想观念呈多元化状态。思想观念的相对开放和宽松，势必影响到服装。因此，魏晋南北朝时期人们的服饰观念就比较开放了。

思想观念影响到人的行为，自然也就形成了魏晋时期人们特殊的着衣习惯和着衣行为。这时候出现了王羲之袒胸露腹的情状（性情放达，不拘一格），出现了"竹林七贤"粗服乱头的风习（反对时政，消极抵抗），出现了富有诗意和创见的飞燕华带垂髾服（潇洒飘逸之风度在服装方面的体现）（图1-10）、王子猷"雪夜访戴"的魏晋名士的风流之举等，这些都不是奇怪现象。这些现象只有在两晋这样的特殊时期才会出现（图1-11）。按鲁迅先生的说法，晋人的风格当始于曹操。他在著名的演讲《魏晋风度及文章与药及酒之关系（九月间在广州夏期学术演讲会讲）》中说，曹操好写文章，在文章中提倡清峻、放达、通脱之精神，特别是放达、通脱精神，本意就是随心随意。曹操这种精神影响到文坛，便产生大量想说什么便说什么的文章。更因思想通脱之后，废除固执，所以能充分容纳异端和外来思想，因此，孔孟儒教以外的思想能够源源不断地被引入文坛以至于社会。这种思想和文化精神对隋唐的影响是非常大的。①唐代思想开放、文化兼收并蓄的根源，恐怕就在这里。

图1-10　魏晋南北朝飞燕华带垂臀服

魏晋服装尚宽大、飘逸，以宽衣博带形容很恰当，通俗观点都以为这是魏晋风度的必然体现，鲁迅先生在讲演中也做了特别申述。他说，魏时有

图1-11　顾恺之《洛神赋图》局部

① 见1927年8月11至17日广州《民国日报》副刊《现代青年》第173-178期。

一个叫何晏的人，他对当时的影响是巨大的，一是他首创了魏晋的清谈之风，二是他因有病，常服一种叫"五石散"的药。"五石散"（成分大约是石钟乳、硫黄、白石英、紫石英、赤石脂，另外还配点别的成分）其实是一种毒药，在汉代时，世人还不敢吃，何晏可能将药方略加改变，便开始吃了。开始有钱的人吃，再后来世人都吃。

从史书记载来看，吃了这种药，人能转弱为强。五石散的流毒和清末的鸦片差不多。这个可以从隋朝巢元方的《诸病源候论》一书中看到。吃这种药是非常麻烦的，先吃下去不要紧，但过后药效逐渐显出，名叫"散发"，如果没有"散发"，就有弊而无利。因此吃了之后不能休息，非走路不可，因为走路才能"散发"，所以走路就叫"行散"。后来的人不知其故，以为"行散"即步行之意，所以不服药也以"行散"二字入诗，就闹了笑话。

服药走了之后，全身发烧，发烧之后又发冷。普通发冷宜多穿衣和吃热的东西，但吃药后的发冷正好相反：衣服要穿得少，要吃冷的食物，再用冷水浇身。如果穿衣多而吃热食，就非死不可。因此五石散又名寒食散。只有一样不必冷吃的就是酒。吃了五石散之后，身上的衣服要脱掉，用冷水浇灌，吃冷东西，饮热酒。这样，五石散吃的人多，穿厚衣的人就少。因为皮肉发烧之故，不能穿窄衣。为预防皮肤被衣服擦伤，就非穿宽大的衣服不可。现在有许多人以为晋人轻裘博带、宽衣是人们高逸的表现，其实不知他们是吃药的缘故。一般名人都吃药（包括有钱人，穷人经济拮据吃不起），所以穿的衣服都宽大，不吃药的人也跟着名人，把衣服穿得宽大起来了！（图1-12，图1-13）这种喜欢穿着宽大服装的风尚自然也影响到了唐代初期人们的服装穿着（图1-14）。

　　不仅如此，魏晋时期的人们吃药之后，因为皮肤容易被磨破，穿鞋也不方便，因此不穿鞋袜而穿屐。所以我们看晋人的画像和那时的文章，只见他们衣服宽大，不鞋而屐，以为一定是很舒服，很飘逸的了，其实他们心里都是很痛苦的，迫不得已而已。更因皮肤易破，不能穿新的而宜于穿旧的，衣服便不能常洗。因不洗，便脏而多虱。有人把魏晋人的服饰特征总结为"粗服乱头"，冠之以飘逸洒脱，其实也是误解。在魏晋文章中，虱子的地位很高，王猛"扪虱而谈"在当时及后世竟传为美事。关于魏晋人服五石散的情形在其他书中，包括晋代葛洪的《抱朴子》中都有记述。

　　到东晋以后，作假的人就很多。在街旁睡倒，说是"散发"以示风度，就像清朝时人们尊崇读书，于是就有人以墨涂唇，表示他是刚刚写完许多字的样子。所以，魏晋人宽衣博带、舍鞋穿屐、赤身散发等，引后人效仿，与理论的提倡实在无关，只是一种世风罢了。据传，这种服散的风气，从魏晋开始一直影响到隋唐，因为唐时还有"解散方"，即解五石散的药方，不过吃

图1-12　魏晋南北朝时期，北齐贵族男女着装

图1-13　壁画《出行图》中北齐贵族男子着装（山西太原娄叡墓出土）

图1-14 唐代男子着装（陕西乾陵陪葬墓章怀太子墓出土壁画仪仗图人物，穿着宽大的翻折领襕衫）

承，这是毋庸置疑的。

的人已经很少了。

魏晋名流也喜欢喝酒，喝酒时衣服不穿，帽子也不戴（或不裹头巾）。"竹林七贤"代表人物刘伶曾作过有名的《酒德颂》，他是不承认世上从前约定俗成的道理的。曾经有这样的事，有一次有个客人见他，他不穿衣服，客人就责问他，他反诘客人说，天地是我的房屋，房屋就是我的衣服，你为什么钻进我的衣服中来？这也是魏晋风度特殊的表现方面。

隋代存在的历史时间比较短暂，服饰体制还未来得及确定，只是处于草创阶段，盛世唐朝就很快出现了。隋唐服饰文化和秦汉、魏晋有着永远割不断的传承关系，既有表征的直接传承，更有内在精神本质的间接传

第二章　唐代服饰面貌大观

第一节　隋唐时期的服饰制度

在整个中国服饰文化史上，每一个王朝都有每一个王朝的衣冠服饰制度，从东汉到清朝都是齐全和系统的，而世界其他国家都没有做到像中国这样完备、详尽的关于服饰穿着的制度化建设。自从《周易·系辞下》记录了"黄帝尧舜垂衣裳而天下治，盖取诸乾、坤"的言辞，《通鉴外纪》也有"（黄）帝始作冕垂旒，充纩，元衣黄裳，以象天地之正色，旁观羽翟草木之华，变为五色为文章而著于器服，以表贵贱，于是，衮冕衣裳之制兴"的记载①。从《周礼》开始，中国有了第一部衣冠服饰制度的典籍，这就为后世树立了服饰制度建设的典范。即使在时间极短的太平天国时期，统治者们也制定了较为完整的服饰制度。

不管是隋朝还是唐朝，它们一建立，起初都是沿用或参照前朝服饰旧制。随着时间不断向前推移，它们才逐渐开始制定

---

① 转引自陈茂同：《中国历代衣冠服饰制》，百花文艺出版社，2005，第6页。

适宜于自己发展的舆服制度，并按照一定思路，从规定天子和朝臣百官的冠服开始，按照颜色、款式、质地用料等内容区分等级，用纹饰来表示官阶高低，走上了中国传统服饰发展的正规路子。比如隋代朝服尚赤，戎装尚黄，常服则用杂色。而唐代以赤黄色为最尊贵，红紫、蓝绿、黑褐逐次降低，白色是最没有地位的颜色。

一、隋朝的衣冠服饰制度

隋初的服饰制度，基本延续的是汉魏晋的旧制度，到了隋炀帝执政时，才大致定出了本朝的服饰制度。这在《隋书·礼仪志》中有明确记载。

朝廷的法令虽有明确规定，但是在实际生活中，官员和百姓们在平常的服饰穿戴和打扮上，并没有严格按照制度行事。相对来说，隋朝时，从隋文帝到隋炀帝的短暂的三十七年间，社会上的奢华风气还没有形成，整个国家人们的穿着还是比较简朴、素雅的。隋炀帝尽管奢侈荒淫，但是他的作为对民间产生的影响还不是很大，只是朝廷的宦官服饰有了一点规制，平民百姓的穿着相对自由一些。

1. 冠簪制度

隋代官员的穿着是有要求的，首先是官帽的要求。按照《隋书》的记载，当时称为"武冠"，这种冠帽是由汉代的"梁冠"去梁后改进而成的。从晋代开始，"梁冠"渐渐缩小了，叫作"小冠"——在顶部横别一个小簪导，挽在发髻上。簪导用不同的材料制成，用以区别佩戴者的身份和官职等级。发展到隋代，簪导用金、玉、犀角、象牙等材料做成，形状为圆锥形，一端为方头，从帻部的圆孔横穿发髻，长约一尺，两端常常露出一寸左右。

2. 缠须制度

隋代男子的缠须风俗始于魏晋南北朝时期。早在魏晋时期，社会上就已经开始流行男子缠须的风气，人们认为这样可以增加男子的美观程度。《晋书》称著名文人张华"多姿（髭须），制好帛绳缠须"。南朝诗人谢灵运因胡须长得很长，垂到腹部，他临死时，留下遗愿，将胡须施舍给南海祇园寺，以装饰维摩诘塑像（图2-1）。在隋代，男子缠须仍然是很流行的社会风尚，而且不管是文人、武士，还是平民百姓，男人们都把有胡须看成是一件很骄傲、很自豪的事情，并给予精心保护和细心料理，平时也很注意修饰胡须。

图2-1 从谢灵运意象图上可以看出魏晋南北朝时期人们对胡须的重视程度（刘永辉画）

从出土的大量青釉陶俑中，我们能够看到隋代男子对胡须关心照料的景象。

从魏晋南北朝时期直到隋代，男子的胡须呈现出各种样式，比如有编成辫子让它自然下垂的；有分成两股让其垂悬于下巴两旁的；有虽然没有细心缠裹，却处理得整整齐齐的；也有把胡须梳理得整整齐齐，让其像瀑布一样下垂的；还有把胡须两端处理成菱角式样，使其稍微向上翘起的。这种以胡须为美，变着法子把胡须弄出各种花样的行为，在隋代成为一道风景，其他朝代不曾有过这样的时尚。传说这种风气一直影响到唐代，太宗李世民因蓄虬髯，竟以须悬挂弓角。所以贵族、武

士也保留着留须的风尚。

3. 男子衣着

隋代官员按照身份的不同和官位的高低穿着不同颜色的衣服。隋代制度规定，紫色衣服只有高级官员才能穿，地位低下的一般官员不允许穿。武官穿的裲裆铠甲用金银装饰，有的以虎皮来装饰。隋朝初年，朝廷采纳内史侍郎虞世基的建议，恢复在帝王冕服上绣日月图案的制度，即把日月绣在左右肩膀上，把星宿绣在后领下，以彰显天子"肩挑日月、背负七星"的寓意。唐代阎立本所绘《历代帝王图》（图2-2）中的隋文帝戴冕冠，穿红色绣花镶边、对襟广袖冕服，脚着赤舄（xì，音细，古代的一种鞋。隋唐时期演变为笏头履）；其身边两位侍从头戴笼冠，身穿白地间红色条纹交领广袖大袍，脚着笏头履。

图2-2　阎立本《历代帝王图》
（局部）中穿冕服的隋文帝

4. 妇女服饰

隋炀帝在民间大选美女充盈宫室，隋宫当时汇聚着千名美女，争奇斗艳而专事修饰，头上珠玉满冠，身上彩帛围裹，以取悦皇帝。所以隋朝从隋炀帝开始，奢靡之风日甚。由此，宫廷女子华丽衣裙渐盛。民间女子也竞相效仿"宫装"，这种风气直接影响了唐代的衣着风尚。诗人王涯在《宫词》

里写道："一丛高鬓绿云光，官样轻轻淡淡黄。为看九天公主贵，外边争学内家装。"民间盛行"宫装"，这是后来唐代妇女沿袭隋代华丽遗风的明证（图2-3）。

图2-3 唐代乾陵陪葬墓永泰公主墓壁画中梳各种高髻，身着半臂、帔帛、宽衣大袖长裙，脚穿重台履的宫女贵妇们

从隋代开始，妇女崇尚小脚（有些史籍传说妇女崇尚小脚是从南唐李煜开始的），这种风气延至五代，之后便出现了摧残妇女缠足的恶习。

隋代妇女流行的服饰是小袖长裙，上层妇女的衣着受到齐梁风气影响，仍然穿着大袖衫，地位较低的妇女一般穿小袖上襦。贵族妇女出行或进香时多穿着大袖衫，肩上加披风小袖衣，此外再没有其他装饰。敦煌莫高窟第303窟中的隋代壁画女供养人中的女主人，头上梳的是平髻，内穿大袖衣，外披通裾大襦，下着高胸宽大覆地长裙；身后侍女内着小袖衣，外披红色通裾小袖翻领衣，下着白色高胸曳地长裙，头上梳的是双丫髻（图2-4）。

图2-4　敦煌莫高窟壁画中穿窄袖长裙的女供养人

5. 鞋履

隋代官员脚上穿的一般是履、舄。当时法令规定，百官入朝觐见皇帝都得脱履升殿。《隋书·礼仪志》记载：

履、舄：案《图》云："复下曰舄，单下曰履。夏葛冬皮。"近代或以重皮，而不加木，失于乾腊之义。今取乾腊之理，以木重底。冕服者色赤，冕衣者色乌，履同乌色。诸非侍臣，皆脱而升殿。凡舄，唯冕服及具服著之，履则诸服皆用。唯褶服以靴[①]（图2-5）。

图2-5　充满西域风情的皮靴

二、唐朝的衣冠服饰制度

唐朝建立初期，车服制度沿用隋制。皇帝常服是袍衫。高

---

① 魏徵等：《隋书》，中华书局，1979，第276页。

祖武德四年（621），唐朝正式颁布了车服之令，规定了穿着制度。《新唐书·车服志》记载：

> 唐初受命，车、服皆因隋旧。武德四年，始著车舆、衣服之令，上得兼下，下不得拟上。[①]

这是很明确的服饰制度，为初唐的着衣做了规范。

（一）冠帽制度

1. 幞头

唐代首服为幞（fú，音服）头，就是包头的巾帛。据《旧唐书》《新唐书》等典籍记载，幞头始创于北周。如果从广义的包头"布巾"看，汉代已经流行这种装束了，到魏晋以后，以巾裹头装束更加普遍，为男子的主要首服。北周武帝时，将包头巾帛做了加工处理，裁出脚带以幞发，所以称作"幞头"（图2-6）。

图2-6　唐代纱罗幞头（李菲画）

幞头和幅巾不同，主要区别在脚上，经过改制后的巾帛四脚皆呈带状，通常用"二带系于脑后垂之，二带反系头上，令曲折附顶"[②]，远远看去，背后像有两条飘带。由于另外两脚反折上系结于顶，所以又称幞头为"折上巾"（图2-7）。

---

① 欧阳修、宋祁：《新唐书》卷二十四，中华书局，1975，第511页。

② 沈括：《梦溪笔谈》，中华书局，2016，第12页。

图2-7 敦煌莫高窟45窟唐代壁画《商人遇盗图》中戴巾子的商人们

隋代时幞头比较简单，大业十年（614）时，吏部尚书牛弘上疏，奏请在幞头里面加一个固定的装饰物，覆盖在发髻上，以包裹出各种形状。这种装饰物叫作"巾"或"巾子"。据《新唐书·车服志》记载，幞头定型实出于唐马周向太宗李世民的建议，以为"裹头者，左右各三襵（zhě，音褶，同褶），以象三才，重系前脚，以象二仪"[①]。唐太宗为了显示博采众议的政治风度，按照马周的奏议下诏全国推行。《唐会要·舆服志》（卷三一）记载：

> 巾子武德初，始用之。初尚平头小样者。天授二年，则天内宴，赐群臣高头巾子，呼为武家诸王样。景龙四年三月中宗内宴，赐宰臣已下内样巾子，其样高而踣。皇帝在藩时所冠，故时人号为英王踣样。开元十九年十月，赐供奉及诸司长官罗头巾及官样圆头巾子。永泰元年，裴冕为左仆射，自创巾，号曰仆射样。太和三年正月，宣令诸司小儿，勿许裹大巾子入内。[②]

继"英王踣样"之后，唐朝所流行的"官样"巾子，时间

---

① 欧阳修、宋祁：《新唐书》卷二十四，中华书局，1975，第527页。

② 王溥：《唐会要》卷三一，中华书局，1955，第544页。

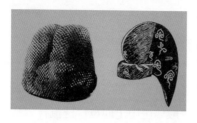

图2-8 新疆吐鲁番阿斯塔那墓出土唐代巾子及义髻（义髻是一种罩于发髻上的髻罩，也可视为假髻，其中间有孔，可用金属钗穿过孔固定发髻）

在开元年间，因最早出现在宫内，故又称为"内样"，也有叫"开元内样"的（图2-8）。《唐语林·容止》这样说："开元中，燕公张说当朝文伯，冠服以儒者自处。玄宗嫌其异己，赐内样巾子、长脚罗幞头。燕公服之入谢，玄宗大喜。"[①]幞头的两脚也有不同的式样，开始像两条带子从脑后自然垂下，或至颈，或过肩；以后两脚渐渐缩短，下垂至肩者已不多见（图2-9，图2-10）。

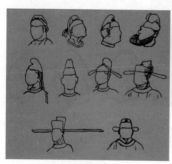

图2-10 唐代软脚幞头系裹示意图（李菲画）

图2-9 唐代各种巾帽（李菲画）

2. 纱帽

唐代的首服还有纱帽，这种帽子最早出现于南朝，隋唐时继续沿用。杜佑《通典》这样记载：

> 隋文帝开皇初，尝着乌纱帽，自朝贵以下至于冗吏，通

---

① 王谠：《唐语林》，上海古籍出版社，1978，第104页。

著入朝。后复制白纱高屋帽，接宾客则服之。大业六年，令
五品以上通服朱紫，是以乌纱帽渐废，贵贱通服折上巾。①

白纱帽在六朝时是朝野共着的首服，到隋唐仍被沿用作视
朝听朔和宴见宾客的服饰，在一般儒生隐士间也广泛流行。从
隋唐史籍记载看，乌纱帽、圆领窄袖衣、红鞓（tīng，音听，
皮革做的带子）带、乌皮六缝靴，为上下通行的服饰，就是帝
王也是如此穿着的。

纱帽的样式也没有统一的规制，可以由个人的爱好而定。

唐代多以新奇为时尚，
颜色有黑白两种。晚唐
诗人张籍在《答元八遗
纱帽》诗中描绘自己得
到朋友馈赠的纱帽时的
心情："黑纱方帽君边
得，称对山前坐竹床。
唯恐被人偷剪样，不曾
闲戴出书堂。"富有情
趣。（图2-11）

图2-11　陕西乾陵章怀太子墓出土壁画
《武士图》中武士们裹抹额、佩箭袋、穿
圆领衫、束革带、着乌皮靴

（二）官员服饰制度

1. 绣袍

根据唐代服饰制度规定，唐代官员必须依照其品级的高
低，在公共场合均穿不同品级的官服。比如阎立本所绘《步辇
图》中，唐太宗带领官员接见从吐蕃前来迎娶文成公主的吐蕃
使者禄东赞时，穿着的就是公服。《步辇图》描绘了吐蕃丞相

---

① 杜佑：《通典》卷五七，中华书局，1988，第1665页。

禄东赞至京城长安，迎文成公主入藏与吐蕃王松赞干布完婚，受到大唐皇家极高的礼遇的情景。画面右侧坐在步辇上穿着帝王公服的人是唐太宗。步辇又称腰舆或舁床，行时用攀索挂杠头，高齐腰；左侧站立的三人中间一人戴毡帽，身穿绿袍，是吐蕃使者禄东赞，另两人都是唐朝官吏，戴着幞头，穿着袍衫；宫女们头梳平云髻，穿小袖衣，朱绿裲裙，裙高齐胸，肩披帔帛，脚着透空软锦靴（图2-12）。

图2-12　阎立本所绘《步辇图》

唐代武德年间，规定亲王及三品以上"色用紫"，四品、五品"色用朱"，六品、七品"服用绿"，八品、九品"服用青"，流外官、庶人、部曲、奴婢"色用黄、白"。《旧唐书·舆服志》有更为详细地记载：

> 贞观四年又制，三品已上服紫，五品已下服绯，六品、七品服绿，八品、九品服以青，带以鍮（tōu，音偷）石。妇人从夫色。虽有令，仍许通着黄。[1]

---

[1] 刘昫等：《旧唐书》卷四十五，中华书局，1975，第1952页。

龙朔二年（662），司礼少常伯孙茂道上奏称，"旧令六品、七品着绿，八品、九品着青，深青乱紫，非卑品所服，望请改八品、九品着碧。朝参之处，听兼服黄""总章元年，始一切不许着黄"①。上元元年（674）八月，朝廷又新出服饰规定，要求"一品已下带手巾、算袋，仍佩刀子、砺石，武官欲带者听之。文武三品已上服紫，金玉带。四品服深绯，五品服浅绯，并金带。六品服深绿，七品服浅绿，并银带。八品服深青，九品服浅青，并鍮石带。庶人并铜铁带"②。

《新唐书·车服志》中也有相似的记载：

> 既而天子袍衫稍用赤、黄，遂禁臣民服。亲王及三品、二王后，服大科绫罗，色用紫，饰以玉。五品以上服小科绫罗，色用朱，饰以金。六品以上服丝布交梭双纠（xún，音循，绦子，用丝线编织成的带子，用以镶衣服、枕头、帘子等的边）绫，色用黄。六品、七品服用绿，饰以银。八品、九品服用青，饰以鍮石。勋官之服，随其品而加佩刀、砺、纷、帨（shuì，音税，古时的佩巾，像现在的手绢）。流外官、庶人、部曲、奴婢，则服䌷绢绅布，色用黄白，饰以铁、铜。③

唐代袍衫的纹样一般以暗花（用同色质料的丝或布织成的

---

① 刘昫等：《旧唐书》卷四十五，中华书局，1975，第1952页。
② 刘昫等：《旧唐书》卷四十五，中华书局，1975，第1952、1953页。
③ 欧阳修、宋祁：《新唐书》卷二十四，中华书局，1975，第527页。

花纹）为多。武则天时，颁赐了一种新的服装即"绿袍"，就是在不同职别的官员的袍服上绣上各种不同的禽兽图案（图2-13、图2-14）。《旧唐书·舆服志》记载：

则天天授二年二月，朝集使刺史赐绣袍，各于背上绣成八字铭。长寿三年四月，敕赐岳牧金字银字铭袍。延载元年（694，因长寿三年五月改元延载）五月，则天内出绯紫单罗铭襟背衫，赐文武三品已上。左右监门卫将军等饰以对师（狮）子，左右卫饰以麒麟，左右武威卫饰以对虎，左右豹韬卫饰以豹，左右鹰扬卫饰以鹰，左右玉钤（qián，音前，图章，锁）卫饰以对鹘，左右金吾卫饰以对豸（zhì，音质，没有脚的虫子），诸王饰以盘龙及鹿，宰相饰以凤池，尚书饰以对雁。[1]

图2-13　唐代穿铠甲的武士

图2-14　敦煌莫高窟380窟壁画隋唐武士像，身穿明光甲、戴胄、脚着尖头履

---

[1] 刘昫等：《旧唐书》卷四十五，中华书局，1975，第1953页。

这种以文字、禽兽等作为袍服饰纹的制度和做法，始于唐代，对以后明清时期官服中饰以"补子"的样式产生了直接影响。明清以禽兽作为补子是有区别的，文官绣飞禽，武官绣走兽。后来，作为贬义的"衣冠禽兽"成语的出现，就是缘于官服图案。

穿珍禽异兽图案的文武官员，本来都是社会中的精英、中流砥柱，在明代中期以前，人们视"衣冠禽兽"为褒义词。但到了明朝中后期，宦官专权，政治腐败，社会黑暗，官员们贪污成风，行贿索贿，结党营私，残害忠良，放任罪恶，肆意枉法，欺压百姓，鱼肉众生，无恶不作。过去"文死谏，武死战"的良好传统荡然无存，官员们的好品质、好形象完全彻底地被颠覆。明代陈汝元首先在传奇剧《金莲记·构衅》中写了"人人骂我做衣冠禽兽，个个识我是文物穿窬（yú，音余，指从墙上爬过去，走歪道，行为不正）"的戏词。此后，衣冠禽兽就成了骂人的话，含有完全的贬义。明代以后的词典中解释"衣冠禽兽"一词，几乎都是用"道德败坏"来指"徒有美好的穿着外表，行为却像禽兽"这类人，比如秦桧、严嵩之流。而真正把服装和人、和文化联系到一起的典籍则是清代的《大义觉迷录》，其中说怀念故明朝衣冠的人嘲笑清人服饰是"孔雀翎马蹄袖，衣冠中禽兽"，作者还举出了历代服饰"皆取禽兽之名状"的例子，引用的程度更高，这也说明了服饰与人、与社会、与文化的深层关系。

但是，从总的情况看，唐代官员、社会上层贵族、富商等，均以穿红袍为时尚，身份高贵的妇女们穿红裙都很普遍。

2. 腰带

唐代对官员所用腰带做了严格的规定。唐代的腰带沿续了隋代的旧制和风俗，而历史上，官员束腰带的起源比较早，据唐末马缟《中华古今注》卷上"文武品阶第"条所载："每以端午，赐百僚乌犀腰带。"①《旧唐书·舆服志》也有记载："天子朝服亦如之，惟带加十三环以为差异，盖取于便事。"②

关于唐人束带的形制，大致是由带鞓、带銙（kuǎ，音垮）、带头、带尾等部件组成。鞓是唐代的皮带，唐代人使用革带是有实用目的的，比如在腰带上可以悬挂饰品，也可以挂袋子，里面装一些用品，比如香囊、小刀、小箭头等。《新唐书·车服志》记述了在武德年间曾两次颁布束腰带的规定和制度，第一次规定："一品、二品銙以金，六品以上以犀，九品以上以银，庶人以铁。"③第二次规定："其后以紫为三品之服，金玉带銙十三；绯为四品之服，金带銙十一；浅绯为五品之服，金带銙十；深绿为六品之服，浅绿为七品之服，皆银带銙九；深青为八品之服，浅青为九品之服，皆鍮石带銙八；黄为流外官及庶人之服，铜铁带銙七。"④銙带上的带尾一般是钉在鞓的两头，用以保护鞓带，这是一种实用性的装置，原来是一个带尾，后来发展为两个带尾，为装饰得更好看，专用以装銙革带。唐人系革带是有讲究的，革带系好后带尾要朝下，

---

① 马缟：《中华古今注》，商务印书馆，1956，第25页。

② 刘昫等：《旧唐书》卷四十五，中华书局，1975，第1951页。

③ 欧阳修、宋祁：《新唐书》卷二十四，中华书局，1975，第527页。

④ 欧阳修、宋祁：《新唐书》卷二十四，中华书局，1975，第529页。

图2-15 唐代开国皇帝李渊像

图2-16 唐代胡服，腰上束蹀躞带

以表示对朝廷的顺服和忠诚。《新唐书·车服志》对此有记述："腰带者，撦垂头以下，名曰铊尾，取顺下之义。"①这个讲究一直从唐代延续到明末（图2-15）。

隋代以前，官员以及有身份的男子束带的很少，而从唐代开始，束带现象已经很普遍。官员要穿朝服、官服、公服，有身份的男子所穿正装，均有束带装饰。从皇帝到朝廷官员以及地方官，所束革带都有等级性的差别。

唐代的带饰受到胡服的蹀躞（dié xiè，音蝶泄，西北方少数民族腰带上一种特殊的装饰物）带的一定影响。王国维在《胡服考》中说，唐人的带饰，是在革带上镶嵌金玉，名曰校具，也叫作跕（tiē，音贴，鞍饰，鞍具），还叫作环。他又说：唐中叶以后，不叫作环，而叫作銙。胡服上的革带很讲究，有很复杂的雕镂工艺，有金银饰带，不但附丽于革带表面，而且也装饰在丝带上，使其显得尤为美观

---

① 欧阳修、宋祁：《新唐书》卷二十四，中华书局，1975，第527页。

图2-17　唐代穿胡服、系蹀躞带、戴浑脱帽的女子（李菲画）

图2-18　敦煌莫高窟159窟维摩诘经变中吐蕃王子像，头戴平顶吐蕃帽，身穿红色绣花长袍，腰束蹀躞革带，后插小型藏刀，脚蹬黑色高靿靴

（图2-16，图2-17，图2-18）。

带上附属物的演化，变为"銙"饰和"铊尾"饰，在革带的连接处还有"扣"。胡人很重视在腰间系皮带，带子上有很多孔眼，用来系挂小工具，比如小刀、改锥等什物，还有香囊及去腥的香料等，为的是使用方便。这些也为唐人所模仿。

腰带上的"銙"一般做方形装饰，其数量和质料成为区别品级高下的标志。

銙在带上的位置都列于腰的后部，据宋代沈括《梦溪笔谈》所言，銙最初是挂悬环物的，以后才演变为銙饰。如书中记载："带衣能蹀躞，欲佩带弓箭、帉帨、算囊、刀砺之类。自后虽去蹀躞，而犹存其环，环能以衔蹀躞，如马之鞦（qiū，音秋，鞦根，套车时拴在牛马大腿后面的革带）根，即今之带銙也。"[①]

────────

①　沈括：《梦溪笔谈》，中华书局，2016，第9页。

3. 鱼袋

唐代对官员有佩挂鱼符的规定，《新唐书·车服志》记载：

> 初，高祖入长安，罢隋竹使符，班银菟（tù，音兔）符，其后改为铜鱼符，以起军旅、易守长，京都留守、折冲府、捉兵镇守之所及左右金吾、宫苑总监、牧监皆给之官殿门、城门，给交鱼符、巡鱼符。

> 随身鱼符者，以明贵贱，应召命，左二右一，左者进内，右者随身。皇太子以玉契召，勘合乃赴。亲王以金，庶官以铜，皆题其位、姓名。官有贰者加左右，皆盛以鱼带，三品以上饰以金，五品以上饰以银。①

因唐王朝皇帝姓李，鱼袋上的鲤就身价百倍。唐张鹭（zhuó，音卓）在《朝野佥载》中说："上元中，令九品以上佩刀砺、算袋。彩帨为鱼形，结帛作之，取鱼之象，强之兆也。至天后朝乃绝。景云之后，又复前结帛也。"②宋朝吴仁杰在《两汉刊误补遗》中也说："符契用鱼，唐制也……盖以'鲤'、'李'一音，为国氏也。"③鲤鱼因此成了李唐王朝的图腾，国家特颁法令予以保护（图2-19）。《旧唐书·玄宗纪》就记载了唐玄宗曾于开元三年（715）、开元十九年（731）两次下令禁止全国捕捞鲤鱼，对违反律令者以责打

---

① 欧阳修、宋祁：《新唐书》卷二十四，中华书局，1975，第525页。

② 张鹭：《朝野佥载》，中华书局，1979，第368页。

③ 吴仁杰：《两汉刊误补遗》卷十，见郑军《中国传统鱼纹艺术》，北京工艺美术出版社，2014，第78页。

六十大板为戒。

　　唐朝官员最初佩挂鱼符，是为出入宫廷时防止发生伪诈等事宜而特设的制度。《新唐书·车服志》还记载唐高宗颁发鱼袋只给五品以上的官员佩戴，若本人去职或死亡，鱼袋就要收缴。而到唐玄宗时，又规定了官员可以终身佩鱼的制度。《旧唐书·舆服志》说：

　　　　至开元九年，张嘉贞为中书令，奏诸致仕许终身佩鱼，以为荣宠。以理去任，亦听佩鱼袋。自后恩制赐赏绯紫，例兼鱼袋，谓之章服，因之佩鱼袋、服朱紫者众矣。①

图2-19　唐《凌烟阁二十四功臣》中的石刻线画大臣像，人物革带上就有帛鱼挂饰（李菲画）

　　到这样的程度，鱼袋最初的意义已经丧失了。佩挂鱼符的人数越来越多，身份就没有价值了。开元中期，鱼袋竟成为军中临时的行赏之物。安史之乱发生的时候，唐统治者已经完全不能维持其正常的秩序，鱼袋制度流于形式。到了宋代，已基本不用鱼袋，明清时，更没有人认识鱼袋是何物。

　　4. 服饰颜色规定

　　根据《隋唐嘉话》记载，旧时宫中人所穿的衣服只有黄紫

――――――――――

　　① 刘昫等：《旧唐书》卷四十五，中华书局，1975，第1954页。

两种颜色。到了贞观中期，朝廷开始规定三品以上都穿紫色朝服或官服；三品以下官员服色屡有变动，但三品以上官员服色一直用紫色。

前文已经说过，《旧唐书·舆服志》中曾记载，龙朔二年（662），司礼少常伯孙茂道上奏折，建议朝廷对各个不同级别的官员所服官服的颜色进行变动。因为孙茂道认为青与紫容易混淆，所以建议八品、九品改着碧，以使官员服色区分得更加分明。他的奏请当然也得到了朝廷的肯定。

从唐高宗总章元年（668）起，黄色被最高统治者所独占，黄袍被当作帝王的御用服装颜色，别人再也不许穿用。

（三）平民百姓服饰特征

平民百姓是社会最基本的组成人员。毛泽东说过，从古到今，千千万万的劳动人民是历史的创造者和推动者，没有他们就没有历史；没有他们，就没有辉煌灿烂的历史文化，就没有美。文化和美既包括丰饶厚实的物质财富，又包括博大精深的精神财富，这些都是靠勤劳、勇敢的劳动人民获得的。

在唐代，劳动者所穿的服装非常简朴素雅。按照朝廷的衣冠服饰制度，平民百姓只能穿灰暗的本色布帛服饰。他们所穿的衫子，要求两边开衩比较高，这种衫子叫作"缺胯（kuà，音跨，两股之间）衫"。《新唐书·车服志》记载："有从戎缺胯之服，不在军者服长袍，或无官而冒衣绿。"[1]又说："开胯者名曰缺胯衫，庶人服之。"[2]穿着这种服装，就和地位较高的贵族阶级有了明显的差别。《新唐书·车服志》记

---

[1] 欧阳修、宋祁：《新唐书》卷二十四，中华书局，1975，第530页。

[2] 欧阳修、宋祁：《新唐书》卷二十四，中华书局，1975，第527页。

载：

太宗时 士人以棠苧襕衫为上服，贵女功之始也

中书令马周上议："《礼》无服衫之文，三代之制有深衣。
请加襕、袖、褾、襈，为士人上服。"①

平民百姓由于收入非常低，生活极为贫困，实际的生存状况极其困难，不要说不让穿着华美的服装，即使没有这样的规定，他们也没有能力去享受高标准的生活。他们连麻布衣料也无经济能力获得，他们身上的衣服随着生活水平的下降，穿得越来越窄小。他们不分寒暑，常年从事繁重的体力劳动，头上戴的是斗笠帽，穿的是灰黑色的粗布衣，历史上称他们为"布衣、黔首（光着头）、寒头"等。

甘肃瓜州县榆林窟25窟唐代壁画中的《耕稼图》中，男子戴幞头、笠帽，或者黔首，穿圆领右衽衫，下着长裤，脚着麻鞋或者高筒鞋。女人梳十字大髻，身穿直袖衫和高胸裙，下着长裤，脚着平头鞋。男女或束腰带，或不束腰带（图2-20）。

平民老百姓或者下级差吏，平常戴的是尖毡帽，穿的是麻练鞋（图2-21，图2-22），而且在

图2-20 甘肃安西榆林窟25窟唐代壁画中的《耕稼图》

① 欧阳修、宋祁：《新唐书》卷二十四，中华书局，1975，第527页。

图2-21 女麻鞋（新疆吐鲁番阿斯塔那墓出土）（李菲画）

图2-22 唐代麻布鞋（新疆吐鲁番阿斯塔那墓出土）（李菲画）

日常生活中还必须把衣角撩起来，扎在腰带里，以便工作起来

图2-23 敦煌莫高窟445窟描绘嫁娶场面的壁画

手脚利索，干活方便。所以，人们的衣着都是由各自的生活内容所决定的，不是想怎么穿就怎么穿的。生活内容、身份地位、具体工作和劳动，是决定服饰穿着的前提（图2-23）。

（四）女性服饰制度

唐代女性服饰主要有冪䍦（冪，mì，音密，古时一种盖巾；䍦，lí，音离，接䍦，古时一种头巾。冪䍦，唐代一种面巾，妇女用来罩面的巾子）、帷帽、襦衫、袄裙和妆饰。

1. 冪䍦与帷帽的演变

唐代女子的首服，最初流行的是冪䍦，后来又演变为帷帽，再后来又时兴胡帽。唐代女性的首服经历了几个不同的发展阶段，每个阶段的变化痕迹都是很鲜明的。《旧唐书·舆服志》记载：

武德、贞观之时，宫人骑马者，依齐、隋旧制，多著羃䍦。虽发自戎夷，而全身障蔽，不欲途路窥之。王公之家，亦同此制。永徽之后，皆用帷帽，拖裙到颈，渐为浅露。寻下敕禁断，初虽暂息，旋又仍旧。咸亨二年又下敕曰：“百官家口，咸预士流，至于衢路之间，岂可全无障蔽。比来多著帷帽，遂弃羃䍦，曾不乘车，别坐檐子。递相仿效，浸成风俗，过为轻率，深失礼容。前者已令渐改，如闻犹未止息。又命妇朝谒，或将驰驾车，既入禁门，有亏肃敬。此并乖于仪式，理须禁断，自今已后，勿使更然。”则天之后，帷帽大行，羃䍦渐息。中宗即位，宫禁宽弛，公私妇人，无复羃䍦之制。[①]

羃䍦是一种大巾子（图2-24，图2-25），是用轻薄透明的

图2-24 唐代戴羃䍦女俑

图2-25 唐代羃䍦（李菲画）

---

① 刘昫等：《旧唐书》卷四十五，中华书局，1975，第1957页。

丝绸或纱罗制作而成。《新唐书·五行志》对这种女性装束有所描述，说的是唐朝初年，宫里的女人们外出乘马，依从周礼中的礼仪风范，又沿袭后周时的旧习，一般都要戴羃䍦出门，否则会被视为叛逆行为。当时上层妇女（主要是宫廷女性）乘马车出行时，都要穿着羃䍦，把全身遮盖起来，以免被路人看见容颜、身体。羃䍦在唐代以前是西域少数民族即胡人的服饰装束，在少数民族那里，羃䍦是男女通用的，主要因为西北地区风沙大，为了遮挡尘土而使用，并非为怕被偷窥隐私而用。而唐人沿用少数民族服装，主要是求新奇而已。统治者又出于礼节考虑，既提倡服饰引进，又按礼仪制定规章，对穿着行为予以有条件的限制。

《旧唐书·吐谷浑传》记载："男子通服长裙缯帽，或戴羃䍦。"[1]这说的是西域男子着装现象，并不代表中原。在唐代，男子基本不着羃䍦装饰。即使是妇女，也不是在任何场合都穿戴羃䍦，只是在正式场合或乘车出远门时才穿戴这种服装，目的就是防止被陌生人"途路窥之"。

在唐代初期，妇女们戴羃䍦外出，并不是为了装饰，而是为了掩盖其面，这是中国传统礼制对妇女们的约束。《礼记·内则》记载："女子出门，必拥蔽其面。"[2]

在唐高宗永徽年间，中原出现了一种新兴的妇女帽子，就是帷帽。这种帽子一出现，就受到女性的欢迎和喜爱，大家不约而同地弃绝了羃䍦，而觅上了"新欢"。帷帽又叫"席帽"（图2-26，图2-27），是一种高顶宽檐的笠帽。为了美观大

---

① 刘昫等：《旧唐书》卷四十五，中华书局，1979，第5297页。
② 钱玄等译注：《礼记》，岳麓书社，2001，第368页。

图2-26　唐代戴帷帽女俑　　图2-27　唐代帷帽（李菲画）

方，当时的人们用一层好看的网状面纱，缀饰在帽檐的四周或者两侧、前后等处，面纱一直下垂到脖颈处，起到了掩饰作用，更有美化作用。人是有灵性、有思想、有情愫的，不会被动地适应一切外界变化，他会以自己特有的动态方式去主动地应对和改变自己的生存环境和周围事物，以使自己生活得更快乐、更幸福、更富于情趣。唐代妇女改变服饰穿戴，就深刻地体现了这一点。这也是人对美的追求的具体表现形式。

对于新兴的帷帽，宋代文人高承在其著作《事物纪原》中做了具体阐释，他根据《新唐书·车服志》记载，判断帷帽最初创制于隋代，唐永徽中期帷帽开始在民间流行。这种帽是羃䍦的衍化，四周有拖裙，也叫帽裙，是用纱网制作。拖裙一直到颈部，笼罩住头部和脖颈，主要是遮住面部，让路人看不见。后来人们往往用纱做拖裙，而且整幅连缀在油帽和毡笠前面，用来遮挡风沙尘土，多为出门远行的妇女穿着。这便是帷帽的来历。

帷帽作为当时服饰中的新生事物，刚刚时兴起来，必然会遇到阻力。朝廷怕有伤风化，于是就出来干预。据传，当时的经过是这样的：官方认为，这种新兴的帽子过于轻率，有失礼容之嫌，因为有的帷帽只遮住面部，却将妇女的耳朵、脖颈等

图2-28　戴帷帽的女子

露在外面，有的帷帽直接把面部露出来，所以限制其在宫廷和官宦人家流行。但是民间已经争相效仿，逐渐成为风气。在这样的情况下，朝廷已经无力改变帷帽流行的势头了。所以，神龙年间，帷帽便取代了幂䍦而大规模地流行于世，蔚然成风。这种帷帽的形制，在历史资料中有所反映，而且有些样式还保存得很完整。（图2-28）

2. 胡帽的盛行

唐玄宗开元年间，穿胡服的风气在整个社会非常盛行。穿胡服本应是男子服装变革的事情，但是唐代很突出的风尚就是，在流行胡服时，女子推波助澜般也加入到了流行的行列之中。《旧唐书·舆服志》记载：

> 开元初，从驾宫人骑马者，皆著胡帽，靓妆露面，无复障蔽。士庶之家，又相仿效，帷帽之制，绝不行用。俄又露髻驰骋，或有著丈夫衣服靴衫，而尊卑内外，斯一贯矣。[1]

---

[1] 刘昫等：《旧唐书》卷四十五，中华书局，1975，第1957页。

这里所说的"胡帽"就是指从西北少数民族地区流传过来的一种帽子，名叫"浑脱帽"。这种帽子是用比较厚的锦缎类丝织品做成的，质地好，颜色鲜亮，戴在头上漂亮好看。唐朝初年，太尉长孙无忌曾经用乌羊毛制作成一顶浑脱毡帽，当时人们称之为"赵公浑脱"帽。朝廷高官效仿穿胡服，这对整个社会的影响力是非常巨大的。男子学穿胡服，不是什么怪异之举，而让后世人惊讶又敬佩的是，唐代女子也戴胡帽、穿胡服，不仅如此，还穿男人的服装等。这些破天荒的惊世骇俗之举，都是相当开放的唐代女子做出来的，在其他任何朝代，这都是不可能发生的事情。在唐代，女子们的壮举成为唐朝社会开放的表现内容之一。

当时，一般的胡帽在顶部都显出尖尖的形状，帽身都织着漂亮的花纹。有的胡帽很讲究，帽子上镶嵌着金银珠宝等各种饰品，显得更加花哨。但是太花哨的帽子流行的时间却不是很长，到天宝年间就不再流行了。

在西京长安、东都洛阳这样发达、繁华的大都市里，贵族女子出门，一般不用遮蔽自己的身体和容颜，都喜欢"靓妆露面"，以显示自己的美貌、开放，和男人平分秋色，追求社会的平等、自由。但是若要出远门，长途旅行，还是要戴帷帽甚至羃䍦作为障蔽，一是防止风沙的侵袭，二是为了安全，避免路人的窥视。

3. 花样繁多的面饰

唐代妇女面部的妆饰，花样繁多，形成了一道道亮丽的风景，为后世留下了说不尽的话题和故事。

女子的脸，是自然的杰作，宛如一枝枝娇艳的花朵，绽放在一个个美妙鲜活的生命之躯上。本来就迷人的脸庞，再经过精心地打扮妆饰，就更加充满魅力，动人心魄了。

唐代女子的面饰，是特殊时代的产物，所以具有强烈的时代特征和历史性痕迹。从唐朝初年开始，唐代女子就非常重视面部妆饰，化妆风气自然首先兴起于宫廷和贵族之家。不管是高贵的宫廷女子，还是尊贵的王公贵族家庭的夫人及千金小姐，她们生活优裕，地位高贵，有的是时间和经济能力，来美化自己，提高自己的生活质量，使自己永葆青春，生活得更加美好。宫廷女子和贵族女子化妆追求争奇斗艳，锦上添花。上有所好，下必效之，这是社会发展的基本规律。上层女子的妆饰行为很快就影响了整个社会风尚，下层女子也兴起了面部妆饰。

唐代女子面饰，除了对头上的发髻、鬓鬟精心妆饰外，更重要的是面部的额黄、花钿、眉黛、朱粉、唇脂、妆靥（酒窝）等妆饰。这些都是当时女子梳妆打扮的主要内容，几乎是女子每天起床后必修的功课。关于面部的妆饰，最有特点的是用颜料在脸上绘制花纹，还有在脸上粘贴用金箔等装饰性材料剪成的彩色图案，这种工艺现在叫纹饰或贴膜，那时有没有文刺不得而知（图2-29）。

图2-29 唐代女性面部妆饰（刘永辉画）

（1）梅花妆

唐代有一种典型的面妆叫"梅花妆"（图2-30），这种妆饰很有诗情画意。

梅花历来受到文人墨客的喜爱，艺术家画梅花的传世作品很多，诗人咏赞梅花的作品更是数不胜数。唐人最喜欢的花卉是牡丹，梅花却别有风骨，它既是"岁寒三友"之一，又是"花中四君子"之一。宋代高承在《事物纪原》中记载了唐代时兴的"梅花妆"。这个故事在宋代李昉等人的《太平御览》中也有详细的记述：

> 《酉阳杂俎》曰："今妇人面饰用花子，起自唐上官昭容所制，以掩点迹也。"按：隋文宫女贴五色花子，则前此已有其制矣，似不起于上官氏也。《杂五行书》曰："宋武帝（刘裕）女寿阳公主，人日卧于含章殿檐下，梅花落额上，成五出花，拂之不去，经三日洗之，乃落。宫女奇其异，竞效之。"花子之作，疑起于此。[1]

另一位南宋学者程大昌在《演繁露》中也记载了关于梅花落在寿阳公主额上，三天都拂不去的故事。说的是寿阳公

图2-30 梅花妆（马晓露画）

---

[1] 李昉等：《太平御览》卷九七〇，中华书局，2011，第335页。

主在含章殿屋檐下休息假寐，未料想一片梅花飘落在她的额头上，她醒来后，落在额头上的梅花再也拂不去了，反而成为时髦的妆饰。宫女看着漂亮，就纷纷模仿，"梅花妆"因而成为时尚的面妆样式。

唐代诗人牛峤的《红蔷薇》诗"若缀寿阳公主额，六宫争肯学梅妆"，即在说这个典故。至宋朝时，梅花妆还在流行。汪藻在《醉落魄·小舟帘隙》中吟道："小舟帘隙，佳人半露梅妆额，绿云低映花如刻。""梅花妆"是如何起源的并不重要，重要的是这个故事说明了唐代女子对面部妆饰的重视程度。

上官昭容，即唐代赫赫有名的才女上官婉儿，她是引领唐代女子面妆潮流的人物。在创造美的道路上，她特立独行，在美容史上可谓功不可没。尽管她后来成为李家王朝争权夺利的牺牲品，成为李隆基的刀下鬼，但是，作为美容大师的上官婉儿的赫赫大名，在唐代历史乃至整个中国历史上是抹不去的。

关于上官婉儿所创造的在额面上饰以梅花妆，掩饰脸面上疤痕的故事，有两种不同的说法。一种是说上官因罪而受了黥刑，留下痕迹，所以做花子进行掩饰。《新唐书》卷七十六列传说："后（指武后）惜其才，止黥而不杀也。"[1]第二种说法是，她因事触怒了武则天，被武氏用刀在脸上扎下了伤疤，不得已做了面饰，掩盖刀痕。伴君如伴虎，有才能的人往往也都是有个性的人，做事犯错是不可避免的，但是丢性命的事也是说来就来。当然，上官婉儿脸上究竟有无伤痕，这只是传说而已，花子是否起自上官婉儿也不能够确证。只是唐代女子做

---

[1] 欧阳修、宋祁：《新唐书》卷七十六，中华书局，1975，第3488页。

面饰来美容，这是不可否认的。现在我们可以从敦煌壁画和新疆吐鲁番阿斯塔那出土的绢画以及流传下来的唐代各种画品中，看到唐代女子在额上、脸面上做梅花妆或其他花形的妆饰很多，而且花形、图案样式多样，不拘一格。比如有的只画一个圆点，有的画成几瓣梅花，有的画成多瓣的其他花的形状，还有的做成凤鸟、蜂蝶图案，甚至有女子把真花瓣贴在脸上等，形形色色，不一而足。（图2-31，图2-32）

（2）花面

唐代女子也用花纹来妆饰面部，这种妆饰被称为"花面"。中唐诗人刘禹锡《寄赠小樊》诗写道："花面丫头十三四，春来绰约向人时。终须买取名春草，处处将行步步随。"古代女孩子到了及笄（jī，音机，古代束发用的簪子），也就预示着步入成年。及笄，指女子年满十五岁，头上都要梳着两个"髻"，左右分开，对称而立，像个"丫"字，所以女子又被称为"丫

图2-31　敦煌莫高窟唐代供养人壁画中执扇侍者像，穿圆领袍衫，额上化梅花红妆

图2-32　唐代女子施三瓣花形及斜红面饰妆容（新疆吐鲁番阿斯塔那出土绢画）

头"。唐代李端的《春游乐》诗："褰裳踏路草，理鬟回花面。"五代诗人徐昌图的《木兰花》诗："汉宫花面学梅妆，谢女雪诗栽柳絮。"温庭筠的《菩萨蛮》词："照花前后镜，花面交相映。"这都说明了唐代女子以花样做面饰风俗的流行盛况。

（3）妆靥

唐代女子还盛行在脸上敷粉，在脸颊边画出两弯新月，或者画出钱的样子，作为美饰，这种妆式叫作"妆靥（yè，音页，靥敷，俗称酒窝）"。"妆靥"也有在眉间、两颊等处点上丹青以为妆饰。有的在嘴角、酒窝间加两小点胭脂，或用金箔剪刻出花纹贴在额头、两眉之间，这种金箔花纹叫作"金钿"，贴在两颊的叫"靥钿"。据文献记载，春秋战国时已有妆靥。那时，妇女们多在颊边点上一簇三角形的胭脂点以为美。至汉代，这种三角形胭脂点逐渐消失，却兴起用黛石画眉、两鬓贴钿的风习，以后历代相沿。到了唐代，妆靥又时兴起来，尤其是在贵族妇女中，满面贴花，争奇斗艳，直到五代、两宋时仍然流行。所谓"虚饰无度，以奇为贵"，是对这一时期妇女妆靥的生动写实。当代文物鉴定专家孙机在《唐代妇女服装与化妆》一文中认为："妆靥，点于双颊，即元稹诗'醉圆双媚靥'、吴融诗'杏小双圆靥'之所咏者。"[1]

高承在《事物纪原》中交代了唐代妇女流行妆靥的原委：

> 远世妇人妆喜作粉靥，如月形，如钱样，又或以朱若燕脂点者。唐人亦尚之。段成式《酉阳杂俎》曰：如射月者，

---

[1] 孙机：《唐代妇女的服装与化妆》，《文物》1984年第4期。

谓之黄星靥。靥钿之名，盖自吴孙和误伤邓夫人颊，医以白
獭髓合膏，琥珀太多，痕不灭，有赤点，更益其妍。诸嬖欲
要宠者，皆以丹青点颊，此其始也。[①]

妆靥的起源是，三国时东吴太子孙和酒后在月下舞弄水晶
如意，失手打伤了宠姬邓夫人的脸颊。太医用白獭髓调和琥珀
给邓夫人治伤，伤愈后脸上留下斑斑红点，孙和反而觉得邓夫
人这样更为娇媚。很快宫廷、民间就兴起了用丹脂点颊的美容
术，而且一直流传到后世。梁简文帝诗句"分妆开浅靥，绕脸
傅斜红"，即形容这种妆饰之美，诗中的斜红是一种和面靥配
套的面饰。

斜红也是有来历的。相传魏文帝曹丕新纳的宫女薛夜来，
一天深夜见皇帝还在伏案夜读，便想给皇帝加一件衣服，结果
不小心碰在水晶屏风上，顿时鬓角鲜血直流。后来薛夜来鬓角
留下一道伤疤，魏文帝不但不嫌弃她，反而更宠爱她。其他宫
女见薛夜来鬓角的伤疤很有特点，于是也在鬓角涂一道红，称
为"斜红"，斜红渐渐成为一种妆饰。

唐代制作花钿的材料有金箔片、珍珠、鱼鳃骨、鱼鳞、茶
油花饼、黑光纸、螺钿壳及云母等。五代后蜀后主孟昶的妃子张
太华在《葬后见形诗》中写道："寻思往日椒房宠，泪湿夜襟
损翠钿。"诗中的翠钿是用翠鸟的羽毛制成的。宋代陶穀所著
《清异录》中说，后唐时宫中人用网子捕蜻蜓，喜欢用蜻蜓的彩
色薄翼粘贴在脸上，然后再用金笔描涂成想要的颜色，最后做
成折枝花的样子，这指的是宫女们用蜻蜓翅膀做花钿的创举。

---

① 高承：《事物纪原》卷三，中华书局，1989，第104页。

孟昶的另一位贵妃花蕊夫人的诗句"翠钿贴靥轻如笑"，指的是一种假靥，它暗示了女性的微笑这一效果，说翠钿贴出的假靥"轻如笑"，如星的金靥仿佛是笑"偎"在粉腮上。显然，这正是当时女性们贴假靥的追求所在。白居易《江南喜逢萧九彻因话长安旧游戏赠五十韵》中的诗句"暗娇妆靥笑，私语口脂香"，形象地道出了假靥的风情——人不笑时，妆靥却使得人似乎在笑；人笑了，妆靥又来助笑，为女性的微笑更增添一番情态，就像诗里这位女性"暗娇妆靥"时的模样。

（4）画眉

画眉也是面饰的一部分，唐代妇女用青黑色颜料将眉毛画浓，叫作"黛眉"。描成细而长的叫蛾眉，粗而宽的叫广眉。总之，样式比较多。

画眉的习俗，早在战国时期已经出现。《楚辞·大招》中就有"粉白黛黑，施芳泽只""青色直（置）眉，美目姱（mián，音绵，眼目清明美好）只"的记载。黛是一种画眉材料，它和粉脂一样，都是当时妇女化妆的必需品。这个时候不仅有了画眉的现象，而且出现了画眉的材料。《韩非子·显学》中也提到了画眉的习俗，比如"故善毛嫱、西施之美，无益吾面；用脂泽粉黛，则倍其初"[1]。

到了唐代，画眉之风更为盛行（图2-33），尤其是在盛唐以后，几乎成了妇女的普遍妆饰，连一些小女孩，都学着大人的模样，描绘起细长的柳眉。李商隐《无题》诗中说："八岁偷照镜，长眉已能画。"从一个侧面反映了当时画眉之风盛行的情况。至于那些贵族妇女，更把画眉看得无比重要。其他妆饰可

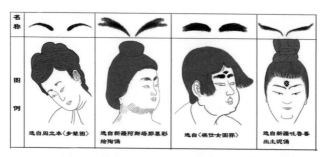

名称				
图例	选自阎立本《步辇图》	选自新疆阿斯塔那惠影绘陶俑	选自《棋仕女图屏》	选自新疆吐鲁番出土泥俑

图2-33 唐代女性发型、眉毛画法及面部妆饰（刘永辉画）

以不施，唯有蛾眉是非画不可的（图2-34）。李商隐《代赠二首》诗中说："总把春山扫眉黛，不知供得几多愁。"温庭筠《南歌子》词中说："倭堕低梳髻，连娟细扫眉。"都是吟诵画眉的名句。

一个时代风气的盛行，与帝王的推崇不无关系。据史籍记载，唐玄宗就有"眉癖"，他对妇女画眉的嗜好，比起隋炀帝来毫不逊色。《杨慎外集》记载，唐玄宗曾命宫廷画工画出《十眉图》，分别名为鸳鸯眉（又叫八字眉）、小山眉（又叫远山眉）、五岳眉、三峰

	贞观年间(627-649)
	麟德元年 (664)
	总章元年 (668)
	垂拱四年 (688)
	如意元年 (692)
	万岁登封元年 (696)
	长安二年 (702)
	神龙二年 (706)
	景云元年 (710)
	先天二年-开元二年 (713-714)
	天宝三年 (744)
	天宝十一年 (752年后)
	约天宝-元和初年 (约742-806)
	约贞元末年(约803)
	晚唐 (约828-907)
	晚唐 (约828-907)

图2-34 唐代不同时期女性眉毛的画法（刘永辉画）

眉、垂珠眉、月棱眉（又叫却月眉）、分梢眉、涵烟眉、拂云眉（又叫横烟眉）、倒晕眉。

《十眉图》是画工根据当时流行的眉形，经过归纳、整理而成，具有强烈的时代特色，是后世研究唐代妇女面妆不可缺少的资料。由于有皇帝的亲自提倡和推广，画眉之风在妇女中盛行不衰。天宝七载（748），唐玄宗封杨贵妃的三个姐姐为韩国夫人、虢国夫人和秦国夫人，每人每月给钱十万，为脂粉之资。然而虢国夫人不施脂粉，自恃美艳之色，常常素面朝见天子。她虽然不施脂粉，但眉还是要画的，只是画得浅淡一些而已。中唐后期诗人张祜在《集灵台》诗中以讽刺的口吻写了这件事："虢国夫人承主恩，平明骑马入宫门。却嫌脂粉污颜色，淡扫蛾眉朝至尊。"画眉在这个时期妇女脸部妆饰中占有重要的地位，妇女们甚至认为画眉比其他妆饰更重要。其实，唐代妇女的画眉样式远不止这十种，这在出土及传世的绢画、陶俑、壁画及石刻上反映得非常明显。徐凝《宫中曲》诗说："一日新妆抛旧样，六宫争画黑烟眉。"

总的来说，唐代妇女的画眉样式，比起从前显得更丰富一些。尽管有时也流行长眉，但形如"蚕蛾触须"般的长眉比较少见，一般多画成柳叶状，时称"柳眉"或"柳叶眉"。比如白居易《长恨歌》中的描绘："芙蓉如面柳如眉，对此如何不泪垂？"吴融《还俗尼》诗描绘道："柳眉梅额倩妆新，笑脱袈裟得旧身。"韦庄《女冠子》词也有描绘："依旧桃花面，频低柳叶眉。"这种柳眉的形状，在贞观年间阎立本的《步辇图》、西安羊头镇李爽墓出土的总章元年（668）壁画、天宝年间张萱所画的《虢国夫人游春图》以及五代顾闳中所画的《韩熙载夜宴图》中，都有比较清晰的描绘。

比柳眉略宽而更为弯曲的，在当时叫"月眉"，也就是《十眉图》中提到的"却月眉"。"月眉"因其形状弯曲，如一轮新月，故名。唐诗中也有不少描写月眉的作品，比如罗虬的《比红儿》诗："诏下人间觅好花，月眉云鬓选人家。"杜牧的《闺情》诗："娟娟却月眉，新鬓学鸦飞。"从图片资料看，这种月眉的形状，除上述特点外，两端还画得比较尖锐，黛色也用得比较浓重。敦煌莫高窟唐代壁画中有不少供养人形象，就画的是这种眉式。

阔眉是唐代妇女在画眉时采用的比较普遍的一种眉形。明朝人镏绩在《霏雪录》中说，唐代的妇女都喜欢画宽阔的眉毛。针对这种风俗，诗人杜甫在《北征》诗中写道"移时施朱铅，狼藉画眉阔"，对这种现象进行讽刺。唐代另一位诗人张籍也在《倡女词》中写道："轻鬓丛梳阔扫眉，为嫌风日下楼稀。"这都是对当时妇女画眉风俗的形象反映。阔眉在初唐时期，已经在宫廷内外流行。这个时期的阔眉，一般都画得很长，给人以浓重醒目的感觉。在具体描法上，有两头尖窄的，也有一头尖锐、一头分梢的；有眉心分开的，也有眉头紧靠、中间仅留一道窄缝的；还有眉梢上翘或眉梢下垂的，可谓样式繁多。

（5）注唇和涂面妆饰

大约在唐宪宗元和年间，妇女们又兴起用乌膏注唇、用赭黄涂面的风气。女子们以粉涂面时，往往将双唇也涂成白色，这样点唇时便可以任意点出各种各样的式样，其中尤以娇小浓艳的樱桃小口更受青睐，正所谓"樱桃小口一点点"。据说，白居易所蓄家伎樊素的嘴形便若樱桃般红艳娇小，故有"樱桃樊素口"之美誉。另外，唐代还有一种花朵形唇式，正如岑参在《醉戏窦子美人》中所称的："朱唇一点桃花殷。"其上唇中央凹陷明显，唇线夸张呈现两瓣状，下唇另有一瓣。巧妙的是，女子们往往还要在两个唇角外点出两个圆点作为酒窝的强化，并认为这样可以增加女性的甜美与妩媚。

进入晚唐以后，女子唇式更加丰富多彩。据宋人陶穀《清异录》记载，仅晚唐三十多年的时间里，妇女的唇式便出现十七种之多。例如在僖宗和昭宗时期，妆唇之风更加盛行，妇女以此区分妍媸。口唇点注之法名称繁多，主要有"胭脂晕品""石榴娇""大红春""小红春""万金红""露珠儿""洛儿殷""淡红心""腥腥晕"等。妆唇的红脂颜色有大红的、淡红的、掺金粉的、粉红的等；妆成的形状有圆形的、心形的、鞍形的等（图2-35）。

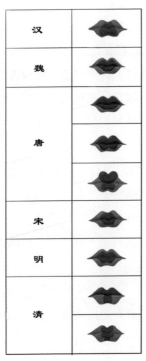

图2-35 从汉代到唐代及以后女性嘴唇的画法（刘永辉画）

《新唐书·五行志》记载："元和末，妇人为圆鬟椎髻，不设鬓饰，不施朱粉，惟以乌膏注唇，状似悲啼者。"[①]

元和以前，妇女的妆饰打扮表现出新奇、艳丽、活泼等特点，体现的是生命的美；元和以后却反其道而行之，表现出近似

---

① 欧阳修、宋祁：《新唐书》卷三十四，中华书局，1975，第879页。

质朴、淡雅的特征，却透露出一种病态之相。

白居易在《时世妆》中这样描写当时妇女的妆容：

> 时世妆，时世妆，
>
> 出自城中传四方。
>
> 时世流行无远近，
>
> 腮不施朱面无粉。
>
> 乌膏注唇唇似泥，
>
> 双眉画作八字低。
>
> 妍媸黑白失本态，
>
> 妆成尽似含悲啼。
>
> 圆鬟无鬓堆髻样，
>
> 斜红不晕赭面状。
>
> 昔闻被发伊川中，
>
> 辛有见之知有戎。
>
> 元和妆梳君记取，
>
> 髻堆面赭非华风。

这种追求病态美的反常心理，正是唐末政治腐败、贵族穷奢极欲的表现，和当时社会的消极萎靡的精神状态有关。用今天的话说就是，受世纪末情绪影响，流行色彩灰暗、妆容颓废的妆饰时尚。

4. 发型与发饰

唐代女子发型样式很多，有半翻髻、反绾髻、乐游髻、愁来髻、百合髻、回鹘髻、蹄顺髻、盘桓髻、惊鹄髻、抛家髻、倭堕髻、乌蛮髻、长乐髻、高髻、飞髻、双鬟望仙髻、等等。其发型前期比较简单，后来因为特别讲究头发和面部的妆饰，就开始流行起各种各样的高髻，可谓千姿百态、丰富多彩。根据唐代段成式的《髻鬟记》、王睿的《炙毂子》、宇文氏的《妆台记》以及《新唐书·五行志》等故事集和典籍的

图2-36 湖北武汉武昌唐墓出土陶俑，梳双鬟望仙髻的女子

图2-37 湖北武汉武昌唐墓出土陶俑，梳丫髻的女子

图2-38 湖南长沙咸嘉湖唐墓出土陶俑，女子梳半翻髻，穿窄袖袒领衫

图2-39 陕西西安西郊中堡村出土的唐代鲜于庭诲墓唐三彩陶俑，人物头梳拔丛髻，身穿小袖襦袄长裙，肩披帔帛，脚着翘头履，仪态端庄

图2-40 陕西咸阳边防村出土唐代彩绘女俑，头梳单刀半翻高髻，身穿紧身合体小袖衫，高胸裙，肩披彩色帔帛

图2-41 陕西咸阳边防村出土唐代彩绘女俑，头梳单刀半翻髻，身穿直裾紧身合体小袖衫，下身为高胸裙，肩披彩色帔帛

图2-42 湖北武汉武昌45号墓出土唐代陶俑，梳回鹘髻女子的发型背面

记载，唐代妇女的发髻名称繁多，样式非常讲究（图2-36~图2-42）。

唐代妇女的发髻承袭前朝，并加以创新。如双鬟望仙髻是承袭秦汉遗风流传下来的。不少古墓中，例如西安唐鲜于庭诲墓女俑，或唐代绘画中，例如《簪花仕女图》《虢国夫人游春图》《宫乐图》等，都保留大量唐代妇女发型的图片资料。唐代妇女发型的发展，由隋代的顶部低平、整齐，逐渐趋于向上耸起，到唐太宗时已经梳得很高很高，最后直接影响到五代至北宋年间的妇女发式。唐代妇女发式总特点是崇尚高耸，当时的妇女利用自己以及别人剪下的头发添加在自己的头发中，或造各种假发来装饰。而此等发型多为贵族妇女的专利，平民百姓的女子只在婚嫁时才会如此打扮。

当时最有特色的发型是"半翻髻"，这种发型大多做成单爿（也有双爿）刀形状，然后直竖于头顶。单爿髻朝一边倾斜，双爿髻向两边翻转，因其形状特别，又叫作"单刀半翻髻"或"双刀半翻髻"。到开元年间，一般女子又流行起"双鬟望仙髻"和"回鹘髻"。这些发型比起以前的发型稍微偏低一些，出门的时候便于戴浑脱帽。还有一种"扫闹髻"，是唐代最热闹的发型——上冲然后蓬松散乱，和今天某些场合女性赴晚宴时做的发型有异曲同工之妙。

唐代女子除了将头发束成髻以外，还插上簪钗等头饰，增加发髻的美观程度。簪钗的品种很多，有一种金银钗，是花朵形状，当时称作"钗朵"。这种金银钗以镂花形状吸引人。西安地区曾出土过不少唐代金银器皿，其中就有镏金银钗，至今色泽还很好。还有西安南郊惠家村出土的唐宣宗大中二年（848）的首饰，有钗头饰以镂空的飞凤，或饰以鱼尾兽头等形状，还有菊花形状等，做工非常精美。此外还有一种叫"步摇"的首饰，是用银丝线穿起珠玉制作成花枝形状，插在贵妇人头上，随着其款款行走的步态而摇动不已。这是唐代贵族妇女常用的，比较贵重。南宫博的《杨贵妃外传》说，唐玄宗叫人从丽水取了上等的镇库紫磨金，"琢成步摇"，并亲手给杨贵妃插在头上。白居易在《长恨歌》中描写了这种首饰的魅力："云鬓花颜金步摇，芙蓉帐暖度春宵。"李贺在《老夫采玉歌》中写道："采玉采玉须水碧，琢作步摇徒好色。"君王贵族们是为了取悦自己心爱的女人们，而百姓采玉所受的苦难他们一概不去顾及。1956年安徽合肥西郊南唐墓出土的就有"金镶玉步摇"和"四蝶银步摇"两种贵重的首饰。其中"金镶玉步摇"长28厘米，上端是展开的一对翅膀，镶着精致的玉饰，并以银花作为装饰。嵌着珠玉的串饰呈现穗状，分组下垂，随着脚步的移动而摇动不已。由此可见，当时贵妇人插戴的步摇首饰有多珍贵！

唐代女子还喜欢在发髻上插上小梳子、珠玉或鲜花等装饰物。比较讲究的梳子用金、银、犀牛角、珠玉、象牙等特殊材料制作而成，有的女子插上后露出半月形梳背，有的女子发髻上插十几把，很豪奢。唐代诗人元稹《恨妆成》诗以"满头行小梳，当面施圆靥"的句子，描绘当时女子发髻装饰的情景。用梳子做妆饰的风气始于盛唐时代，在中晚唐的时候还在继续流行。（图2-43，图2-44）

图2-43　唐镏金银梳

5. 衣着服饰

魏晋以来，妇女的衣服与秦汉时相比发生了较大的变化：被称作"襦"的上衣衣袖越来越窄小，所以裙子往上升得也越来越高了，这样穿着比较方便。至晋末，女装又走上了另一个极

图2-44　江苏扬州出土的唐代窖藏錾花金梳

端，衣袖加宽到二三尺，而且是男女同制。到了隋朝初年，一些上层贵族和歌舞女还喜欢宽衣大袖，但一般妇女的常服又变成小袖，为的是便于活动、劳作。在初唐时出现了小袖翻领长袄款式衣服，下衣则是条式小口裤，鞋是软锦靴，加上高高上耸的回鹘髻搭配出一套全新的唐朝女装来。唐初女子的服饰装束，还比较接近于隋代。平常起居服装是小袖长裙，裙口一直上束到胸口，高过乳部，然后在外边穿上半臂。裙子一般用两种颜色的绫罗拼合起来，形成间道裙褶的样式。受少数民族的影响，首先在歌舞女中兴起一种加刺绣或金银绘画的鸟的图案的服装，这种服装和融合波斯元素做成的小口裤以及胡人的软锦靴、翻领服装等同时出现在长安城，一直从贞观年间流行到武则天和唐睿宗李旦在位的时期。

唐代所说的"胡服"，范围比较大，首先包括西北地区的少数民族，还有波斯、印度等外国人的服装。唐代盛行胡服的原因，与当时长安时兴的舞蹈有关。唐玄宗在位的开元、天宝年间，由唐玄宗创制的《霓裳羽衣曲》和同名舞蹈长演不衰，由少数民族那里传到长安的《胡旋舞》《胡腾舞》《绿腰》（图2-45）《春莺啭》等健舞和软舞也很兴盛。不但舞蹈流传

图2-45　唐代舞蹈——绿腰

进来，连表演舞蹈的演员们的服装也在都城流行起来。贵族女子和平民女子不但学跳胡舞，还学穿胡装，学化胡妆，以胡装、胡妆为美，胡服渐渐与唐代服装融汇。

于是，女子服装的样式不知不觉地随之发生变化，可谓"随风潜入夜，润物细无声"。而在天宝以后，胡服热逐渐降温，妇女服装又发生变化，由窄小变为宽大，比如衣衫加宽，袖口放大，最后竟大到衣袖超过四尺，衣长拖地四五寸。这种变化引起了官员们的警觉，比如朝廷重臣李德裕在任淮南观察使时，奏请朝廷依严明的法令加以禁限，规定妇女衣袖缩小一尺五寸，裙曳由四五寸减为三寸。《新唐书·车服志》记录了当时朝廷向全国发布禁令的情况，禁令规定妇女的裙子不能超过五幅，曳地不能超过三寸。但是诏令下达以后，引起了人们众多的埋怨和抵制，这说明当时女人服装有返回汉代及魏晋宽衣风格的迹象。在中晚唐时期，女性服装袖宽又超过四尺，衣曳地面情景重现。鞋子也宽大起来。白居易《上阳白发人》写入宫近半世纪的上阳老妇人的装束是："小头鞋履窄衣裳，青黛点眉眉细长。外人不见见应笑，天宝末年时世妆。"实际上，现实中的服装早已改变成宽衣大袖了，但是深居宫闱的嫔妃、婢女"玉颜不及寒鸦色"，难以见到宫外富于生气的阳光，怎么能得知社会上服饰潮流演变的情况呢？她们只能面对"西宫夜静百花香，欲卷珠帘春恨长"的惆怅生活了。唐代宫廷妇女的服装和社会上快速变化的服装形成鲜明对照。朝廷所颁布的衣冠服饰制度，对京城的人发挥着巨大作用，但是对全国普通百姓的影响却并不是很大。

宫廷贵妇的服饰随心所欲，争奇斗艳，极为豪奢。中宗的女儿安乐公主使人耗费巨资织成的百鸟毛裙，价值昂贵，令人咋舌。《新唐书·五行志》记载：

> 安乐公主使尚方合百鸟毛织二裙，正视为一色，傍视为一色，日中为一色，影中为一色，而百鸟之状皆见，以其一献韦后。公主又以百兽毛为鞯面，韦后则集鸟毛为之，皆具其鸟兽状，工费巨万。[①]

《新唐书·五行志》还记载：

> 公主初出降，益州献单丝碧罗笼裙，缕金为花鸟，细如丝发，大如黍米，眼鼻嘴甲皆备，瞭视者方见之。皆服妖也。[②]

宫廷女子服装的豪奢程度是平民不敢想象的，这些奢华之风所起的作用，就是形成了破坏自然生态环境的恶习。官宦贵族女子仿制百鸟毛裙，使得山间珍禽异兽几乎被猎获殆尽，后经朝廷禁止，无辜鸟兽才得到保护。但是从另外的角度说明，

---

①② 欧阳修、宋祁：《新唐书》卷三十四，中华书局，1975，第878页。

唐代的纺织、制衣工艺技术空前。可惜，这种裙子世上早已不存在了。

图2-46　唐代石榴裙（刘永辉画）

图2-47　唐三彩女俑，身穿开口较大的鸡心领彩色半臂外衫，里面穿窄袖紧身内衣，下着墨绿色缀白红相间的四瓣小花长裙，脚着尖头履，头梳高耸的椎髻

处于平民阶层的普通女子，无法讲究奢侈，穿不起绫罗绸缎之类的华贵服装，就另辟蹊径，在服饰颜色和款式方面出奇制胜，织染出影响后世经久不衰的"石榴裙"。"石榴裙"实现了平民女子服装创新的梦想，青年女子尤其钟情于这种服装（图2-46）。

初唐还流行过一种低领衣服，里面不穿衬衣，袒露胸脯，开放大胆。诗中所写的"粉胸半掩疑晴雪""长留白雪占胸前"就是对露胸服装的如实描写。这是唐代女子以露为美，挑战传统的大胆举动（图2-47）。

天宝以后，女子还流行穿着男装，自下而上，从民间影响到宫廷，这种风气一直延续到唐末。女着男装，在历史上也是惊世骇俗的大胆之举。

（五）军旅服装

唐代服装与前朝后代都不同的是，其变革创新是全方位的，不是只涉及某一处或某一点。最具代表性的特点是"将帅用袍，军士用袄"。武则天当政时，在将帅袍服上绣以虎豹图案，以表现勇武威猛。《新唐书·车服志》记载：

> 唐初，赏朱紫者服于军中，其后军将亦赏以假绯紫，有从戎缺骻之服，不在军者服长袍，或无官而冒衣绿，有诏殿中侍御史纠察。诸卫大将军、中郎将以下给袍者，皆易其绣文：千牛卫以瑞牛，左右卫以瑞马，骁卫以虎，武卫以鹰，威卫以豹，领军卫以白泽，金吾卫以辟邪。行六品者，冠去璂（qí，音其，古代弁上的玉饰）珠，五品去鞶（pán，音盘，大带子，小囊）囊、双佩，幞头用罗縠（hú，音胡，有皱纹的纱）。[1]

这是对军中各级将士衣着服饰的规定，等级分明。不仅如此，对将士所用的甲胄都有明确规定。唐代宰相李林甫在《唐六典》中有记载：

> 甲之制十有三：一曰明光甲，二曰光要甲，三曰细鳞甲，四曰山文甲，五曰乌鎚甲，六曰白布甲，七曰皂绢甲，八曰布背甲，九曰步兵甲，十曰皮甲，十有一曰木甲，十有二曰锁子甲，十有三曰马甲。[2]

---

[1] 欧阳修、宋祁：《新唐书》卷三十四，中华书局，1975，第530页。

[2] 李林甫等：《唐六典》，中华书局，2014，第462页。

从资料看，唐代将士穿明光甲的最多。唐初和隋代差别不大，只是在腰下部位增加了左右各一块"膝裙"，并在小腿部位各加一个"吊腿"。在唐高宗时，铠甲前身是左右两片，每片胸口部位装置一块圆形护镜，背部连成一片。唐中宗时，甲的兜鍪（móu，音谋，兜鍪，古代作战时戴的盔）的护耳向上翻起，顶部竖着长缨，腰下有膝裙。中唐之后，兜鍪护耳向上翻转翘起，甲身为一整片，背部和胸部两甲用皮带相连，腰带上露出护胸圆镜。五代及两宋都是这样的装束（图2-48，图2-49，图2-50，图2-51）。

唐代的衣冠服饰制度，为后世研究唐代服饰及服饰文化发展、演变实况提供了宝贵的资料，对我们今天特殊服装的开发利用也提供了可贵的借鉴依据。

图2-48 陕西礼泉昭陵唐郑仁泰墓出土彩绘贴金陶武士俑，头戴甲胄，身穿明光甲

图2-49（a） 山西襄垣县西南唐夫妇合葬墓出土甲胄俑（正面）

图2-49（b） 山西襄垣县西南唐夫妇合葬墓出土甲胄俑（背面）

 图2-50 新疆吐鲁番阿斯塔那出土唐墓镇墓天王俑，头戴圆形胡人武盔，身穿彩色盔甲，脚蹬高筒皮靴

 图2-51 陕西西安出土唐墓天王状镇墓陶俑，头戴朱雀盔，身穿明光甲，脚蹬长勒革靴，脚踩小鬼

第二节 盛世中的盛装

隋唐服装和唐代社会一样，也呈现出同样的兴盛状态，在整个历史长河中独树一帜，辉煌灿烂，耀眼夺目。

隋唐的服装虽然和以往的其他朝代一样，也有完整的服饰制度，但是正如现代诗人、学者闻一多研究格律诗时指出的那样，格律诗的发展就像是带着镣铐跳舞，格律规定得越是严格，越能写出上好的格律诗，就意味着带着镣铐跳舞，还能跳得铿锵有力。杜甫就是带着镣铐跳舞，而且跳得最好的诗人。唐代虽然有严格的衣冠服饰制度，但是唐代的服装就像带着镣铐跳舞的格律诗一样，依然丰富多彩，绚丽非凡，发展得非常好，甚至非常前卫，出现了很多经典的服饰样板，闯出了自己的特色之路，为后世服装的发展、进步树立了榜样。

一、男装的发展和演变

隋唐时代男子的服装主要分为袍、衫、袄、裤等，还有幞

头等冠服。男子袍服的长度下至脚面，袖子比较窄小，也比较紧，穿在身上紧紧裹住双臂。从袍服所用的材料，可看出尊卑贵贱等级来。有官位的人多穿绫袍，比较华贵；普通男子日常则穿以葛麻做成的布袍。在初春或深秋季节，也有人穿着罽（jì，音既，用毛织成的毡子之类的东西。罽袍，指毛织的袍衣）袍。到了很冷的寒冬季节，人们则在袍中加上丝絮等保暖的东西，以抵御寒冷。

唐代男子，以穿着幞头袍衫为时髦。幞头又称为袱头，也就是我们俗称的帽子。隋唐时代的幞头，是在汉魏幅巾的基础上形成的一种用来包住长发的头巾，用料有纱、帛、罗等丝绸类织物，随着朝代变迁而有不同的裹发形式，其样式按身份的不同而有所差异。夏季男子一般戴的是纱帽，纱帽比较凉爽，是用质地疏松的轻纱做成的；冬季男子戴的是毡帽，毡帽是用毛罽制作成的，保暖性很强，戴上很暖和。另外，男子过冬还有用棉布和棉絮做成的棉帽以及用皮革做成的皮毛帽子。天宝以后，唐代男子几乎都用胡帽来护头御寒。当时胡帽、胡服都很时兴，人们都以穿胡服、戴胡帽为时尚。（图2-52，图2-53）

图2-52 韩滉《文苑图》。人物头戴幞头，穿圆领宽大袍服

图2-53 宋代画家李公麟绘画的《丽人行》，官员们身穿圆领窄袖袍服，头戴幞头

幞头这样的服饰最早萌芽于北齐时代。实际上，我们民族最早创制的首服叫冠、冕、弁。冠、冕、弁一般都是有身份的人或官僚、贵族戴的帽子，庶民一般都是用巾、布来缠头或裹头，男女都可以用巾作为首服。《释名·释首饰》中有"二十成人，士冠，庶人巾"的说法，这就区别了"冠"和"巾"的用途。在巾之外，还有帻（zé，音泽，古代的一种头巾），帻是身份卑微的人所用的一种包头巾。汉代乐府诗《陌上桑》（又称《日出东南隅行》）中有"少年见罗敷，脱帽著帩头"的著名句子，其中"帩头"指的就是"帻"。

幞头最初就是由上述民间包头的巾、布、帻演变而来。在隋朝初年，幞头作为流行于男子身上的服饰逐步定型（图2-54）。唐代的幞头基本是用黑色丝绸质地的纱罗做成的软胎帽，有一段时间，幞头也用木胎做帽，这可以看成是硬胎帽。

唐代幞头一般是裹在发髻的后边，稍稍突起并且微微向前倾出；帽子上有两条带子，系在帽顶的前部，另外有两条带子向下垂在脖颈的后面，有时一个长一个短，有时两条一样长。幞头带子装饰大致有三种到五种样式。

唐代男子主要

图2-54　图中三位分别为敦煌莫高窟192、220、196窟壁画人物，左为晚唐壁画使者，戴幞头，穿圆领衫，束乌鞓带，脚着白毡靴；中为后唐同光三年（925）壁画，人物戴平脚幞头，穿圆领衫，束铐带，脚着黑鞠靴；右为晚唐供养人像，戴幞头，穿圆领红袍，束白鞓带，腰间插笏板，脚着白毡靴

穿的衣服是袍、衫和袄。袍服做工相当讲究，装饰也非常精美，款式特点是交领、右衽（rèn，音认，衣襟），下摆普遍缝缀出细密好看的襕裥（jiǎn，音简，衣服上打的褶子），有些还裁制成月牙弯曲的形状。穿着袍服时，里面还要穿上贴身的襌衣（襌，dān，音单。襌衣，即古时的单衣，款式和袍子相同，单层没有里子），并且襌衣衣领需要紧贴脖颈，以露出襌衣衣领为最佳。

　　唐人所穿的袍服多为圆领，衣领变得比以前窄小，衣长也变得比以前短。过去衣长一般都在脚踝上下，唐代袍服的衣长提高到小腿中部，这是唐代经济发达后，袍服也受整个朝代时尚的衣服短而露的特征影响的结果。唐人崇尚黄色，认为赤黄与太阳的颜色相近，日是帝王尊贵的象征。所谓"天无二日，国无二君"，于是从唐太宗起规定赤黄（赭黄）为皇帝常服专用色（图2-55）。为防止黄色与赭黄相混淆，唐高宗时明令禁止百官百姓穿黄色衣服，从此，黄色就成了皇帝的专用服色。所以，从唐朝开始，黄袍被当作封建帝王的御用服饰；发展到宋代，继续沿用为皇帝的专用服装。"黄袍加身"使赵匡胤成为至尊无上的皇帝，所以，黄袍代表着最尊贵的服装，被称为九五之尊。这样的服装观念一直伴随了中国封建王朝上千年，直到清朝政府被推翻后才告终。但黄袍成为皇帝的专服，并不意味着一般人不能穿袍服。宋代以后的

图2-55　穿明黄色圆领龙袍的唐太宗

文武百官所穿的袍服款样基本是相同的，只是依靠不同的颜色来区分官位的大小和官阶的高低。

隋唐时期的官吏，主服为圆领窄袖袍衫，在颜色方面的表现是：凡三品以上官员一律用紫色，四品、五品用绯色，六品、七品用绿色，八品、九品用青色。（图2-56，图2-57）以后有所变更，比如宋代官员袍服颜色分别呈现为：三品以上服

图2-56　陕西扶风县法门寺舍利塔地宫藏唐代绯色罗地流纹金丝刺绣明衣

图2-57　唐代绿袍与革带

紫色，四品、五品服朱色（即红色），六品、七品服绿色，八品、九品服青色，与唐代官服制度是一样的，明代则另有自己的颜色区别。

衫和袍紧密相关，是由深衣发展演变而来的一种长衣。衫最早出现于唐代初期，是士人所穿的礼服，其款型是圆领、大袖，长度超过膝盖。其得名是因为在膝盖处缝缀一道横襕（即横阑，指在襕袍襕衫的中间加缝一个隔界。襕，lán，音兰，古代指上下衣相连的服装）。襕尚带有春秋时期创制的深衣的痕迹。在袍下缝一道横襕，这是当时有官职的男子服饰的一大突出特点。《新唐书·车服志》中有关于衫的专门记载："是时士人以棠（táng，音唐，同枲，xǐ，音喜，麻）苎（zhù，音

住，麻）襕衫为上服，贵女功之始也。"①这是衫服始于唐代的最早文献记载。唐代以后，特别是到了宋代，襕衫成为秀才、举人（主要是读书人）的专属服装。新进士，尤其是少年及第之后，他们所换下来的襕衫服装，就被看作是吉祥之服，常会被收藏起来。

男子衣服长度达到膝盖以下、脚踝以上位置，然后在腰里系一条红鞓带（唐代官员鞓带崇尚红色，带上还缀有比魏晋时简约的装饰品玉方、金花等物，后来有人将花色像红鞓带的青州牡丹命名为红鞓），脚上穿的是乌皮六合靴（胡服），显得特别精神，形象别致。从皇帝到官吏，服装样式几乎相同，而差别在于材料、颜色和皮带头的装饰不同。

除了袍和衫以外，这一时期的男子所穿的袄，被视为内衣。唐人春秋季节穿的是夹袄，寒冷的冬季穿的是棉袄，中间夹有棉絮，起保暖作用。

隋唐男子不管穿袍服还是穿衫服，其下身必穿长裤。这一时期男子的裤管有大小两种样式。隋代男子传承北朝人的服装穿着习惯，裤管大多比较宽松，为了活动方便，裤管一般都用带子紧紧扎在膝间；唐代的裤管则比较窄，裤子的长度一般达到脚踝处，穿鞋的时候，裤脚正好盖住脚面。男子若要穿靴子，则将裤脚塞进靴靿里，显得精神利索（图2-58）。

隋唐时没有官衔的地主阶层，包括隐士、野老等人，他们的穿着是高领宽缘的直裰（一种常服，样子是斜领大袖、四周镶边的大袍），这种常服是对汉代以来儒家崇尚的宽袍大袖即深衣的延续和继承。普通的平民男子，只能穿开衩到腰际的

---

① 欧阳修、宋祁：《新唐书》卷二十四，中华书局，1975，第527页。

齐膝短衫和裤子，颜色浅淡灰暗，不能用鲜亮的色彩。等级低下的差役、仆夫等人只准戴锥形尖顶帽子，穿麻练鞋，在劳作、行旅等活动时，便把衣角撩起来扎在腰际的带子上。

二、女装的发展和演变

隋唐女装是最丰富、最有意蕴的服装，在整个中华民族服装史上占有非常重要的地位，成就极高，创造性也极高，特别是盛唐，女装不仅在当时一经问世，就成为影响时尚的流行时装，即使在后世，也都产生了非常持久的巨大影响。比如"鸟毛裙""石榴裙""郁金裙""碧罗笼裙""半臂""霞帔"等，这

图2-58　新疆阿斯塔那188号墓出土绢本设色《牧马图》。马夫头戴平头小样幞头，身穿白色齐膝袍衫，下着小口裤，腰束革带，脚着长靴

些服装名称，在整个中国服饰文化中都是很响亮的。只要一提到唐代，熟悉服装的人脑海里马上就会浮现出这些服装的名称。

1. 上衣

隋唐时期女性的上衣主要有襦、袄、衫、半臂、霞帔等。襦和裙是隋唐最时兴的女装。襦是一种短衣，长至腰部上下，有的更短。襦有里子，可以是夹衣，也可以是棉衣。领型有直领、

交领和对襟等不同样式，隋唐时期的一般是翻领。襦裙的特点是上衣短而裙子长，一般在裙子高于腰部甚至高到腋下部位的地方，用漂亮的绸带系起来，这样就显出了腰身的曲线。这种在腰部系带的装束最早出现于汉代，至魏晋时期，女子把腰中的带子系得越来越高，上衣越来越短，衣袖也越来越窄；后来又由短且窄小发展到宽大，衣袖在原来窄小的基础上加宽二尺到三尺，真正体现了汉魏以来"博衣宽带"的民族服装特点。隋朝之后，上襦又时兴起小袖样式。而贵族女子在里面仍然穿大袖衣服，却在外面再穿一件小袖衣服，当时人们把这种装束叫"披袄子"。所谓披袄子，就是以袄子披身，让袖子随意垂悬下来。有人称这是披风的一种特例，取名为"小袖披子"。

袄，是一种缀有衬里的上衣，式样为大襟、窄袖，长度介于袍和襦之间，带有过渡性服装的意味，男女可以通穿。在

图2-59 《捣练图》（局部）中穿窄袖小衫、高胸长裙劳作的妇女们

唐代时，袄是从短襦演化而来的，到宋代以后迅速流行起来。到了明代，袄便取代了短襦，长度增至膝盖上下。民国以后，袄的长度又恢复到了胯部以上，并一直延续到现在。

衫，是一种单层无里子的上衣，有对襟和无袖大襟两种，是春、夏、秋季节适宜于穿着的服装，可以直接穿在外面。但到了唐代，这种大袖衫在款

式上发生了较大的变化，由大袖向小袖转化。当时著名画家张萱所画的《捣练图》（图2-59）中的女子形象，都穿着变化以后的小袖衫，这是经典的唐代女子的着衣形象。

半臂，也叫半袖，是由上襦发展而来的一种无领（或翻领）对襟（或套头）的短外衣，通常袖长达到肘部，衣长达到腰部。服装文化史研究专家周锡保先生在其名著《中国古代服饰史》中写道："妇女亦有服半臂者，其制略同于裲裆（古代的一种背心），其长亦比裲裆为长而又短袖。房太尉家法，不着半臂，当也因为不是合于礼仪的服饰。"①半臂因为露胸低，在正统的朝廷重臣看来是有伤风化的，所以禁止家人和婢女穿着。半臂最流行的时期也就是在唐代。陕西乾县唐代永泰公主墓壁画中的多名女子形象，都是上着半臂，下穿长裙（图2-60）。半臂相当于今天的短袖衣或短袖 T 恤。配合衫服和半臂，唐代女子在肩背地方常常搭配一条用轻薄纱罗做成的帔帛，装饰性很强，穿戴上以后，使女子款款而立，楚楚动人，尽显妩媚之姿态。

图2-60　陕西乾陵陪葬墓出土永泰公主墓壁画宫女图。图中左侧第一人穿着华贵，打扮时尚高雅，疑是永泰公主李仙蕙，她是唐中宗李显的第七女，武则天与唐高宗李治的亲孙女，遇害时只有十七岁。后边随从均为侍女，她们或捧盘执杯，或捧物执扇，或携带拂尘，或执蜡烛等，中有二人女穿男装，梳蝴蝶髻，其余侍女梳单刀髻或双刀半翻髻，穿窄袖小衫外罩半臂，下着高胸宽摆长裙，均披帔帛

①　周锡保：《中国古代服饰史》，中国戏剧出版社，1978，第250页。

帔帛也叫披帛，是唐代流行的一种长巾，是用银花或金银粉绘出花案的薄纱罗制作成的衣饰。女子把一端固定在半臂的胸带上，把整体披搭在肩膀上，并把余下的部分缠绕在手臂之间，这就是帔巾。后来由于做得越来越华丽、美观，又取名为霞帔，容易让人联想起天空美丽、迷人的云霞来。这样装饰之后，唐代女子的形象更加妖艳俏丽，妩媚动人。这种帔帛或霞帔，在唐代的绘画或陶俑中经常可以看到。

上述所说的帔帛样式只是比较多见的一种，帔帛还有其他不同的装饰方法：比如把帔帛两端垂悬在胳臂旁边，有时下垂的长短不一；有时把帔帛两端捧在胸前，下垂至膝盖部位；有时把右端束在裙子系带上，左端由前胸绕过肩背，搭在左臂上使之呈现下垂状。总之形式很多，而且都很合乎审美的要求。对于帔帛的美，有人写诗赞美道："红衫窄裹小缠臂，绿袂帖乱细缠腰。"突出了帔帛充满诗意的特征。

在唐代，比较正式的女装一般由衫、裙、帔（帔帛）三部分组成。女子穿衣的时候，习惯将衫的下摆束在裙腰里面，显得裙子很长，自胸部以下直到地面；再配上一条飘逸的披肩，显得身材修长，妩媚动人，别有一番韵味。

从魏晋南北朝以来，直到隋唐，女子长期喜欢穿着小袖短襦和曳地长裙。而到了盛唐以后，贵族妇女衣着又由窄小简约转向阔大铺张。这时期，衣袖有的竟大过四尺，长裙拖曳到地面达四五寸之多。对于这样的奢侈、浪费现象，朝廷不得不颁布律令加以限制，否则奢华之风会愈演愈烈。

2. 下裳

下裳一般包括裙子、套裤和裈（kūn，音坤）裤等。古代裙子的种类很多，比如马面裙、百褶裙、凤尾裙等。衣料以丝绸类的纱、罗、锦、绫、绡等为主，裙子一般都有花色、图案装饰，装饰方式有刺绣、罨（yǎn，音眼，覆盖，敷）画、销金、晕染等。

古代裙子以长为时尚。为了求美，女子在裙幅上常常捏出细而密的褶裥，使裙身随着行走更具线条的流畅感和裙幅的摆动感。因褶裥而得名的裙子有"百褶裙""千褶裙"等（图2-61）。在褶裥裙中，唐代流行一种高腰裙，这种裙子把腰节线提升到腰部以上胸部以下的位置。在当时以体态丰腴为时尚的时代，女性穿着高腰长裙，身姿会显得轻盈而飘逸。

唐代妇女中流行的裙子，不仅样式多，而且名目多，颜色种类也很多。流行于唐代女子中的一种集百鸟之毛织成的裙子，花色多样，艳丽无比，而且价值不菲，这就是前面说过的在唐代历史上赫赫有名的"百鸟毛裙"。"百鸟毛裙"是首先出现于宫廷的女子服装，后来又流传到达官贵族家庭。孟子曾说，"上有好者，下必有甚焉者矣。"。艳丽奇特、华贵无比的百鸟毛裙引来皇家贵族，甚至百姓家女子的纷纷效仿。

"百鸟毛裙"是贵族女子服装，而流行于民间的最出名的是像石榴花颜色一样鲜艳的红色裙子，名为"石榴裙"。杜甫的"越女红裙湿，燕姬翠黛愁。"皇甫松《采莲子二首》也写道："晚来弄水船头湿，更脱红裙裹鸭儿。"都选择红裙来描摹妇女的服装。据记载，盛唐时期流行

图2-61　唐代女性爱穿的印花百褶裙（新疆吐鲁番阿斯塔那出土）

春日郊游。五代王仁裕在《开元天宝遗事·裙幄》记载说，长安仕女在郊野游春漫步，遇见名花便设席藉草，并以红裙互相传递，在头上插挂这些鲜花，可见唐代女子穿红裙的普遍性。石榴裙最早在自由开放的魏晋南北朝时期已初露锋芒，到了盛唐时期，一下子风靡起来，并且盛极天下，受到女性的喜爱，尤其受青年女子的钟情。当时许多著名诗人的诗篇中都出现过盛赞石榴裙的佳句，比如白居易的"移舟木兰棹，行酒石榴裙""眉欺杨柳叶，裙妒石榴花"，杜审言的"红粉青娥映楚云，桃花马上石榴裙"，李元纮的"春生翡翠帐，花点石榴裙"等（图2-62）。而最出名、最有影响的则是万楚《五日观妓》中的诗句："眉黛夺将萱草色，红裙妒杀石榴花。"都说明这种裙子在当时女子中受欢迎的程度。

除了这两款最有名的裙子之外，还有像青青碧草一样翠绿颜色的绿裙子；有像成熟的杏子颜色一样的橙黄色裙子，叫郁金裙；另有一种用轻软、细薄而透明的单丝罗制成的笼裙，上面饰以织纹或者绣纹，罩在其他裙之外，起初是隋唐时歌女的舞裙，后来在唐朝贵族妇女中盛行。

绿裙也是唐代妇女喜欢的裙装。张保嗣的"绿罗裙上标三棒，红粉腮边泪两行"描写了身穿绿罗裙的歌妓的悲戚形象。当时人们爱以春草来比喻绿裙，白居易的"秋水莲冠春草裙"，刘长卿的"苔痕断珠履，草色

图2-62 石榴裙

带罗裙"等诗句，都是具体例证。此外，唐诗中也有以翡翠和绿柳比喻绿裙的明艳色彩。戎昱的"宝钿香蛾翡翠裙"，戴叔伦的"杨柳牵愁思，和春上翠裙"，元稹的"藕丝衫子柳花裙，空著沉香慢火熏"等，也都是典型的例子（图2-63）。

图2-63　唐代穿绿彩裙（郁金裙）的女坐俑

郁金裙是用郁金草染成的黄色彩裙，和成熟的杏子的颜色也很接近。据唐代张泌《妆楼记》中解释，郁金是一种散发着芳香的草，用这种芳草染成的裙子色泽鲜艳无比，而且不怕日晒，可以散发出芬芳的清香。对郁金裙新旧唐书都有记载。唐玄宗的爱妃杨玉环最喜欢穿的就是这种黄色郁金裙。上行下效，这种郁金裙后来在后宫中逐渐流行起来，最后流传到宫廷之外的豪门富户，也成为唐朝裙装的一种时尚款式。唐代诗人喜欢用"郁金"来比喻黄裙美丽的色彩，比如杜牧《送容州唐中丞赴镇》中的描绘："烧香翠羽帐，看舞郁金裙。"李商隐《牡丹》一诗也有描绘："垂手乱翻雕玉佩，折腰争舞郁金裙。"两位诗人的生动描写，就是对这一服装时尚的最有力的注脚。

据新旧唐书记载，唐中宗的女儿安乐公主出嫁时，益州地方官进献的贺礼就是一条单丝碧罗笼裙。贡品中的这条裙子是以缕金为花鸟，鸟儿图案仅有黍米那么大，眼鼻嘴甲全都具备，可见其做工之精细、典雅。

图2-64（a） 唐代多色裙　　　　　图2-64（b）　唐代多色裙

绛和紫也是唐代妇女裙装常用的颜色（图2-64）。王涯《宫词三十首》中的"绕树宫娥著绛裙"，杨衡《仙女词》中的"金缕鸳鸯满绛裙"，卢照邻《长安古意》中的"娟家日暮紫罗裙"等，都是以诗为证的例子。

唐代妇女的衣裙一反中国历代以颜色辨别身份、等级、地位的传统，都是色彩艳丽的服装，而且很少受官方服饰制度的约束。《旧唐书·高宗本纪》中就记录着唐高宗给雍州长史李义玄下的诏书：

> 其异色绫锦，并花间裙衣等，靡费既广，俱害女工。天后，我之匹敌，常著七破间裙，岂不知更有靡丽服饰，务遵节俭也。[1]

这段文字中所说的裙衣指的就是色彩华丽的裙子。"破"指的是间色裙子上的每一道彩色布条，一件裙子若以六种颜色

---

[1]　刘昫等：《旧唐书》卷五，中华书局，1975，第107页。

的布条拼成，就谓之"六破"，以七种颜色的布条拼成，即所谓"七破"。"破"越多，就证明衣裳的颜色越多。《新唐书·车服志》中还记有："凡裥色衣不过十二破，浑色衣不过六破。"[①] 就是当时官方对这种裙子在用料、着色上所做的限制，规定不能超过所限制的色数。

除了上述的裙子，唐代还流行一种被称作"丹霞云锦"的锦裙。这种裙子是用织锦制成的，其做工之精美，价值之高，无与伦比。正如唐朝诗人李贺在《天上谣》中写的"粉霞红绶藕丝裙"。这些做工考究的服装，进一步证明大唐盛世的纺织技艺已经达到了登峰造极的地步。

当然，这些花色艳丽、价值昂贵、做工精致的服装，注定只是供统治阶级消费和享受的奢侈品。对于处于社会底层贫穷的广大劳动妇女而言，最流行的裙子依然是色泽淡雅的绿色罗裙。"记得绿罗裙，处处怜芳草"就是对底层妇女着装的生动描绘和刻画。年龄稍大一些，或者长年在田间地头辛勤劳作的妇女，通常穿的则是青灰色的裙子或衣裤。

总之，在唐代女装中，裙子始终是最重要的服装。资料显示，东汉及西晋妇女多穿袍服之类的长衣，穿裙装者相对少一些。十六国时，条纹裙渐多，并一直时兴，直到唐初。到盛唐时期，色彩浓艳的裙装取代了较为单一的条纹裙。唐代裙装最显著的特点就是色彩艳丽、繁多。唐诗中反映出的裙装的颜色主要有红、绿、黄、绛、紫等色，这些都是极鲜艳亮丽的色彩。

而民间普通妇女则穿着青碧缬（一种印花的纺织物）衣

---

① 欧阳修、宋祁：《新唐书》卷二十四，中华书局，1975，第530页。

饰，脚上穿着平头小花草履。

3. 发型

唐代妇女的发型样式很多，而且名称也很多。早期时兴高耸的发型，后期则流行以假发做成的发型——义髻（即假髻，指在做发髻时，给其中加入假发），这样就显得更加高耸大气。唐代还兴起了花冠、椎髻、堕髻等发型。在与西北少数民族的融合中，唐代妇女的发型和装饰也受到胡人显著的影响，有些妇女的发髻高耸犹如俊鹘展翅（图2-65，图2-66）。

中国妇女自古以来就讲究发髻的变化，而唐代妇女的发式不单纯继承前朝遗风，更加入了外族妇女发式的特色，发髻式样多色多样。唐代发髻样式有几十种，其中，双环望仙髻是承袭秦汉遗风（图2-67），扫闹髻是唐代最热闹的发型。这一时期妇女发型的突出特点是崇尚高耸，妇女们喜欢利用自己以及别人剪下的头发，将其添加在自己的头发之中，做成各种假发来装戴。唐朝晚期，人们在高髻上又用银钗、牙梳等头饰进行装饰。唐代妇女的各种发髻如图2-68~图2-74。

图2-65　唐代梳宝髻的缝衣女　　图2-66　唐代梳回鹘髻的舞女　　图2-67　唐代梳双鬟望仙髻的舞女

图2-68　一、二分别为双刀半翻髻正面和背面，三为单刀半翻髻，四为半翻髻，五为回鹘椎髻；六、七为朝天髻，八、九为惊鹄髻，十为椎髻（李菲画）

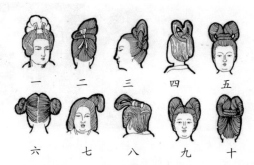

图2-69　一为布包髻，二、三为螺髻，四、五为双鬟望仙髻，六为双髻，七、八为抛家髻，九、十为百合髻（李菲画）

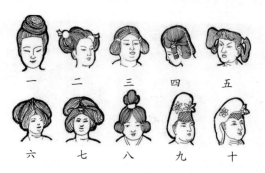

图2-70　一为盘桓髻，二为双鬟髻，三为垂鬟髻，四为双垂髻，五为少女双垂髻，六、七为扫闹髻，八为回鹘椎髻，九、十为透额罗髻（李菲画）

图2-71 左为丛梳百叶髻，是一种多爿状发髻；中为抛家髻，是两鬓抱面式的发髻样式，是唐代中后期流行的一种较为显著的发髻样式，《妆台记》中称此髻为朝天髻；右为乌蛮髻，是一种低髻，具有较强的层次感

图2-72 左为倭堕髻或称侧髻，这种发髻侧垂向下，意即堕马、髲髻（上边为髟字头，下为隋字的右边），起源于战国时期，在东汉时期最为盛行，一直流行到唐末；中为拔丛髻，丛是多和乱的意思，也是松和多的意思，将髻梳于额间，形成障掩额前的式样；右为双髻或翻荷髻，翻荷髻起源于隋炀帝时的宫廷中

图2-73 左为球形髻或丛髻，这种发髻额前梳成球形状发式，两边自然下垂，覆盖在脸的两边，显得头发很茂密；中为同心髻，头顶梳成一颗圆桃形莲花包，寓意为永结同心；右为高髻，也是接近于圆鬟椎髻和朝天髻的发式，两边鬟发下垂而不作鬟饰

图2-74　一、二为簪花髻，三为宝髻，四为飞天宝髻（李菲画）

4. 尚胡装

唐代文化具有一个突出的特征，就是与外来文化的大融合，不但接纳西北和北方少数民族的文化，更接纳西域以及异国的文化。比如对胡服、胡妆的接受。唐代中原和天竺（即印度）、波斯（伊朗一带）等国也有往来，这在妇女服装及装饰上也有明显反映。从贞观年间到开元年间，胡装非常流行，比如当时时兴戴胡人的金锦浑脱帽，穿翻领小袖齐膝长袄或男式圆领衫和条纹间道小口裤，腰系金花装饰钿镂带（钿，金花；镂，雕刻，镂金。钿镂带就是在腰带上雕琢嵌饰金花），脚穿软底透空紧鞠靴等。

在融合外来文化的过程中，唐代妇女衣着表现出非常大胆的革新特征，在这里体现出两点：一是喜欢着男装，二是喜欢穿胡服。

5. 尚胡妆

在妆饰上，妇女们喜欢在脸上用黄色星点点缀额头，脸颊边画上两个月牙，在嘴角、酒窝间加两小点胭脂，这是唐代妇女最喜欢的妆饰。在元和年间，妇女们更是用乌膏来涂抹嘴唇，用赭黄颜料涂脸，把眉毛修成八字低颦样式。此外，还用

"茶油花子"来贴脸。有的还用花鸟图形贴在脸上作面靥。唐代段成式在《酉阳杂俎·黥》中有一种妆"尚靥如射月",把这种妆饰叫作黄星靥。唐代女子的面饰不但喜欢用花子,还喜欢用三国吴地传过来的靥钿。兴盛时,女子满脸都是大小花鸟图案。

元和末期,由于受吐蕃服饰和化妆风气影响,汉族妇女们不但学穿胡人衣装,连音乐、舞蹈和化妆等全都学习胡人,所以仍然保持着"椎髻赭面"的风习。椎髻为北狄人的装束,赭面为吐蕃女子的妆饰。中唐时,人们对胡服和"胡化"风气已经产生了憎恶的态度,但"胡化"之风仍然在妇女生活中普遍盛行。元稹在《叙诗寄乐天书》一文中说:"又有以干教化者,近世妇人晕淡眉目,绾约头鬟,衣服修广之度及匹配色泽,尤剧怪艳,因为艳诗百余首。"①他在《恨妆成》一诗中还写道:"柔鬟背额垂,丛鬓随钗敛。凝翠晕蛾眉,轻红拂花脸。满头行小梳,当面施圆靥。"据著名作家、服饰研究大师沈从文先生考证,这种妆饰即为"倒晕蛾翅眉、满头小梳和金钗多样化,实出于天宝十多年间"②,其中虽然不乏胡风影响的痕迹,但与元和年间时兴的"时世妆"相比仍有差距(图2-75)。

大诗人白居易还专门以"时世妆"为名,写了带有讽喻性的"新乐府"诗,诗名就是《时世妆》(见第75页)。

白居易认为"椎髻赭面"不是汉族女子的妆饰,甚至以

---

① 转引自曾枣庄:《中国古代文体学》,人民文学出版社,2012,第213页。

② 沈从文:《中国古代服饰研究》,上海世纪出版集团,2005,第335页。

"被发伊川"来形容这种妆容。他对胡风的厌恶可见一斑。由此可见，元和之世是唐代妇女服饰新旧风尚转换的时代——上层社会已受新兴妆饰的影响，而中、下层社会尚未完全改变旧日习俗，加之胡、汉两种风尚良莠不齐，纷纭错综，所以像元稹、白居易这样的文人才会觉其"怪艳"，并作诗来讥讽。

而中唐时期，中原服饰审美文化有所转型，这也反映出唐代女子时兴胡妆，而作为主流文化代表的男人们却对外来文化持反对态度，也透露出民族传统文化回归的倾向（图2-76）。

图2-75 新疆吐鲁番阿斯塔那187号唐墓出土唐绢画《弈棋图》，人物梳回鹘椎髻，额头饰以花钿，身穿绯色簇花交领广袖襦，下着绿裙

图2-76 化胡妆的贵妇人们（敦煌莫高窟61窟五代归义军节度使曹元忠夫人及母亲、姐姐供养像）

6. 从遮蔽到暴露的首服

隋唐初年，中原妇女沿袭北齐旧习俗，骑马出行时用一种大纱帽遮蔽全身，这种纱帽就是前文说过的"冪䍦"。这种罩面的巾子在唐代武德、贞观年间多被宫人出行时所用，为不让路人窥见容颜。"冪䍦"后来发展成为"帷帽"。当时"帷帽"在边缘缝垂着纱网，主要用来在出行时防遮风沙。"帷帽"帽形很像斗笠，周围垂以网帘，一直到脖颈部位，有的空出前部，以"靓妆"露面。"靓妆"即浓艳华美之妆。唐代大文豪韩愈在《东都遇春》诗中写道："川原晓服鲜，桃李晨妆靓。"唐贞观以后，妇女们以帷帽露脸为时髦，因而取代了遮面的"冪䍦"。到宋代以后，"冪䍦"和"帷帽"演变成为紫罗方巾，用来遮蔽全身，后来人们称为"盖头"，再后来就演变为今天还能见得到的结婚习俗中用的遮盖新娘头部的"盖头"。盛唐以后，帷帽逐渐废除，但当时一些大都市的妇女还流行着将纱罗贴在前额作为装饰的习俗，这时的名称叫作"透额罗"（图2-77）。

图2-77 敦煌莫高窟130窟壁画人物额间贴一幅纱罗装饰，这就是常说的唐代"透额罗"

第三节 在美的追寻中塑造自我形象

隋唐服装在最初的发展和形成的过程中，也许是茫然的、不自觉的，并不是说在整个朝代，其服装形象有一个影视导演式的人物，在有意识地设计、指导和引领其朝着某一个既定的方向发展，使其沿着有意识的道路走向某一个成熟的领域，这当然是笑话。但是，我们在隋唐社会过去一千多年以后研究其服装史实，却发现它的整体精神是一致的，就是大胆尝试、变革创新、兼收并蓄，吸收前人以及少数民族甚至域外因素，成就自己的全新形象，形成与其他任何历史时期完全不同的风格。这是独特的审美意识和时代精神的体现。

我们一再强调，唐朝是中国封建社会的鼎盛时期之一，它兼收古今、博采中外，创造了繁荣富丽、博大精深、开放自由的服饰文化，奠定了特殊的服饰美学标准，在整个中国历史长河中独树一帜。在盛唐特定的那段历史时期，中国长安成为亚洲各民族经济文化交流的中心，甚至引领着当时世界文化的潮流。盛唐时代的服饰文化和与服饰文化有关的工艺美术在继承华夏文明传统的基础上，吸收融合了优秀的少数民族文化和观念全新的域外文化，并达到了推陈出新、为我所用的结果，最终将民族服饰的发展推向一个更新更高的境界。身处宫廷和上层社会的妇女即贵族女性，更是作为时代潮流的引领者和推动者，掀起了中国历史上一场服饰创新的革命潮流，使美艳、奢华的服装花朵恣意纵情地绽放于中国大地之上。

一、充满变革与创新意识的男子服饰形象

1. 变革与创新的隋代男子服饰形象

隋初的服饰制度基本延续的是汉魏晋的旧制，到隋炀帝执政时，才大致制定出了当朝的服饰制度，但也只是在很有限的方面，为唐代服饰的繁荣做了些准备和铺垫，主要是由于它的历史太短暂了。

隋代服饰的特色有两点，一是男子的缠须风尚，二是妇女服装由于受隋炀帝崇尚华丽的观念与行为的影响，也趋向于追求华美，这对唐代服饰的整体风格产生了影响。

隋代男子缠须成为流行的社会风尚，而且不管是文人、武士，还是一般平民百姓，人们都把有胡须，看成是一件很骄傲、很自豪的事情，并给予精心保护和细心梳理，平时也很注意保护胡须。这使男子形象成为隋代服饰史上一道特别的风景线，以后的其他朝代不再有这样的时尚。

隋炀帝即位后，就在民间大选美女充盈宫室，他开历史上

选美的先例。隋宫当时汇聚着千名美女，争奇斗艳，专事修饰，以至头上珠玉满冠，身上彩帛围裹，以取悦皇帝。所以隋朝从隋炀帝开始，浮靡之风日甚，华丽衣裙渐盛。民间女子也

图2-78 　《宫乐图》中穿宫装的女子

竞相效仿"宫装"，这种风气直接影响了唐代的衣着风尚（图2-78）。

2. 变革与创新的唐代男子服饰形象

服装的发展有自身独特的路径。当历史车轮前进到唐代，服装才算走上自由发展的正轨，而真正成熟的、富于个性色彩的服装形象，在盛唐时期才一步一步地确立起来。

唐高祖武德四年（621）颁布了车服之令。在装饰图案上，唐王朝既有春秋时期的严谨风格和战国时期的舒展与多样化的特征，又有汉代的明快和强烈色彩，更沿袭了魏晋的飘逸、开放和奔放不羁，从而完成了自己服饰的定型，并且达到了两千年来整个封建社会的巅峰状态，成为中国古典服饰形象的经典。

唐代帝王的冕服制度是继承汉代帝王冠冕制度的，皇帝及朝廷百官所穿的冕服一般只在礼仪大典与祭拜天地、百神和宗祠时用。唐代官吏朝服的特点是：一品至五品官职都戴笼冠或介帻，并以簪导和冠缨为装饰，身穿对襟绛色圆领大袖衫，里面穿的是白纱禅衣（即单衣），下身穿着长裙，外面套的是赤围裙，佩以朱色蔽膝，腰束革带和钩，佩带绶和剑，脚上穿着袜舄。六品及其以下官员，则要去掉剑和佩绶，其他都相同。

大袖衫外加穿裲裆，是唐代职位不太高的官吏所着的服饰。官吏们的常服和朝服基本相同，常服一般是以巾帛软裹或硬裹幞头、圆领窄袖袍衫、裤褶、乌皮靴为典型装束的。

在唐太宗时期，皇帝的常服是在视朝听朔、宴见宾客时穿用。其服饰是赤黄袍衫、折上头巾、九环带、六合靴，这是具有唐朝典型特点的服饰形象。从贞观以后，若非元日、冬至、受朝以及大型祭祀活动，帝王及官员们都穿着常服。这期间，唐太宗提倡官员们戴"进德冠"，服饰则配以白练裙与襦裳服，也可以配裤褶与平帻。总的来说，唐代服饰在一开始就表现出开放、大气甚至随意的特征，既沿袭前代旧制，又容许大量创新（图2-79）。

唐代第一个成熟的服饰形象——皇帝服饰的确立。

唐太宗李世民认为，赤黄（赭黄）与太阳的颜色相近，日是帝皇尊位的象征，规定赤黄为皇帝常服专用色，"黄袍加身"就意味着登上了帝位，这种做法一直延续到中国封建社会的最后一个王朝清朝的灭亡为止。隋唐时期，强化了以服色定等级，以紫、绯、绿、青四色定尊卑、辨身份的制度。这些服饰观念的践行，为后世封建社会各朝各代服饰的发展、演变定下了基调。

第二个对后世产生巨大影响的成熟的服饰形象——朝廷命官服饰图案的重新确立。

从周代开始，中国衣冠服饰就确立了天子冕服用十二章纹的制度，上衣的章纹一般是绘出的，下裳的章纹一般是绣出的。据《尚书·益稷》记载，十二章纹排序依次为日、月、星辰、山、龙、华虫、

图2-79　敦煌莫高窟194窟壁画，绘维摩诘经变故事中《帝王听法图》。帝王所戴冕冠前后均为方形，曲领冕服绘以日、月、星、山、黼、黻等章纹图案，腰束大带，脚着赤舄；大臣们戴幞头或平帻巾，穿宽袍博袖朝服，腰束革带，佩绶，着笏头履，显示了大唐盛世的威仪之风

宗彝、藻、火、粉米、黼、黻。南宋经学家蔡沈在注《尚书》中解释了十二章纹所包含的意义：日、月、星辰，取其照临也；山，取其镇也；龙，取其变也；华虫，雉（雉鸡），取其纹也；宗彝，虎蜼（wěi，音伟，猿），取其孝也；藻，水草，取其洁也；火，取其明也；粉米，白米，取其养也；黼（fǔ，音府，古代礼服上绣的半白半黑的花纹），若斧形，取其断也；黻（fú，音服，古代礼服上绣的黑与青相间的花纹），为两己相背，取其辨也。帝王冕服图案的规定，既对帝王有了极高的期望和要求——当他穿上冕服之后，行事发言随时都要树立楷模，也要随时明白自己身担大任，对国家、政权、天下人要负责任。隋朝初期，朝廷采纳内史侍郎虞世基的建议，把日、月图案绣到帝王冕服左右肩膊上，把星辰图案绣在后领下，意谓天子"肩挑日月，背负七星"，要担当好君临天下的重任，做好万民仰赖的帝王。

前面说过，武则天当朝时，向朝廷命官颁赐一种新的服装——"绿袍"，延续了周代以来的十二章纹图案的传统，在不同职别的官员的袍服上绣以不同的禽兽纹样，但是并没有明确区分文官绣禽、武官绣兽的问题。这种新式绣袍也是一大创制形式（图2-80）。

第三个成熟的服饰形象是男子冠帽的革新，成就了新的服饰文化现象。

唐代初年，男子头上所戴的幞头非常流行，成为唐代最早的时髦的服饰之一。幞头虽然最早出现于北齐，但是并没有定型。由于唐人喜欢变革和创新，就先用黑色纱罗做成软胎，后来又用木质材料做成硬胎，进行不断地变化和改进，终于使包头巾在唐人手里成为定型的帽子，而且一直影响到宋代及宋代以后的各个

图2-80　张萱所绘《唐后行从图》，图中武则天戴珠宝凤冠，身穿深青色交领右衽大袖礼衣，肩饰日月图案，下着红地绣花彩条纹间色长裙，腰系杂佩装饰，裙上有红地金凤纹蔽膝，脚着饰宝金、珠玉云头履；男女官均着软巾长脚幞头服，或穿宽袖衣裙、长袍，脚着高筒靴。前二人执孔雀翎羽扇，中二人执长方扇，后二人执羽毛边圆扇，两侧二人执长柄斧，佩剑，阵势威武，充溢着飞腾激进之势

朝代（宋代以后被称为"乌纱帽"）的男子的首服，成为中国较为稳定的男帽样式。虽然今天我们在现实生活中，见不到这种帽子，但却能在传统戏剧艺术中看到这种帽子的形象。这种被后人称为"乌纱帽"的服装，自从唐代创制以后，就蕴含了更丰富、更深刻的民族文化意义，后人关于保住"乌纱帽"、丢掉"乌纱帽"、为了"乌纱帽"等话语，作为中华儿女和龙的传人，没有人不熟悉。

第四个成熟的服饰形象是唐代首创的士人衫服装束，影响了后世文化人的着装习惯。

衫最早出现于唐代初期，是士人所穿的礼服，其款型是圆领、大袖，长度超过膝盖（图2-81）。衫的得名是因为在膝盖处缝缀一道横襕，这是当时男子服饰的一大突出特点。唐代以后，特别是到了宋代，襕衫成为秀才、举人（主要是读书人）的专属服装。新进士，尤其是少年及第之后，他们所换下来的襕衫服装，被崇尚知识和学问的人们看作是吉祥之服，常会被作为珍贵之物收藏起来。在鲁迅先生著名的短篇小说《孔乙己》中，孔乙己被塑造成一个落魄的"知识分子"形象，他地位很低，穷困潦倒，却要装出很有身份的样子，总是穿一身脏兮兮的袍衫，因为袍衫是有知识人的身份象征。然而，孔乙己最后还是因为没有饭吃，偷举人家的东西，被打折了腿，最终落了个死了也没人知道的下场。这是近代手无缚鸡之力、深受科举制度毒害的知识分子形象的典型写照。最初受人敬重的知识分子衫服形象，在这个时候，随着社会制度的急剧变化，完全失去了其历史作用。

图2-81　陕西礼泉县郑二泰墓出土彩绘贴金陶俑，人物戴平巾帻，红色交领广袖袍衫，胸前饰以绣着人物图案扇形的类似补子的彩帛，这在唐代服装中是很少有的款式

　　第五个成熟的服饰形象是鱼袋制度的实施，创立了中国最早的出入朝廷与官府的"通行证"。

　　唐代对官员佩挂鱼符（鱼袋）的规定，是对不同官员身份认定的一种特殊制度。随着颁发鱼袋制度的实行，河里的鲤鱼也受到空前的保护。唐朝官员最初佩带鱼符，是为出入宫廷时防止发生伪诈等事件而特设的制度。后来鱼袋颁发得越来越多，有点泛滥的势头，其最初的意义已经丧失了。世上所有事物的发展都遵循固有的规律，就是从萌芽到兴起，再到大力的发展，发展到顶点的时候，就会走下坡路，直至最后彻底衰落。唐代的这种鱼袋制度最后也走到了尽头。

第六个成熟的服饰形象是随意性着装现象，体现了宽松自由的文化风习。

由于唐代在意识形态上奉行道、释、儒三教并行政策，统治者在尊道、礼佛、重儒的同时，更鼓励三教自由展开辩论。三教并行不悖，相互吸收营养，从而形成宽松自由的文化氛围。人们的心中自然产生一种开放宽容的文化心态，所以整个社会都弥漫着宽松、自由、舒畅的文化氛围。儒学可以被嘲讽，君主也并非至尊至贵，所以诗人作诗、文人著文，包括人们的言行，也都大胆随意，少有忌讳。对此，宋人洪迈在《容斋随笔》中曾加以评议，说唐代人写诗，对于先朝先世或当时朝野的事，都是直接抒写表现，也不避讳，可谓直抒胸臆。统治者也不因言治罪，比如白居易的《长恨歌》，元稹的《连昌宫词》都写了唐明皇时的事；杜甫写现实的事更多，比如《兵车行》、《前出塞九首》、《后出塞五首》、"三吏三别"等，还有张祜的《连昌宫》等，也写的是开元、天宝年间的事。这种宽松的文化环境同样体现在服饰文化制度上。虽然唐代对皇帝及各级官吏在各种正式场合穿戴的不同服装做了具体细致的规定，但是实际是否得到贯彻执行，却另当别论。唐代冠服制度大多徒具形式，备而不用。据《旧唐书·舆服志》记载，唐初《衣服令》颁布不长时间，唐太宗在朔望视朝时便穿着常服及白练裙、襦等，根本不讲究，这对刚刚制定的服饰制度打了一个大大的折扣。唐高宗显庆元年（656）又规定祭祀场合均穿着衮冕，并在举哀场合使用素服，废除了白帢。到唐玄宗开元十一年（723），皇帝更是元正朝会时穿着衮冕，戴通天冠。举行盛大的祭祀活动，则依照《礼记·郊特牲》，应该穿着衮冕。其他服装，虽然都在令文允许的范围内，但是可以不穿用。到中晚唐时，冠服制度更趋简化，连衮冕和通天冠也逐渐退出了实用的领域，成为具文。贞元七年（791），唐德宗受朝时，开始想穿着冕服临朝亲政，后来却以常服御驾亲临宫殿。到唐文宗时，常服受朝已经成为惯例。这足以说明冠服礼仪已徒具形式。

在服饰颜色方面，唐统治者虽然对百官的常服做了一定的调整，使之进一步完善，但总有人不以为然。唐肃宗时期上元元年（760），洛阳尉柳延穿着黄色衣服夜行，结果分辨不出身份，遭其部下殴打（唐代规定黄色、白色服装为百姓穿着）。唐高宗时规定官员不许着黄。以后虽然屡有改易，但只是略做调整，并无整体变化。职位高的官员一般穿紫色、绯色服装；职位低的官员穿绿色、青色服装；兵士穿黑色服装；老百姓穿黄色、白色服装。

民间对于服装颜色也有违禁现象出现。永隆二年（681），唐高宗就在诏令中特别提到长安地区一般民众服色违禁问题，称"紫服赤衣，闾阎公然服用"。另外，老百姓穿着黑衣服也很普遍，唐代陈鸿祖所写的传奇《东城老父传》（又名《贾昌传》）中提到，开元年间，"老父"经过街市，见到街上多有卖白衫白叠布者，有人消灾除病需要黑布，竟然四处买不到，只能以幞头罗纱代替。元和五年（810），老人已经百岁高龄了，偶然出门，见街上穿白衫的人很少，而穿黑衣服的人满街都是，老人惊呼"岂天下之人皆执兵乎！"

服饰违禁行为对于正统的社会统治效果来说毕竟不好，但是，在唐代这样特殊的开明宽松的社会环境中，大家我行我素，面对千姿百态的服饰样态，人们将自己独特的审美理想和内心洋溢、激荡着的本质力量，自由地转化为不受约束的服饰形象，从而赋予唐代服饰文化璀璨而又新异的气质。这不能不说是一种创举。

二、大胆追求新颖奇异，并洋溢着诗情画意的女子服饰形象

唐代服装的空前繁荣景象，更是体现在那些雍容华贵、不拘一格的女装上。唐代服饰的成熟形象，在女性服装方面的表现更为大胆、出格。女性服饰形象与前朝和后世迥然不同，总是充满大胆的革新创造因素，体现得尤为前卫。唐代女子在服装创新方面的很多举动，在今天的人们看来，都是惊世骇俗的，但是她们却都以超凡脱俗的胆识践行出来了，而且在当时并没有受到限制。这进一步体现了唐代文化的开放，人民的自由，政治的宽松。

隋唐时代女装的突出特征就是带有时装性特点。这种时装性特点首先是由喜欢争奇斗艳、甚至猎奇的宫廷女子创造出来的，先在宫廷和上层贵族社会中流行，然后经过一段时间，再流传到民间，普通百姓家的女子纷纷效仿，最终成为带有特定时代特征的整个社会流行的服装。唐代的女性服装和其他朝代的女性服装具有很大的不同，除了受朝廷影响之外，还有一个重要的因素就是受到西北少数民族以及外国诸如印度、波斯的影响。

唐代女性服饰的形象也是充满个性特征，有更多的美点和

风情。

唐代女性服饰第一个成熟的形象是从"羃䍦"到"帷帽"的发展和演变。

"羃䍦"是一种用轻薄透明的丝绸或纱罗制作而成的纱帽，主要起到罩面的作用。隋唐初年，妇女骑马出行时就用它来遮蔽全身，一是防止风沙的侵袭，二是为了安全起见，避免路人的窥视。在封建社会，女子出门戴"羃䍦"这样的帽子，是符合"女子出门必拥蔽其面"的封建文化要求的，与封建意识正好结合在一起，所以是社会所提倡的。但是唐代是富于创造性的时代，女子们对自己身上的服饰穿着总是充满变革心理，所以，对"羃䍦"的革新是自然的举动。唐代女子的大胆创举就是把"羃䍦"变成"帷帽"。开始的"帷帽"在边缘还缝着纱网，其功能已经不是遮面障身，只是为了防风沙。如果说妇女们戴"羃䍦"主要是为了遮面障身的实用功能的话，而戴"帷帽"完全是为了美。女人们为了以"靓妆"露面，后来甚至连帷帽边缘的垂纱都不需要了，而且以完全露脸为时髦。在中国古代社会里，广大妇女长期以来一直受到封建传统礼教的束缚，所谓"笑不得露齿""站不得依门""行不得提裙""出门不得露面"等都是妇女必须恪守的清规戒律。但是，到了唐代，由于当时胡族习俗、异国文明、宗教文化与本土传统相互交流影响，多元文化的长期渗透，唐朝人形成了兼收并蓄、平等开放的独特社会心理。这使唐朝妇女，尤其是具有特权地位、大胆的唐代女子只管随心所欲地穿戴，所以，在武则天神龙年间，"帷帽"终于取代"羃䍦"而大规模地流行于世，蔚然成风，蔚为大观。在像长安城、东都洛阳这样发达繁华的大都市里，贵族女子出门，一般不用遮蔽自己的身体和容颜，都喜欢以"靓妆露面"，以显示自己的美貌、开放，和男人平分秋色，追求社会地位的平等、自由。

唐代女子服饰最大的特点表现在两方面：一是大胆创新，体现个性；二是以露为美，追求奇异。从"幂䍦"向"帷帽"的发展、变化，这两大特征都具备了。不仅如此，唐代女子更大胆的举动是戴"胡帽"。学穿胡服，女人们的壮举成为唐朝开放的表现内容之一。

唐代女性服饰第二个成熟的形象是穿男装和穿胡装。

唐代男子典型的着装样式为头戴幞头，身穿圆领缺骻袍，腰系蹀躞带，脚蹬乌皮靴。这种装束在唐代也深受女子们的喜爱。这种女着男装的风气在唐代的盛行，确实是一种奇异的事情，是这个历史时期女子特立独行的表现。正如唐人李华在《与外孙崔氏二孩书》中所说的妇人打扮成丈夫的样子，是很奇异的事情。

《旧唐书》记载，武则天年幼时曾"衣男子之服"，术士袁天罡称她为"郎君子"。我们可以从这个信息得知，在初唐，已有女孩子着男装的现象，武则天不是特例。《新唐书·五行志》对武则天之女太平公主穿着男装一事做了绘声绘色的描述，意思是说：有一次，高宗在宫廷内设宴，太平公主穿着紫色的圆领缺骻袍，腰上松松地系着一条玉带，头上戴着黑色纱罗制成的折上巾（幞头），还佩带弓、剑等"纷砺七事"。她以这样的装束，载歌载舞地来到皇父高宗和母亲武后面前。当时唐高宗和武后并没有责怪她的意思，只是笑着问她："女子不可为武官，何为此装束？"

女着男装之举，唐代典籍有大量记载。《新唐书·李石传》中记载："吾闻禁中有金鸟锦袍二，昔玄宗幸温泉，与杨贵妃衣之。"①《旧唐书·车服志》中也记载："或有著丈夫衣服靴衫，而尊卑内外，斯一贯矣。"②《唐六典·内官尚服注》也有类似的记载，说到皇后带宫妃、太子妃及其他宫女在春天举行祭桑蚕活动时，穿着青色上衣，绿色下裳，头戴步摇，插簪珥的情况；而在开元时，有妃嫔、宫女穿着男子衣服、鞋靴的情景。《新唐书·车服志》载，唐中宗时，后宫女子普遍戴胡帽，穿男子衣靴（图2-82，图2-83，图2-84）。

在会昌年间，唐武宗宠爱嫔妃王才人，经常叫她穿和自己一样的服装。当他们一起在禁苑射猎时，"左右有奏事者，往往误奏才人前"，唐武宗以此为乐，并不觉得这是不严肃的荒

图2-82　戴浑脱帽、穿胡服的唐代女子

图2-83　唐代女着男装现象

---

① 欧阳修、宋祁：《新唐书》卷一百三十一，中华书局，1975，第4514页。

② 刘昫等：《旧唐书》卷四十五，中华书局，1975，第1957页。

图2-84 图中左二女子穿的即为男装

唐事情。上行下效，从长安开始，这种女着男装的风气很快就遍及宫廷内外，成了一种时尚。唐代刘肃所著笔记小说《大唐新语》里说，天宝年间，士流之辈的妻女们，有的穿男人的衣服，穿靴子，戴鞭帽，内外与男人一样的装束。《新唐书·车服志》记载：中宗时，戴胡帽、穿丈夫衣靴之事颇为常见。马缟《中华古今注》也记载，到了天宝年间，士人妻女，穿丈夫靴衫，戴鞭帽，内外一体。这种风气我们还可以从唐代绘画珍品《虢国夫人游春图》《挥扇仕女图》等资料里见到。

《虢国夫人游春图》画的是杨贵妃的三姐虢国夫人在众女仆的导引和护卫下乘骑踏青游春的场景。全图不画任何背景，画中人物陶醉于春景的精神状态，可使观者意会到这队骑从正沐浴在郊野明媚的春光中。画中的衣冠服饰与史载相符。画中的妇女有的着男装——幞头、圆领缺骻袍、腰带、靴子，有的"露髻驰骋"。从画中可见，几个妇女梳的是当时十分流行的"堕马髻"——头发束成一长把斜落在脸侧，松垮、慵懒，与当时女子丰肥的体态很是相称，同时也显露出浓厚的贵族气息和骄纵之态，铺排出雍容华贵的气势。《挥扇仕女图》画有九个有身份的宫廷贵妇，两个侍女，两个内监，画面共计十三人。整幅绘画描绘的是宫廷妇人夏日纳凉、观绣、理妆等生活情景，人物有独憩、对语、围绣、挥扇、行走、静坐等姿态。她们体态丰满、肥腴，服装艳丽而华贵，其中就有着男装的侍女。

1991年发掘的唐高祖李渊之女平阳公主墓葬中两个女性骑马狩猎俑，这两个女俑都身着白色圆领窄袖缺胯袍，腰系褡裢（蹀躞带），足蹬黑色高靿靴（乌皮靴），一身典型的男装穿着。根据专家研究，从唐太宗贞观十七年（643）的长乐公主墓到唐玄宗天宝四年（745）的苏思勖墓，共有29处墓地的壁画中有女着男装的形象。这种女着男装形象一般头戴幞头，或扎布条，或露髻，身穿圆领衫等（图2-85）。

胡装在唐代女子中盛行，在一定程度上反映了在开放的社会里，唐人在观念、气质等方面受到西域胡人风气浸染的程度之深。胡文化没有久远厚重的传统文化的包袱，更没有束缚人思想的清规戒律，它充溢着原始的豪爽刚健的气息，显得特别自然、单纯和清新。古乐府《琅琊王歌》中唱道："新买五尺刀，悬置中梁柱。一日三摩挲，剧于十五女。"北朝民歌《折杨柳歌辞五首》后两首唱道："遥看孟津河，杨柳

图2-85 陕西乾陵陪葬墓章怀太子墓出土壁画《观鸟捕蝉图》。三位年轻宫女中间的女子穿圆领衫，下着小口裤，脚着线履，是一身男子装束

郁婆娑。我是虏家儿，不解汉儿歌。健儿须快马，快马须健儿。跸跋黄尘下，然后别雄雌。"歌中刚毅、猛烈的特点，充满大丈夫的豪放气概。少数民族的男女都是一样的豪情满身。受胡风影响，唐朝这时期的女性，也都逐渐感染了这种劲健、豪爽的气息。女着男装充分说明了这种风习的影响。

按中国传统礼教，男女不通衣裳。可是唐人的思想不受这种桎梏的限制与束缚，女着男装成为一种时尚的服饰文化现象，在当时很普遍地流行开来。武则天、太平公主、王才人只是其中的代表。在唐代，上自皇帝，下至普通士人，无论男人女人，都能普遍地容忍、接纳，甚至欣赏女子穿着男装。穿着男装的女子，于秀美俏丽之中平添一种潇洒英俊的风度和气质。不仅如此，还可以从人们对女着男装欣赏的态度中，明晰地感悟到封建社会多年积淀而成的桎梏，并未成为人们思想的精神枷锁——宗法礼仪观念在唐人心目中早已趋于淡薄，人们特别是妇女们的思想已经走向自由和开放。可以说，女着男装，是女性文化对男权文化的一种挑战。

女着男装的深刻内涵是女性想从"边缘"走向"中心"的着装表现。唐代女性不同于以往的女性，她们身上过多地带有母系氏族女性崇拜的痕迹，正因为如此，她们才不会满足于男尊女卑的现状，她们想要重新走上政治、经济的舞台。武则天走上皇帝位置；太平公主想要做皇太女，像母亲一样拥有皇权；安乐公主也想学姑姑太平公主，做皇太女第二，这些都是女性意识男性化的表现。所以，从特殊意义上讲，女着男装在某些女子身上就是把女权思想借服饰的外化行为表现出来的结果。

唐代女性服饰第三个成熟的形象是追求以露为美的文化风尚。

唐代女性服饰的最大特征是以露为美的着装行为，这种行为使唐代的服饰变革、创新达到了极限，甚至令人瞠目结舌。这种以露为美的服饰形象，在中国古代服饰史上是前无古人后无来者的。在出土的永泰公主墓东壁壁画上，我们能清晰地看到梳高髻、半露酥胸、肩披红帛、上着黄色窄袖短衫、下着绿色曳地长裙、腰垂红色腰带的唐代妇女形象，就是诗人所描写的"坐时衣带萦纤草，行即裙裾扫落梅""兰麝细香闻喘息，绮罗纤缕见肌肤"的"以露为美"的开放的社会审美风尚的生动再现。另外，流行于南北朝及唐代中原地区的短襦式样，是受北方游牧民族文化影响的结果。这种窄袖紧身的短襦不仅有利于做事，更能展现出女子婀娜的体型，因此备受年轻女子的喜爱。显然，这种奢华、开放、多民族性的服饰风范是同国力的强大、经济的发展直接相关的。如果说在战乱频繁的时代，人们无暇顾及服饰的式样变化，那么在唐代这样物质丰富、生活富足以及国力强大的背景之下，人们便有了更多的闲暇和精力来注重服饰的精致、美观，甚至奇异等特点。可以说，中国服饰的对外交流完全走入了一个新的天地，进入一个全新的历史时期。儒家思想被开放思想和外族文化所冲淡，服饰的发展无论是衣料还是款式，在跨越不同民族文化的背景中进行传播和发展，呈现出空前灿烂的景象。

在永泰公主墓壁画中，宫廷女官们的上衣衣领都低至胸部，丰腴的颈项与乳房上部都露在外面。陕西唐代李重润（唐中宗李显之子）墓中石椁上的宫装女子像，身穿宽领短衫，领口开敞，也刻画了外露的乳峰形状。描绘妇女服装袒露的唐诗也很多，比如方干《赠美人》诗写道"粉胸半掩疑晴雪，醉眼斜回小样刀"，五代欧阳炯《南乡子·二八花钿》词写道

"二八花钿，胸前如雪脸如莲"，施肩吾《观美人》诗云"漆点双眸鬓绕蝉，长留白雪占胸前"，李群玉《同郑相并歌姬小饮戏赠》云："胸前瑞雪灯斜照，眼底桃花酒半醺"，等等，这些都是描写歌伎舞女穿袒胸装的形象的。袒胸装不仅在宫里和舞女中流行，而且渐渐影响到民间女子。周濆在《逢邻女》诗中对邻家女子穿着袒胸装的形象进行了特别的刻画："日高邻女笑相逢，慢束罗裙半露胸。莫向秋池照绿水，参差羞杀白芙蓉。"（图2-86）

图2-86　陕西西安南郊出土唐桂州郡都督李爽墓壁画侍女图，图中女子均梳双环髻，身穿小袖衫及有硬衬立领的半臂衫，着高腰石榴裙，脚着笏头履，左披帔帛

唐代女装的三大基本构件是裙、衫（或襦）、帔，与袒胸装搭配共同完成对唐代女子美好形象塑造的是半臂和帔帛。因为这里主要谈论的是以露为美的服饰问题，所以只说半臂，而暂不涉及帔帛。本章第二节中有关于女子着半臂服装情况的简单描写。半臂（即背心，也相当于今天的短袖T恤）的领口是很宽大的，穿上以后把胸部的肌肤大面积地袒露出来，很性感。

唐代女子这种以露为美的着装行为一直延续到五代时期，但是到了宋代，就被道学先生蔑称为"淫佚之行"，所以没有能够流行下去。因此，唐代女子着袒胸装这段中国封建社会的千古绝唱，在理学之风盛行的宋王朝，被画上了句号。

以露为美的着装行为只能在政治开明、经济发达、文化思想开放、中外习俗兼容的唐代盛行，在向来以儒教思想为主流意识的中国封建社会的其他朝代是不可能存在的，所以说它是千古绝唱，是独特风景。

唐代女性服饰第四个成熟的形象是大胆创新，追求奇异效果。

当人脱离了"物竞天择，适者生存"的纯自然状态，走向类属的社会文明状态时，人就具有了文化的身份（包括人文的身份和自然地域的身份）、社会的身份（包括等级身份和职业身份）和历史的身份（时代身份），而要彰显和表明这些身份，就需要靠服装来实现。

从古至今，衣裙和女人的关系就好比绿叶和鲜花的关系，具有艺术气质和美的魅力的衣裙，衬托出女性特有的娇柔气质和艳丽容貌，勾画出女性迷人的风姿和曲线。女性的美和魅力通过衣裙尽显无遗。

唐代女子大胆创新与追求服装的奇异效果，首先表现在对襦裙这种普遍穿着的服装所进行的诸多改造上。唐代女子所穿的襦裙不是完全沿用前人的旧样式，而是根据自己特殊的欣赏标准和审美趣味来进行不断改造，这就体现了隋唐，特别是唐代的时代精神———一切都在变化之中，对于前人流传下来的东西，都要以发展的眼光看待，绝不被动地接受，更不墨守成规，处处都有革新和创造。襦裙的基本特点是上衣短而裙子长（即短衣长裙），隋唐女子一般是在裙子高于腰部的地方，用漂亮的绸带系起来，有的甚至把带子高系到腋下部位，这样就显出了腰身的曲线。把带子系到腋下的款式，现在朝鲜妇女传统的裙装依然是这样。

唐代女子讲究用金缕蹙绣来装饰襦裙，比如前面提到的汉代的金缕衣、金缕玉柙等，都是用金线绣成的。用蹙绣织出有皱纹的丝织品，不但质地坚牢，而且图案更美观。蹙绣所形成的金光和银光交汇闪烁的迷人景象，让人感到华丽、美艳，它随意下垂的样子，是最美的状态。贵族的这种装束，也影响到民间普通女子的穿着，很快就成为当时盛极一时的时髦服饰。

披衣服是一种随意的着衣行为，也是一种穿着风格。不管是男人还是女人，把棉袄或者大衣披起来，显得很洒脱、飘逸。这种着衣行为只在休闲场合出现，到今天人们还这样穿着。

其次，体现为唐代女子新奇、别致的裙装形象。唐代前期流行紧身窄小的服装款式，裙子流行高腰或束胸、贴臀，宽摆齐地的样式。对此，白居易在新乐府《上阳白发人》中写道："小头鞋履窄衣裳，青黛点眉眉细长。世人不见见应笑，天宝末年时世妆。"中唐以后，服装中加强了华夏的传统审美观念，又宽又长的裙子成为时尚的主流。当时，一条裙子一般用六幅布帛竖向裁剪、缝合而成，诗人李群玉称之为"裙拖六幅湘江水"，更有用七幅、八幅布帛做裙子的。诗人曹唐在《小游仙诗》中有"书破明霞八幅裙"的描述。六幅裙的周长将近三米二，而八幅裙的周长则达四米一五，比古代西方宫廷中流行的曳地长裙还要大。这从某种程度上反映出当时有钱妇女穿衣豪华奢靡的社会风尚。

另外，唐朝裙子上的图案丰富多彩，仙鹤、鹦鹉、蟠龙、对凤、狮子、蝴蝶、葡萄、蔓草、宝相花等都是十分常用的图案。这些图案精巧美观，装饰性极强。唐代裙裾的纹饰加工也非常讲究，据唐代小说《许老翁传》描述，天宝年间益州（四川成都）士曹柳姓者之妻李氏，穿黄罗银泥裙，五晕罗银泥衫子，单丝罗红地银泥帔子。这些都是当时京城长安的盛服。白居易《戏代内子作诗贺兄嫂》诗云："金花银泥饶兄用，罨画罗裙任嫂裁。"银泥是用银粉绘画的纹饰，罨画是五彩的手绘花纹。除了这些，用金缕刺绣、印花、织花、彩色相间等工艺加工的裙子，更为多见（图2-87）。

图2-87　五代服饰图案（苏州瑞光塔出土五代用于女裙的黄地孔雀纹纬锦）

　　唐代是一个充满想象和创造力的时代，女性想要实现自己的梦想，体现自己的价值，就需要革新创造。"百鸟毛裙"和"石榴裙"的出现，就是唐代女子创造梦想和超人能力的体现。

　　"百鸟毛裙"是唐代最华贵的衣服，是工匠们历经数月辛劳，采集数百种珍禽异兽的皮毛精制而成，是一种发挥想象力的奇特创造。百鸟毛裙从不同角度，或在不同强度的光照下，能显现出不同的色彩来。在织物组织中，能从不同方向反射强弱不同光彩的只有斜纹和缎纹，"百鸟毛裙"的提花部分的织物组织，是在不同部位上采用了各种斜纹织法，才取得了这样特殊的效果。左斜纹和右斜纹所反射的光线方向不一样。纱线的捻度强弱不同，反射的光彩就必然不同，而且不同捻向的织物反射的光彩随视线的方向而变化。在色彩的配制上，也是由各种色彩、色调不同的羽毛精心混合而成。

我国古代关于用禽兽皮毛织造服饰的记载和传说很多。《红楼梦》第五十二回写道："贾母便命鸳鸯来：'把昨儿那一件乌云豹的氅衣给他罢。'……宝玉看时，金翠辉煌，碧彩闪灼，又不似宝琴所披之凫靥裘。只听贾母笑道：'这叫作"雀金呢"，这是哦啰斯国拿孔雀毛拈了线织的，前儿把那一件野鸭子的给了你小妹妹，这件给你罢。'"第四十九回有香菱和湘云关于宝琴的凫靥裘的对话。香菱说："怪道这么好看，原来是孔雀毛织的。"湘云道："那里是孔雀毛，就是野鸭子头上的毛作的。""凫"就是野鸭，野鸭茸毛也很保暖，而孔雀毛当然更贵重了。用禽类羽毛纺织成的织物，现在已经十分罕见了，但中国古代确实有这类贵重的服装。氅衣，又名鹤氅，穿上可以挡风、御寒、防雪，样式是比较大的无袖的类似斗篷的服装。黛玉穿的鹤氅是大红羽纱面、白狐皮里，宝玉的雀金裘是以雀金呢为面，以乌云豹皮（即沙狐皮）为里。雀金裘是用孔雀毛织成的，非常怕火，分经纬，可用界线方法（我国古代南京织锦工艺中所用的一种纵横线织法）织补。宝玉穿着雀金裘玩耍，不小心让火星烧了个小洞，拿到外面去织补，却没有哪个工坊做得了，最后还是晴雯带病织补好了。织补完后，又用小牙刷慢慢地剔平周边翘起的绒毛，可见它是比较厚实的。

若把"雀金裘"与"百鸟毛裙"相比较，可以看出它们的共同之处，就是质料很贵重，做工很精细，价格肯定也会很昂贵，一般平民是享用不起的，只能成为贵族的装饰物。

从纯粹的服装学和美学的角度来看，"百鸟毛裙"肯定是超越性的创造，但是由于它的昂贵性涉及自然生命和环境生态问题，从自然物质形态方面考量，从已经发生的实际社会效应方面看，"百鸟毛裙"带来了更多的负面效应和恶劣影响：一是引起仿效者对珍贵鸟兽的大量捕杀，二是引导了豪奢风气的上升，所以它是只有"一优"而"百劣"的服装特例。所以，对它持批判态度的成分远远多于肯定的成分。

在唐代，虽然像"百鸟毛裙""雀金裘"这样的稀世服装品类只有贵族可以耗巨资打造和享用，百姓家的女子无福享用，但并不是说百姓家的女子就不能创造和享用有特色的裙子。在服装上，她们当然也有创造性的作为。创造意识和创新能力是唐代人们普遍的特征与素质，在"百鸟毛裙"之后，就有"石榴裙"出现了。这种裙子呈红色，色泽鲜艳，充满了诗情画意，更蕴含了深远的文化内蕴，能够激起人们更加丰富的联想。因为石榴裙的普遍，其渐渐就成了美女的代名词，迷恋女子则被称为"拜倒在石榴裙下"。

唐代的妇女对裙子特别钟情，除石榴裙外，还有许多别致的款式，主要式样有间裙、百鸟裙、花笼裙等。间裙，就是用两种或两种以上颜色的质料互相间隔和排列而做成的裙子，每一间隔叫作一"破"，有"六破""七破"和"十二破"之分。"破"越多，色彩越丰富。颜色有红绿、红黄、黄白、绯紫等多种（图2-88，图2-89，图2-90）。在裙子的样式和颜色方面，唐代女子展示了最丰富的想象力。

对后世产生影响的还有郁金裙和单丝碧罗笼裙。这两种裙装在本章第二节中都有介绍。

唐代女子服饰不仅为当时人所崇尚，甚至于今日人们观赏时，亦觉兴奋异常。这里没有矫揉造作之态，也没有扭捏矜持之姿，展现在人们面前的，是充满朝气、令人振奋又使人心醉

的服饰；其色彩也非浓艳不取，各种鲜丽的颜色争相媲美，不甘疏落寂寞，再加上金银杂之，愈显炫人眼目；其装饰图案无不鸟兽成双，花团锦簇，祥光四射，生趣盎然，真可谓一派大唐盛景、旷世气象。

最后是帔帛这种特殊衣饰物的艺术魅力。用轻薄纱罗做成的帔帛，质地轻柔、飘逸，装饰效果很强，在裙衫之外十分随意地轻轻搭在肩臂上，长长地垂挂着，并随女子披着方式的不同而呈现出缤纷、绮丽的姿态。女子穿戴上帔帛以后，能使其婀娜多姿、楚楚动人，尽显妩媚之姿态。在盛唐和盛唐以后，女装流行"褒博"。帔帛与褒衣广袖互相搭配，更突出了这一时期女子服装丰润、飘逸的特色。当时女子穿衣，习惯将衫（或短襦）下摆束在裙腰里，长裙高至腰部，或者将长裙提到胸部以上，外面再罩上长衫，同时还要配

图2-88 陕西西安出土唐三彩女俑，二人梳拔丛髻，上着随身窄袖衣，下着高胸长裙，脚穿重台履

图2-89 陕西西安出土唐三彩女乐俑，梳单刀半翻髻，上穿U形露胸半臂，下着高腰郁金裙，脚着笏头履

图2-90 藏于美国波士顿美术馆的唐代彩色舞女陶俑，人物梳颇富夸张意味的凤髻，上穿低胸开襟窄袖小衫，外加半臂，下着高胸覆地彩色缬裙，脚着高台翘履

上一条迎风飘舞的透明的轻纱帔帛。这样的着装形象在画家周昉的作品中被完整地表现出来——仕女头戴花冠，身着袭地长裙，裙腰及腋，粉胸半露，外罩一件轻薄透明的宽大长衫，一条轻盈的长帔（帛）随意地搭在肩头，丰腴洁白的肌肤隐隐可见。那舒缓、飘逸行云流水般的动感与仕女婀娜的身姿相辉映，更显出迷人的风韵。

关于帔帛，马缟在《中华古今注》卷中记载：唐代妇女所穿着的帔帛，自古以来是从未有过的款式，皇家曾下诏令，宫中二十七世妇及宝林、御女、良人等，在平时的宴会或其他场合可着帔帛。这种服饰在唐代流传了很久。

白居易的《江南喜逢萧九彻因话长安旧游戏赠五十韵》一诗中也对帔帛这种特殊的服饰做了形象描绘：

> 时世高梳髻，
> 风流澹作妆。
> 戴花红石竹，
> 帔晕紫槟榔。
> 鬓动悬蝉翼，
> 钗垂小凤行。
> 拂胸轻粉絮，
> 暖手小香囊。

诗中描述的是平康坊妓女所穿的霞帔服饰，以及与之呼应的美丽头饰。

帔帛既不能御寒，也不能遮体，它们完全是唐代求新求美的社会文化心理在服饰上的形象体现，是服饰由实用向审美过

渡的又一次飞跃。

唐代女性服装所表现出来的这些丰富的内容，可以归纳、总结为三个方面：一是表现真实的自我形象，二是实现理想中的自我形象，三是借服装这样特殊的载体，完成女性自我价值的实现。总之，唐代妇女服装给中国既定的传统服装文化形式注入了新鲜的元素，在旧有的服饰文化形态中融入了更丰富多样的美的因素，它既是历史的积淀与波澜荡漾，也是特定意义下人性的张扬，更是中国服装文化与美学思想的一次飞升，表明了唐代妇女女性意识在特定历史时期的觉醒。

第三章 唐代服饰的美学特征

第一节 以全新的形象面世

隋代建立政权以后，在服饰方面所做的工作首先就是着手对魏晋南北朝以来的服饰制度进行改造，并制定适合于本朝的新的服饰制度。一方面以汉服为主导，另一方面吸收北方民族服饰的特点，将两者加以融会，从而打造自己新的服饰形象。隋炀帝继位以后，给隋初的服饰制度增加了新的内容，确定了服饰的等级差别主要用颜色来体现。

隋代所制定的服饰制度内容比较简略，只是强调了颜色的作用。这就进一步明确了不同等级的人，着衣颜色截然不同的界限。隋代初期女子衣着基本是宽衣长裙，而且束腰很高，所以就显出一种颀长之美。这时的服装风尚还是承袭前代的旧习，没什么新的内容。而从隋炀帝开始，由于这个风流皇帝崇尚奢华，大兴浮靡之风，因此其服饰风尚开了唐代追求华丽的先河。相对来说，这已经暗暗蕴含了唐人创新的先声。

一、建国初期的简朴之美

唐代初期，服饰也是崇尚简约，以朴素为美的。唐太宗李世民和长孙皇后在这方面为唐人起到了榜样作用。后来随着社会经济的发展，世风逐渐发生变化，服装也随之不断变化，从简朴向奢侈、豪华演进。《旧唐书·舆服志》记载：

> 既不在公庭，而风俗奢靡，不依格令，绮罗锦绣，随所好尚。上自官掖，下至匹庶，递相仿效，贵贱无别。①

现代著名历史学家岑仲勉在《隋唐史》中曾描绘了隋唐服饰史的演化过程。他说，从南北朝以来，男女衣服崇尚胡服，人们普遍喜欢穿着窄袖衣服，觉得这样行动比较利索，这样的状况在唐代初年尤为典型，到开元以后，人们的穿着又开始朝着宽大广博的方向发展。对此，岑仲勉先生还注释说，天宝年间，妇女们的衣襟袖子又变得窄小起来，比如白居易的诗曾说天宝时的装束是"小头鞋履窄衣裳"，元和时的装束是"时世宽装束"。到大和六年（832），朝廷规定，袍袄等曳地不得长过三寸，衣袖不得宽过一尺三寸，妇女们的裙子不得超过五幅，裙条曳地不得超过三寸，襦袖等不得宽过一尺五寸。而开成四年（839），淮南官员李德裕曾向朝廷上奏说，管辖内妇人衣袖先阔四尺，今令阔一尺五寸，裙先曳地四五寸，今令减至三寸。近年有人研究敦煌壁画说，从六朝到唐代初年，男女都兴穿胡服（也就是所谓的裤褶），男女衣短仅到膝盖处，也

---

① 刘昫等：《旧唐书》卷四十五，中华书局，1975，第1957页。

喜欢穿着折襟翻领之类的衣服；妇女的衣服稍长一些，里面都穿有长裙，肩上喜欢披肩巾（也就是唐代最为流行的帔帛）。男女们都喜欢穿着胡靴等。从这些穿着状况可以看出唐代服装发展的趋势。确实，在唐代，不管是男人的服装，还是妇女们的服装，其发展变化与社会文化的氛围、经济的发展、人们思想的开放等，都紧密地联系在一起（图3-1）。

所以，从唐代妇女服饰的变化，可以看出社会审美风尚的变化；而社会审美风尚的变化，也影响了妇女服饰审美趋向的转化，这是互为因果的关系。先开始是人们对简

图3-1 唐代《荷塘消夏图》中女人们身穿低胸或鸡心领大袖长裙，头梳高髻或抛家髻等，或抚琴，或捧花盘、茶杯、香炉等，神态悠闲

朴之美的追求，由简朴之美衍生出遮蔽，比如《新唐书·车服志》中有"初，妇人施羃䍦以蔽身"的记载，《旧唐书·舆服志》对羃䍦这种服饰的流行也有较为详细的记载：

　　武德、贞观之时，宫人骑马者，依齐、隋旧制，多著羃䍦。虽发自戎夷，而全身障蔽，不欲途路窥之。王公之家，亦同此制。[①]

---

① 刘昫等：《旧唐书》卷四十五，中华书局，1975，第1957页。

用羃䍦作为服饰，这是唐代女装以遮蔽为美的特别表现形式，体现了东方的神秘之美。

二、由神秘的遮蔽之美向开放的显露之美的转变

当社会风气发生巨大变化之后，到了唐高宗永徽年间，羃䍦被没有遮蔽功能的帷帽所代替，则反映了唐代女子着衣风尚由"依齐、隋旧制"的保守向开放、自由转化，由对美的遮蔽转向了对美的显露。不仅帽子戴得暴露了，而且衣裙也变得浅露了。

历史发展到唐高宗咸亨年间，唐王朝已建国将近六十年了，帝位也已经传递了三任，所以以露为美的美学风尚，也不是什么让人惊异的事情，这是唐人思想解放和着衣观念与意识大解放的表现。《旧唐书·舆服志》还记载：

> 则天之后，帷帽大行，羃䍦渐息。中宗即位，宫禁宽弛，公私妇人，无复羃䍦之制。①

到了唐玄宗开元年间，胡帽又代替了帷帽。帽子的变化，在进行着不断地突破，先由羃䍦变成帷帽，再由帷帽变成胡帽。从表面上看，这只是唐代女子服饰变化的迹象，但是往深层看，实际上是唐代社会伦理观念的革新，也是人们服饰审美追求趋向由遮蔽向显露的体现。

唐代女子服饰发展变化之快是其他朝代所不具备的。女子们不但崇尚显露之风，而且对男子服装情有独钟，这更体现了

① 刘昫等：《旧唐书》卷四十五，中华书局，1975，第1957页。

唐代女子服饰变化之大胆。妇女们对障蔽限制的完全放弃，以"靓妆露面"而向世人，表明了唐代妇女思想解放的巨大变化，这是其他朝代都不具备的。

三、唐朝中后期的怪险、奢华之美的表现

唐宪宗元和年间，唐王朝已有近两百年的历史，这时服饰出现了非常重要的转折。《新唐书·五行志》记载：

> 元和末，妇人为圆鬟椎髻，不设鬓饰，不施朱粉，惟以乌膏注唇，状似悲啼者。[①]

对于唐代妇女妆饰的这种巨大变化，当代文豪沈从文先生在专著《中国服饰史》中写到元和妇女妆饰时，说"主要特征是蛮鬟椎髻，乌膏注唇，赭黄涂脸，眉作细细的八字低颦，即唐人所谓'囚妆''啼妆''泪妆'，和衣着无关……传世《搜山图》作降妖种种，女妖身上也多是这种元和'时世妆'且有露出红绫抹胸的……上身衣着……色泽华美"[②]。这里主要指唐代妇女服装和妆饰受到胡人影响之后所发生的巨大变化，并趋向迥异于本土文化的特色。关于这种妆饰的流行，白居易的《时世妆》一诗描写得最为生动形象，但他是以讥讽的态度，描写"时世妆"的流行并非中华传统美的体现，而是病态现象的体现，并不是真正的美的体现。白居易诗中对"时世妆"流行风气之迅速、猛烈，流行范围之广，都进行了如实描

---

① 欧阳修、宋祁：《新唐书》卷三十四，中华书局，1975，第879页。

② 沈从文：《中国服饰史》，陕西师范大学出版社，2004，第91－92页。

写，它"出自城中传四方"，并且"时世流行无远近"，表明服饰风潮首先兴起于都市，然后迅速风靡四野。这体现了唐代服饰美学风潮的独特性，就是犹如狂风骤雨，席卷四方，不可抵挡。

唐代服饰在美学方面的表现不是孤立的，它和整个唐代美学的整体发展变化紧密联系在一起。在唐代中期，美学上出现了怪险、荒诞的趋向，这些在文学方面的表现更为典型，比如孟郊、贾岛、韩愈、李贺等人创作的诗文作品基本上都体现了这样的风格——孟郊、贾岛的诗风被概括为"郊寒岛瘦"，追求的是"怪""奇""冷""硬"的美学风尚；韩愈则倾向于"奇谲""怪险"，"以丑为美"；李贺更是被称为"诗鬼"，杜牧在《李长吉歌诗叙》中对他的诗歌特征表达得最准确："云烟绵联，不足为其态也；水之迢迢，不足为其情也；春之盎盎，不足为其和也；秋之明洁，不足为其格也；风樯阵马，不足为其勇也；瓦棺篆鼎，不足为其古也；时花美女，不足为其色也；荒国陊殿，梗莽邱垄，不足为其怨恨悲愁也；鲸吸鳌掷，牛鬼蛇神，不足为其虚荒诞幻也。"①和文学思潮一样，中唐以后，服饰美学风尚也表现出怪诞、奇艳的情调。元稹在《叙诗寄乐天书》中说，近世妇人化妆时，追求晕淡眉目，绾约头鬓，但是在衣服穿着上，却追求宽衣广袖，服装配色也是非常夸张，显示出一种怪艳的风格。这就是中唐以后，唐人美学观念整体发展和不同艺术品类相互影响、浸染的结果。

唐代服饰在美学方面的最大特征是丰富多姿、华丽多彩。

---

① 吴功正：《唐代美学史》，陕西师范大学出版社，1999，第540页。

晚唐诗人韦应物在《横吹曲辞·长安道》中描绘道："丽人绮阁情飘飖，头上鸳钗双翠翘。低鬟曳袖回春雪，聚黛一声愁碧霄。"杜甫《即事》诗也写道："百宝装腰带，真珠络臂韝。笑时花近眼，舞罢锦缠头。"元稹的《梦游春七十韵》中的描写体现了总体的美："丛梳百叶髻，金蹙重台屦。纰软钿头裙，玲珑合欢袴。鲜妍脂粉薄，暗淡衣裳故。最似红牡丹，雨来春欲暮。"唐代服饰在这些诗歌作品的描述中显得花团锦簇、色彩缤纷。

唐代妇女追求化妆的美。元稹的《恨妆成》一诗描写了妇女们早晨起床后梳洗化妆的情景："晓日穿隙明，开帷理妆点。傅粉贵重重，施朱怜冉冉。柔鬟背额垂，丛鬓随钗敛。凝翠晕蛾眉，轻红拂花脸。满头行小梳，当面施圆靥。最恨落花时，妆成独披掩。"张碧的《美人梳头》诗也写道："玉容惊觉浓睡醒，圆蟾挂出妆台表。金盘解下丛鬟碎，三尺巫云绾朝翠。皓指高低寸黛愁，水精梳滑参差坠。须臾拢掠蝉鬓生，玉钗冷透冬冰明。芙蓉拆向新开脸，秋泉慢转眸波横。"女子通过精心地梳洗打扮，表现出一种特有的美质，可谓花枝招展，妩媚迷人（图3-2，图3-3，图3-4，图3-5）。

在盛唐时期，奢华之风日益盛行，妇女们不但对化妆极其讲究，而且对发髻的打理也特别讲究。元稹《李娃行》写李娃梳好发髻之后的情景是"髻鬟峨峨高

图3-2 唐代女子妆面

图3-3　梳宝髻、施额黡、画斜红、描细长眉的女子

图3-4　施飞鸟形妆黡的女子

图3-5　敦煌壁画《乐廷瓌夫人行香图》局部，贵妇们梳各种发型，或簪花，或插金钗，身穿细钗礼衣，也有着圆领或鸡心领大袖长裙，肩披帔帛

一尺，门前立地看春风"，显示的是一种高耸的美。女子们在发髻上还喜欢再做妆饰。比如当时流行一种乌蛮髻，唐传奇《红线》中写道："梳乌蛮髻，攒金凤钗，衣紫绣短袍，系青丝轻履。""攒金凤钗"就是在发髻上进行的妆饰。杜甫诗《丽人行》有"头上何所有，翠微盍叶垂鬓唇"的句子。"翠微"指的是像山一样的翠绿色，"盍叶"指的是首饰上的花叶妆饰。杜牧的《见刘秀才与池州妓别》诗句"金钗横处绿云堕"，"金钗"就是很精美的发饰，"绿云"是指头发的美好。白居易《长恨歌》中的"花钿委地无人收，翠翘金雀玉搔头"，写的是杨贵妃被缢死后，头上昂贵的首饰

也没人敢去收拾。杜牧的《山石榴》把头上的首饰写得更有情致："似火山榴映小山，繁中能薄艳中闲。一朵佳人玉钗上，只疑烧却翠云鬟。"山石榴像火一样红，一样艳，戴在美人的头上，仿佛把她的发鬟都会烧着，这是多么强烈的视觉印象啊。

唐代女子对面饰也是尤为讲究的，发鬟和面饰上下呼应，熠熠生辉，再与服装相配合，形成一种整体的美。刘禹锡《同乐天和微之深春二十首》诗写道："双鬟梳顶髻，两面绣裙花。"女子们喜欢在面额上饰以鹅黄，更喜欢染红嘴唇。裴虔余《柳枝词咏篙水溅妓衣》诗云："半额微黄金缕衣，玉搔头袅凤双飞。"郑史《赠妓行云诗》："最爱铅华薄薄妆，更兼衣著又鹅黄。"岑参《醉戏窦子美人》写道："朱唇一点桃花殷，宿妆娇羞偏髻鬟。细看只似阳台女，醉著莫许归巫山。"女子们不但喜欢把面妆画得很讲究，而且更喜欢画得浓艳。张柬之《东飞伯劳歌》写道："谁家绝世绮帐前，艳粉红脂映宝钿。""绝世三五爱红妆，冶袖长裾兰麝香。"

从美学的角度来说，唐代服饰的发展是以全新的面貌面向世人的，对于整个中国的服饰发展历史来说，是一次全面的创新。总之，唐人是在求新求异的变化中形成独特的服饰形象的。求新求异就是一种审美趋向的变化，美学中有一项很重要的内容就是要求新颖和奇异的。

第二节　创造性的因素

通过研究美学，我们就会懂得美的本质和人的本质、生活的本质紧密联系在一起，因此在对本质的探索中，我们首先就要对人的本质和生活的本质予以理解。俄国美学家车尔尼雪夫斯基提出了"美是生活"的概念，对美学的发展起到巨大的推动作用，具有划时代的意义。

杨辛、甘霖在他们的《美学原理》中写道："美的事物引起人们的喜悦虽然离不开一定的感性形式，但是这种喜悦的根源并不在于感性形式的本身，研究美的本质，就是要探索是什么因素决定这些感性形式成为美的。我们认为美的事物之所以能引起人们的喜悦，就是由于里面包含了人类的一种最珍贵的特性——实践中的自由创造。"①西方精神主义美学家把美看作是人的心灵和智慧的创造，但是马克思主义者却始终把美看作是人类的生产实践过程中劳动创造的结果。所以，杨辛、甘霖在他们的《美学原理》中继续写道："我们所谓自由创造是生产实践中的劳动创造……自由是对必然性的认识与把握，自由创造即按照人类认识到的客观必然性，也就是按照客观规律去改造世界，以实现人类的目的和要求的物质活动。自由创造适合目的性和规律性的统一。……由原始社会生产的粗糙

---

① 杨辛、甘霖：《美学原理》，北京大学出版社，2003，第53页。

的石器，到近代生产的精美产品、工艺品，都是在认识客观必然性和规律性的基础上进行的，都是自由的创造。自由创造，这种特性之所以是珍贵的，首先是由于实践中创造了物质财富和精神财富，满足了人类社会生活需要的衣食住行等。人类社会是一天也离不开物质财富的创造的。由于实践中的创造推动了历史的发展，没有创造就没有人类历史的发展。社会生活中一切进步都与创造相联系。人类社会的发展总是在继承以往发展全部丰富性的基础上不断创新。……在劳动中体现了人类的智慧、勇敢、灵巧、力量等品质。这些品质能普遍地为人们所喜爱。创造不仅是智慧的花朵，同时还表现了人的坚毅、勇敢的品质。真正的创造需要勇气和坚毅，创造是艰苦的劳动，在艰苦劳动中孕育着成功时的巨大喜悦。所以在实践中的自由创造是人类珍贵的特性。这一最珍贵的特性的形象表现就是美。"[①]在唐代这个特殊的社会、历史环境中，人们投入了巨大的创造热情，以他们特有的智慧和才华创造出了这样辉煌灿烂的服饰美。

　　就其本质而言，服饰艺术是一种与人们所处的时代、社会及个体自身文明程度息息相关的生活的艺术。唐代服饰呈现出的奢华富丽、繁复旖旎的美学特征，正是其宏阔开放的政治文化心态、富足康宁的社会经济文化、疏放宽松的社会生存环境的综合反映。因此，从政治经济、社会文化、传统习俗等多元视角梳理和检视唐代服饰艺术发展中的诸多美的创意性因素，无疑会帮助我们揭示唐代服饰艺术美的内在奥秘。

---

　　① 　杨辛、甘霖：《美学原理》，北京大学出版社，2003，第53-54页。

一、在继承与认同中创新

任何一种新事物，都是从旧事物中产生出来的，唐代服饰的美学意蕴也不例外。如前所述，唐代服饰艺术是在对魏晋南北朝及隋朝服饰艺术风格的继承与扬弃的基础上发展起来的。

魏晋南北朝时期是中国服饰艺术内外交流最频繁的时期之一。异域风格的融入、民族传统的整合，其因特殊历史原因形成的黄老思想、玄学思想以及佛教禅宗思想的普世化倾向，都为其服饰艺术的发展注入了新的活力，提供了更为宽广自由的艺术创造与发展空间，更为唐代服饰的全面创新、追求新的美学境界提供了条件。

由于魏晋南北朝时期中原地区经历了三国争霸、两晋更替、南北分裂对峙等一系列重大的社会动荡和变乱，北方草原地区的匈奴、羯、鲜卑等游牧民族大量涌入中原地区，形成"五胡十六国"的局面，使得胡汉杂居成为一个相对稳定的民族共生态景象。因而，民族服饰之间的相互交流、相互影响、相互模仿就成为一种贵贱同习的时装风尚，最终达到民族融合的结果。就中原汉族服装而言，它们主要学习和吸纳的是少数民族服饰制作的基本风格，比如紧凑合体、利落实用的设计理念，以及借鉴少数民族具体实用的服饰形制与其独特的审美效果。汉族将少数民族服饰的各种优点主动"拿来"，再用于日常服饰的设计、创新和穿戴的生活实践中，完成了美的理想化的生活目标。比如在魏晋的日常服饰形制中，汉民族就引入了北方少数民族服饰元素中的有用组件——裤褶、裲裆（后世称之为马甲、背心）、半袖衫等。魏晋南北朝时期的女性服饰，更多地吸收了少数民族服饰优雅妩媚的神韵，比如上身穿衫、襦，下身则穿腰身紧凑合体、裙摆敞阔、整体宽松肥大的裙子。这种裙长及地、裙体多褶的裙子，以及腰束围裳，衣带飘飘的形态，为女性增添了无尽的丰逸妩媚的风姿，所以首先成为魏晋女性的基本装束，进而被隋唐女性继续穿戴。

事实上，隋唐及五代时期，这种多民族文化之间的交流不仅没有走向衰落，而且日益频繁和深入。中唐时期，陆上丝绸之路由中原向西一直延伸到西域以及亚欧大陆的纵深地区，比如中亚的昭武九姓部落邦国地区，西域的回鹘、突厥、鲜卑、粟特等多民族聚居区，西南的吐蕃人、南诏人的生活地区，西亚的波斯、大食、天竺内陆地区等。海上丝绸之路通往印度洋西部、北部直至波斯湾一带，西南达到阿拉伯半岛以及东非地区，东部的朝鲜、日本则更是常来常往之地。这种广泛的经济与文化交流，带给唐代社会的无疑是更为广阔、丰富的文化视域和异域文化营养。有关唐代社会的大量研究资料表明，唐朝是一个崇洋纳外，气度恢宏，胸襟博大的王朝，外来文明成果以泛化的姿态出现在唐朝社会机构的各个阶层和人们日常生活的各个方面。胡食、胡乐、胡服不但进入唐人日常生活的几乎所有领域，而且成为唐时汉族人相逐相仿的生活时尚。据《旧唐书·五行志》记载，在唐天宝年间，包括宫廷皇家、朱门贵族和士庶黎民在内的所有人都喜好穿胡服，戴胡帽，吃胡食，化胡妆。汉胡服饰相混相杂，以至难以用服饰辨别民族身份和社会角色（图3-6，图3-7）。

以上内容表明，唐代服饰继承了魏晋南北朝时期"以我为主，为我所用"的吸纳少数民族服饰艺术的文化态度和服饰艺术成果，创造性地丰富和繁荣了唐代的服饰美学意味。不过，我们也要看到，汉民族服饰的美学意味，同时也在影响着少数

图3-6　中晚唐回鹘服装

图3-7　甘肃安西榆林窟回鹘
国圣天公主陇西李氏供养像,
戴桃形金凤冠,穿刺绣凤穿花
纹大翻领回鹘装

民族服饰主体的审美倾向的变化,形成了一种服饰文化相互交
流、相互影响的人文景观。据1980年发掘的渤海贞孝公主墓壁
画显示,当时渤海人穿的是各式各色的圆领长袍,腰束革带,
足着靴或麻鞋,除了所戴的幞头样式与唐幞头略有不同外,其
他衣饰品样与唐人相差无几。渤海国的百官章服制度规定三秩
(相当于唐朝的三品)以上的服紫、牙笏(hù,音护,古代
大臣在朝廷上见君王时手中所拿的长板子,用玉、象牙或竹
子制成,上面可以记事)、金鱼;五秩以上的服绯、牙笏、银
鱼;六秩七秩浅绯衣,八秩九秩绿衣,皆木笏。这说明渤海国
受唐人服饰文化的影响程度很深,已经与唐十分接近了。此
外,还有契丹、回鹘、吐蕃等少数民族对唐人服饰都表现出极
大的兴趣和趋附性。据《新唐书》记载,契丹皇帝耶律德光战
胜后晋后,穿着后晋皇帝的袍靴,很是喜爱,并且不断赞叹汉

家仪物的威盛。回鹘可汗毗伽在唐肃宗时期，就穿着黑衣黄袍，戴胡帽；在唐宪宗时期，回鹘皇后（可敦）则穿的是绛通裾大襦，戴的是金冠。在五代时候，回鹘妇女总发为髻，高达五六寸，并用红绢包裹住。所谓通裾大襦，就是一种不分衣衫、裙子的长袍类服饰。吐蕃人这时候也接受了唐人的袍服，时兴穿素葛，戴布帽。不过吐蕃人由于受地域气候及民族审美心理等条件的限制，服饰仍然以自己民族的服饰为主。南诏人所穿服饰在唐代时，已经非常接近汉人了，他们以绯紫二色为贵重，比较普遍地穿圆领偏襟长袍。

二、在开放与自由探索中创新

就服饰艺术的发展而言，开放与自由探索构成了唐代服饰美学不断创新的核心要素。从《旧唐书》《新唐书》《唐会要》等典籍中，从唐代绘画、壁画作品中，从唐代诗文作品中，从唐代歌舞演艺中，我们都可以清晰地看到：唐代服饰总体上呈现出"胡化""多元化""创新化"的趋势；唐人极其重视服饰对"人体美"的彰显和对个性的张扬；服装样式"兼收并蓄"，装饰绚丽，异彩纷呈，充分展示了唐代华丽、开放、新颖的审美风尚。

从服饰的性别标志来观察唐代服饰的创意性因素，我们就会发现，唐代女性的服饰最能体现唐代服饰的美学特性。过去，很多服饰研究者总是喜欢把唐代女性穿着的"慢束罗裙半露胸"的袒领服装，作为唐代妇女服饰美学追求的典型进行分析或列举，这固然没错，但是唐代女性服饰的整体美学风格绝不仅限于"以露为美"的单一倾向。唐代女性服饰的丰富多样性远远超过已往甚至以后任何一个封建朝代——头饰变换

频繁，服装样式变化多端，名目繁多，创制的品牌不断涌现，面饰化妆内容不断翻新，鞋履也多有变化，配饰花样令人眼花缭乱……唐代女子极富创新意味的生动实践，在现代人的服饰审美目光看来，都是具有惊世骇俗意味的创举。如果以描绘宫廷贵族妇女形象的《簪花仕女图》为观察对象，我们就可以看出，唐代妇女在服饰上表现出来的才智和胆识，以及"半罩半露"的以"露""透"或以"隐而不显"为美的穿着风格，生动地展示了唐代妇女崇尚自由的个性追求，以及唐代社会宽松开放的社会环境。白居易的《缭绫》一诗也佐证了唐代女性服饰的上述审美特征："去年中使宣口敕，天上取样人间织。织为云外秋雁行，染作江南春水色。广裁衫袖长制裙，金斗熨波刀剪纹。异彩奇文相隐映，转侧看花花不定。"天上人间，秋雁春花，异彩奇文……从白居易的诗中，我们可以强烈地感受到唐代女性在服装艺术上的诗性追求，和唐代社会空前开放的程度。

　　典型的还有安乐公主使尚方合百鸟毛织成的"百鸟毛裙"，以色彩艳丽迷人而取胜的"石榴裙"，唐代赫赫有名的才女上官婉儿创制的"梅花妆"，唐代女子酷爱的半臂、霞帔、面靥等，这些都明确地反映了盛唐时期的女性们大胆、开放、奔腾不羁的内心世界，代表了唐代女子热爱生命、热爱生活的强烈情愫，也是她们充满自信的表现。所以，唐代女子服饰不仅为灿烂的唐文化增添了光彩，也影响着后世历代妇女的服饰生活与服饰文化，成为中国古代文化艺术园地中的一朵绮丽之花。

　　唐代女性服饰的开放，说到底首先是人的开放，而适宜的社会环境使人具有了自由、大胆的创造性，于是，服饰的开放又是人的能力、智慧和创造力得以充分发挥的必然结果。如前所述，唐代社会整体性的开放姿态，持续有力地推动了唐朝与番邦异族的政治与经济的交流，以及文化的交融。和任何一个王朝不同的是，唐朝根本就不拒绝也不惧怕异域文化的"渗透"与"颠覆"。如同一个充满好奇心的年轻人，唐王朝对于来自异域的奇装异服、珍奇玩好，抑或是异域的宗教，都采取"来者不拒"、大胆吸纳的态度，这些都凝聚着唐代人美学精神的本质内容。有人把唐朝的文化态度和审美行为归结为"慷慨输出，欣然接纳"，诚哉斯言！正是由于这种文化态度和行为，所以在唐代，"胡化"现象才极为普遍，几乎成为常态。外来民族的音乐、歌舞、技艺、服饰皆为唐人喜好，贵族仕女无不以胡化为时尚。开元、天宝年间，女子大多上着窄袖衫，下着长裙，肩披锦帛、霞帔，腰系长带，脚穿高头鞋履或乌头靴。《旧唐书·舆服志》记载："开元来……太常乐尚胡曲，贵人御馔，尽供胡食，士女皆竞衣胡服。"[1]沈括《梦溪笔谈》也有记载："中国衣冠，自北齐以来，乃全用胡服。窄袖、绯绿、短衣、长靿靴，有蹀躞带，皆胡服也。"[2]唐代诗人刘言史《王中丞宅夜观舞胡腾》中的"细氎胡衫双袖小"，李贺《秦宫词》中的"秃襟小袖调鹦鹉"，白居易《柘枝词》中的"香衫袖窄裁"，都是对当时女性服饰胡化审美取向的形象描述。除此之外，唐代妇女服饰的开放性也是令后人瞠目的，当时不仅流行一款半露胸的窄袖装，而且女性着男装的现象也是一种时髦的存在。尚露装、尚男装、尚胡装等现象，都表明唐代女性在服饰方面的开放程度，以及唐代帝王对于服饰

---

① 刘昫等：《旧唐书》卷四十五，中华书局，1975，第1958页。
② 沈括：《梦溪笔谈》，中华书局，2016，第9页。

角色错位现象的开放和开明的态度（图3-8，图3-9）。

图3-8 穿中原汉服的胡人俑

图3-9 周昉《挥扇仕女图》中对镜梳妆的女子，梳抛家髻，穿着宽松肥大的裙衣，执镜女官头戴幞头，穿大团窠纹圆领直袖衫，腰束銙带，这是女着男装的典型代表

最后应该强调的是，唐人对于异域服饰文化的吸纳，不只是停留在简单的模仿层面上。唐代纺织业的发展以及经济的繁荣，为唐代服饰审美提供了宽广、充裕的物质选择空间，使得唐人对"胡服"的创造性改造成为一种现实可能。经过唐人的宏观复制、微观创造，"胡服"这类侧重于实用（便于行动）的服装变得分外美观。在实用中还融入了人们的精神追求，使"窄衣小袖"成为用来衬托女性身体线条的基本手段。据唐壁画显示，唐代妇女所着"衫""襦"要比胡服更加美妙而有意境，也成为女性普遍追求的服饰时尚。唐朝女装的"男性化""胡化"和"多元化"，为华夏服饰审美带来崭新的美学景观。

三、兼收并蓄后所呈现的全新气象

台湾服饰史学与美学研究专家叶立诚先生说："盛唐时期，经济、文化得到了全面的发展，整个社会呈现出一派欣欣向荣的景象。唐代在绘画、雕刻、音乐、舞蹈等方面都吸收了外来的技巧和风格，对外来的衣冠服饰，也采取了兼收并蓄的态度，这使得该时期的服饰大放异彩，更富有时代特色。"[①]从唐代服饰史料、唐代壁画、绘画和唐诗所显示的唐代服饰元素中，我们可以发现，唐代服饰审美的时代取向，充分体现了唐朝空前发达繁荣的时代特点，也揭示了唐朝人自信和开放的心态，以及对传统、外来文化和新生事物兼收并蓄的态度与创新精神。

综观唐代官僚阶层服饰的主要构件，我们就会发现，唐朝的服饰文化心态中的确有着雄阔博大的包容精神。无论是帝王的冕服，还是群臣的冠服，以及君臣官民的常服，都在服饰构件和用色等方面有着兼收并蓄、自由相谐的特点。现在有一个比较普遍的观点认为，唐人对于服装用色的选择，是受到阴阳五行学说及天人感应的思想影响的。其推理是，黄帝以五行之土盛，属土德，而土色为黄，所以黄帝时代的人们崇尚黄色；夏朝以五行之木盛，属木德，活木为青，故尚青色；商朝以五行之金盛，属金德，而金色为白，故尚白色；周朝以五行之火盛，属火德，而火之色为赤，所以尚红色；秦朝以五行之水盛，属水德，而水为黑色，因而尚黑色。按阴阳家的说法，水克火，火克金，金克木，木克土，土克水，如此五行相生相

---

① 叶立诚：《服饰美学》，中国纺织出版社，2001，第321页。

克，及至唐代时推衍为应土德，故唐人尚黄。这个说法在中国古代很盛行，人们对此也深信不疑。《尚书·益稷》中有关中国服装最早的记载：舜帝曾观古人之象，将日、月、星辰、山、龙、华虫、宗彝、藻、火、粉米、黼、黻等自然界的景象作为图案和色彩，纳入服装的设计制作中。中国早期的典籍《易经·系辞下》中有关"黄帝，尧，舜垂衣裳而天下治，盖取之乾坤"的记载，最早指出了中国古代服饰的形制与色彩来源于自然的思想。"……乾即是指天，坤即是指地。天在未明为玄色，故上衣像天而服色用玄色；地为黄色，故下裳像地而服色用黄色，就是由于对天地的崇拜而产生的服饰上的形和色"[①]。随着生产力的发展，人们对自然的观察也向着广度和深度展开。显然自然界千姿百态、五颜六色的景色，不但直接给予当时人们的审美感受，也启发了人们丰富的想象力与创造力。这些记载说明，中华民族的服饰从一开始就与大自然有着密切的联系——不仅制作服饰的材料取之于自然，裁制的款式、选用的色彩、装饰的纹样等也都与人们不断观察自然、利用自然有关。服饰在满足人们实用目的的同时，也产生了同大自然一样多姿多彩的美学效果。这种以自然为美的服饰追求，始终贯穿中国古代服饰美学的各个阶段。所以，把服装颜色与天地自然联系起来，又以五行观念推衍人与自然的关系，这是中华民族特有的文化现象和审美心理的表现（图3-10）。

这里，我们认为，唐人的服饰文化和审美追求是唐人纵向继承前人和横向兼收并蓄的结果。唐朝对儒家文化非常尊重，开元二十七年（739），唐玄宗为崇奖儒学，尊师重道，特命

① 周锡保：《中国古代服饰史》，中国戏剧出版社，1984，第2页。

追谥孔子为"文宣王"，并派三公宣布敕命。因而，唐朝在服饰制度上，仍然保留并不断强化着以封建等级制度为核心的封建宗法伦理规约。通过对服饰生活的规约，昭明名分，辨别等级，

图3-10　陕西乾县乾陵唐陪葬墓章怀太子墓道出土壁画《礼宾图》。左侧三人为鸿胪寺官员，戴漆纱笼冠，穿曲领大袖袍，腰束大带蔽膝，后有长八尺、宽三寸的衼，脚蹬岐头履；右侧三人为宾客，其一为东罗马使者，其二为日本使者，其三为东北少数民族使者

实现统治者的政治意志和伦理意志，维护其政治权威。唐朝对外来文化的吸纳，采取一种主动积极的开放姿态，对于诸如佛、道文化，也是如此。正是这种积极主动、开放包容的文化心态和审美态度，才使得儒、道、佛在唐代实现了极为奇妙的"和合共一"，并且成为中华民族最为普遍的文化心态，表现在服饰制度、服饰样式及服色上，就呈现出多姿多彩、不断创造的崭新局面。因此，唐代的服饰美是综合性的，内容丰富厚实，不像其他朝代比如宋代，显得封闭、内敛而单薄。

第三节 空前绝后的美学景象

　　和中国历史上诸多社会阶段所呈现的特殊性相同的是，每一个社会历史阶段的人文景观都因其独特的审美意味而引起审美主体的研究兴趣。对于继周之拙朴森严、秦之斑驳凝重、汉之规范拘谨、魏晋南北朝之疏旷飘逸的服饰美学风格而言，以奢华富丽、正大堂皇之美学意象，灼灼辉耀于今的大唐服饰，从历史的、客观现实的角度研究，无疑有益于我们对唐人的价值追求、精神气度、审美心理趋向的理解和认知，有助于提升当今中华民族的文化自豪感和自信心。

　　唐代服饰在中国古代服饰中起着承前启后的作用。所谓承前，就是它将西周以来，历经春秋战国，到秦汉以至魏晋南北朝时期这样长的历史阶段所形成的中华民族独具一格的服饰美的形式传承下来，并不断地以法令制度的形式予以完善和固化；所谓启后，即指其在传承的基础上创造性地发展了魏晋传统，以一种全新的、极富盛世色彩的美学风格影响其后的五代、宋、元、明、清诸王朝，进而一直流行于当今之世，使唐装成为中华民族的文化标识，深深地扎根于每一位中华儿女的心中。如果拿隋唐时期的服饰与周秦汉魏时期的服饰风尚相比较，我们就会发现隋唐服饰在中国服饰史上具有极其显著的时代特征。

一、在等级、尊卑制度背后出现的特殊的服饰美学现象

隋唐时代服饰的等级性特点，无论是在庄严、正规的场合所穿戴的冠服（也称礼服），还是在日常起居中所穿戴的常服（也称便服），在形式上都表现得特别突出。当然，这是中国历史文化和封建正统社会长期影响产生的结果，哪个封建朝代也不能随意背离它。

根据服饰史学专家（包括文化与美学学者）的研究，在隋唐以前，各朝各代的冠服制度对人们的等级、身份的规定都非常详尽、严格，隋唐的冠服制度基本上直接继承的是汉魏冠服制度，并且大有发展和创新。这种发展创新，主要是将常服也纳入到等级化的服饰序列，即用常服来标示人的等级和身份特征，区分人的社会地位。隋朝初建，隋文帝就制定了《衣服令》，规定皇帝、皇太子和百官的服制，并且首次规定了皇室及各个职官官员的常服颜色。这些服饰制度的制定，使得男子的冠服和常服由等级化转变为制度化，甚至常态化。虽然隋朝存在的时间很短，这些服饰制度未能得以全面实施，但是它却得到了唐初统治者的强力推动。在武则天至唐玄宗时期，统治者终于完成了常服的制度化任务。

从某种意义上来讲，唐初统治者对服饰等级制度的重视，也是其服饰文化与审美观念自觉性的体现。初唐时期，百废待兴，世情浇浮，官吏民众、士农工商各阶层的常服处于一种无制度的混乱状态，这种状态影响了贵贱有别、等级分明的尊卑之序，混淆了人们身份的归属和角色的定位。因此，为了整饬风尚，改变"卿士无高卑之序，黎庶行僭侈之仪"的"讹杂"世相，贞观四年（630），唐太宗颁布了《定服色诏》的法

令，就官民人等的常服做了明确规定：

> 其冠冕制度，已备令文。至于寻常服饰，未为差等。今
> 已详定，具如别式。宜即颁下，咸使闻知。①

但是，唐太宗的常服等级制度化的收效并不显著。皇城之外，在官宦、士庶中，仍然大量存在着不依"令式"的现象——有人在袍衫之内，穿着朱、紫、青、绿等超越等级的"官服"，在街上招摇过市，使人难辨其身份的高低贵贱。因此，咸亨五年（674），唐高宗又下诏，令"自今以后，衣服下上，各依品秩。上得通下，下不得僭上。仍令有司，严加禁断"②。开元四年（716），唐玄宗进而颁布《禁僭用服色诏》，对僭越服色的现象予以严格限制。此后，唐代宗、唐敬宗、唐文宗等皇帝屡屡颁布禁车服逾侈的诏敕，但都收效甚微。及至五代十国的后唐庄宗皇帝时期，对于那些"妇女服饰，异常宽博，倍费缣绫，有力之家，不计卑贱，悉衣锦绣"③的状况均给予严惩。虽然在唐代，僭越服色的现象从来没有被真正根除过，但是，从总的方面说，紫、绯、绿、青的服色制度已经成为不可更改的等级规范了。关于这一点，并不是说唐朝皇帝们软弱无能，法令颁行不严格，或唐代等级制度不够森严，而是由唐代社会的开放、自由、宽松、包容的文化环境所造成的。

与服饰等级化密切相关的另一个值得注意的现象是，唐代

---

① 周绍良：《全唐文新编》，中华书局，2000，第49页。
② 王溥：《唐会要》卷三一，中华书局，1955，第569页。
③ 薛居正等：《旧五代史》卷三十一，中华书局，2016，第488页。

统治者在重建服饰秩序的同时，将服饰的等级标示价值纳入激励机制。在唐高宗时，唐朝把"借色""借服"作为一种赏赐、恩宠和一种巩固其皇权统治的有效手段。"借色"与"借服"都是唐代社会一种特殊的服饰穿着现象。在唐太宗时期，朝廷就已经制定了严格的服饰制度，明确规定了不同人等服饰颜色的区分，但是日常着衣中总有人混乱秩序（造成这种现象的根源起初并不在民间，而在最高统治者本身，唐太宗等皇帝就有在上朝时不按规定着装的行为）。所谓"借服"，就是允许品级低下的官员在"特许"的条件下可以"借用"品级高的服色穿着。据李斌城等人编著的《隋唐五代社会生活史》介绍，唐代被允许"借服"的主要有三种人：一种是军队将士在战场上立了功，作为赏赐，朝廷允许其穿绯或紫服；第二种是派遣入蕃的使者，为了提高他们的身份地位，朝廷允许其穿绯或紫服；第三种是都督或刺史中的官卑者，也可以借穿绯服。[1]《步辇图》中吐蕃使者禄东赞及其随从前来大唐国都长安，为其王松赞干布迎娶文成公主时所穿绯服和其他颜色汉人服装，就属于借服现象。这里应该指出的是，"借服"现象虽然都是临时性的，事后要归还原主，但是作为一种"权宜"和"变通"式的奖励手段，在唐代这样的特殊社会里，还是有其积极的政治文化意义的。一方面，"借服"提高了低品级官吏的"政治待遇"，使其享有和彰显了个体生命的价值，这无疑会极大地提升"借服"者的荣誉感和积极性；另一方面，"借服"也强化了服饰等级的意识，使借服者本人及其他社会阶层的官吏和民众意识到服色所标示的文化意义不是虚无的，关键

---

① 李斌城等：《隋唐五代社会生活史》，中国社会科学出版社，1998，第71页。

时候还是能够起到重要作用的。当然，"借服"行为在具体的实施过程中，也出现过类似于"反客为主""以假代真"的弊病。"借服"在妇女穿着中亦有所表现。

服饰的等级性使不同层次、不同职业的人变得有所区别，以致当时人常以服饰来标示等级。比如一提到"白衣"，人们就知道是指无官的老百姓；一提到"青袍"，人们就知道是指低品级的小官；倘若提到"紫袍犀带"，那肯定就是贵族、高官无疑；再提到"皂衣抹额"，不用说就是指军人了。唐代独孤郁在《对才识兼茂明于体用策》中说，社会上有这么几种人是不劳而食的：一是"绛衣浅带"者，二是"缦胡之缨、短后之服"者，三是"髡头坏衣"者。这里，作者没有直接点出这些人作为"官吏""军人""僧侣"等不同的身份，但我们通过对唐代服饰制度和文化历史的了解，就能够理解这个问题，明确文中所说的人的身份。这就是服饰文化中等级性、集团性特色所起到的作用。

二、贵黄尚紫、混绿贱白的着衣景象

由于唐朝历代帝王都强力推行衣冠服饰等级的制度化，因而唐代社会各个阶层或集团服饰的服色"差等"就表现得很分明。所以，皇家贵族、一般官吏、平民商贾、劳动者、军乐僧道的文化标示，都是贵黄尚紫、混绿贱白的服饰审美心理的表现。当然，这是就政治性的正规场合说的，而在非正式性的场合，人们的着装行为还是很自由、随意的。

终唐一代，赭黄（也作柘黄）色是至尊之色，为皇帝一人所专用。据唐史记载，从太宗朝起，皇帝除了在大型典礼上要穿冕服（即礼服）之外，其余时间可以穿袍衫（即常服、便服），其服色均为赭黄色，以后就形成惯例。不过，唐代皇帝所穿的"黄袍"尚无锦绣之繁、盘龙之饰。从隋代到唐初，黄色尚处于"大众"序列，无论何人，不计官职，均可穿着黄色袍衫。按唐初服饰制度规定，不管其本来服色是什么，百官上朝时都可以着黄。但要说明的一点是，官员们和老百姓所着黄色和皇帝所着赭黄是有区别的，不如赭黄那么色亮、色正。后来到唐高宗上元年间（674-676），洛阳县尉穿黄服夜行时被某处守门官吏无故殴打，所以皇帝特下诏令，官吏无论是上朝还是参事等，一切活动一律都不得穿着黄颜色的衣服。此后，除皇帝外，官吏中允许穿黄色衣衫的只有三种人：一种是流外官以及无品的参选者，所以当时有"黄衣选人"的说法；第二种是宫内的低品宦官，所谓"黄衣使者白衫儿"（白居易《卖炭翁》）；第三种是里正等各种胥吏，这种身份人士的着衣在《太平广记》卷一百零四"卢氏"条中有记载，说卢氏终日无事而闲坐于厅，看见有两个穿黄衫的人进来，就问他们是谁，这两个人回答说，是里正。卢氏就不再说话。总的说来，穿黄衣衫的人多少带有些被使役的味道。上述三种人穿着黄色的服装，其文化意味和审美品位，与皇帝穿着的赭黄色服装相比，自然是有天壤之别[1]。此外，自唐以赭黄为至尊之色以后，历朝历代的皇帝都将黄色定为皇帝的专用服色。黄袍亦为"盘龙御衣"，非皇帝不可随便穿着，否则会招来杀身之祸。

　　与以黄为至尊的服饰标示意味相似的是，贵族高官（即诸王及五品以上官员）的常服是以绯、紫二色为主的。五品以上穿绯，三品以上衣紫，绯袍、紫袍为高级官员的政治标识。这

---

　　[1] 李斌城等：《隋唐五代社会生活史》，中国社会科学出版社，1998，第72页。

种以色彩为标准的制度，显示的是唐朝的尊贵之美。从唐德宗李适当政开始，为了更好地标示贵族高官这一等级，绯、紫服上开始增有图案（其实，在礼服上刺绣图案的制度在武则天当朝时就已经出现了，那时候根据官员们官位高低，礼服上所绣图案有所不同，只是不分文官武官，只按级别绣以珍禽异兽图案而已。到了明清时期，文官绣禽，武官绣兽，才得以明确）。唐德宗以诏令的方式规定，节度使级的袍上可以绣鹘衔绶带，观察使级的袍上可绣雁衔仪委（一种瑞草）。其后，这种图案扩大到非节度使、观察使所穿的绯紫服上。比如刘禹锡在任苏州刺史时被赐以紫袍，紫袍上就有"鹘衔瑞带势冲天"（白居易《喜刘苏州恩赐金紫，遥想贺宴，以诗庆之》诗句）；翰林学士蒋某所授绯袍上也是"瑞草唯承天上露，红鸾不受世间尘"（王建《和蒋学士新授章服》诗句）。绯、紫服所彰显出的"政治权贵"文化意味，使得追求服紫服绯的着衣行为成为唐代士人的政治"时尚"。比如，白居易在杭州当刺史时曾借"绯服"穿着，后来他不当刺史了，却仍然舍不得归还人家的绯服。若干年以后，他还念念不忘其时的荣耀，并在《故衫》诗中表达了对不能够再着"绯服"的遗憾心情：

阇淡绯衫称老身，
半披半曳出朱门。
袖中吴郡新诗本，
襟上杭州旧酒痕。
残色过梅看向尽，
故香因洗嗅犹存。
曾经烂熳三年著，

欲弃空箱似少恩。

作为具有极高文化修养和文学建树的大诗人白居易犹且存在怀恋由服饰特殊颜色所引起的追求尊贵之美的虚荣心理，更何况普通人呢？书法家颜真卿在任职县尉时，也曾表达过相似的愿望：官阶达到五品以上，可以穿着绯衫，这样就已经很满足了，还会有什么奢求呢？

按照唐代的服饰制度，六品七品穿绿袍衫、八品九品穿青袍衫（一度改青为碧），这是其基本服色。据史籍记载的实例，鸿胪寺丞（从六品上）是绿袍，补阙（从七品上）是绿服，拾遗（从八品上）是青袍，下州参军（从八品下）是碧衫等。又据《唐会要》所引《礼部式》记载，服青碧者许通服绿。所以，诗文中所写穿绿袍衫的官吏为最多。由穿青绿袍的低级官吏跃入穿绯袍的高级官员是很不容易的，因而停滞于仕途不上的官员们常有"青袍白头"的感慨，其中唐代诗人于良史在《自吟》诗中将这种失落心情吟咏得尤为悲凉。其诗云：

> 出身三十年，
> 发白衣犹碧。
> 日暮倚朱门，
> 从朱污袍赤。

较之于官吏阶层，普通百姓的服饰色彩就比较单一。隋炀帝时曾规定，庶人服白，屠商服皂。后来的唐朝沿用了这个规定。从史籍记载的实例看，当时庶人服白衣的要多于服黄衣者，所以百姓应举就叫作"白衣举人"，被剥夺官职又允许效劳的人叫作"白衣从事"或"白衣从征"。除白衣外，平民百姓尚可穿皂穿褐，商人按规定要服黄、白等。唐代的举子在谒见座主时要穿缝掖麻衣，街上的豪侠则朱、紫、黄、绿，无所不穿。这些都是平民百姓中某类特殊人等的服色特点。至于普通劳动者的服色，则是黄、白、皂等，客女及奴婢通服青、碧等色，所以时人称婢女为"青衣"。就样式而言，一般劳动者如农夫、工匠大都穿短衣，仆人的衣服也不能宽长（图3-11）。

图3-11　敦煌莫高窟147窟晚唐壁画中两个平民人物，一个穿翻领短袖上衣，下着双层裙、长裤，脚着麻线鞋；另一个穿翻领长袖上衣，下着双层裙、长裤，脚着麻线鞋

我们在本书中始终提到唐代社会拥有宽松、自由和开放的文化环境，这就是说，唐代服饰并非完全等级森严。《旧唐书·舆服志》记载，既然不在公庭，非为风俗奢靡，但民间却有不依朝廷诏令者，穿着绮罗锦绣衣服，随所好尚而为。正因为有这样的现象，所以就有上自宫廷人等，下至匹夫百姓，递相效仿，贵贱无别的结果出现。这体现了唐代服饰的典型特征。宽松、自由、包容的社会氛围使人心情舒畅，也形成美好的生活环境，使人可以追求更大的美的空间——这确实是空前的。

三、简易实用、贵贱少别的服饰景象

虽然从唐朝初年高祖李渊下令制定《衣服令》开始，历代皇帝都颁布过有关服饰的诏令，对上至帝王将相，下至贩夫走卒的服饰服色，都做过严格的规定，但终唐一代，无论是在冠服还是常服的实际穿着中，大都呈现出一种崇尚简易实用、贵贱差等少有区别的状态。比如按照《衣服令》，皇帝衣服有大裘冕、衮冕、鷩冕、毳冕、绣冕、玄冕、通天冠、武弁、黑介帻、白纱帽、平巾帻、白帢共十二等。熟知服饰发展史的人，就知道这是传承了自周代特别是秦代以来的天子服饰形制。皇帝所服衮冕的形制是，冠上有冕板，冕板宽八寸、长一尺六寸，垂以白珠十二旒，以组为缨（皇帝穿着这样的冠冕是从秦始皇开始的）；天子身穿玄衣（深色或黑色衣）纁裳（纁为浅红色），衣裳饰以十二章纹：衣上有日、月、星、龙、山、华虫、火、宗彝八章，裳有藻、粉米、黼、黻四章（这是从伏羲、黄帝、尧舜时代就已经创制出的服饰形制）；里面穿白纱、单衣；腰上束以革带和玉钩镲，并垂以大带，再穿着蔽膝；佩带鹿卢玉具剑；脚穿朱袜和赤舄，舄上加以金饰。皇太子穿着衮冕，戴远游三梁冠、远游冠、乌纱帽、平巾帻共五等；百官穿着衮冕、鷩冕、毳冕、绣冕、玄冕、爵弁、远游冠、进贤冠、武弁、獬豸冠共十等。不同的是冠与朝服（也称具服）、公服（也称从省服）相配合，可以在不同的场合穿着。按照武德《衣服令》的规定，朝服是头上戴冠（主要指远游冠、进贤冠、武弁），冠下缀有帻，冠上饰以缨、簪导；外面穿绛纱单衣、白裙襦（或裙衫）；里面穿白纱、单衣；腰束革带，穿着蔽膝；脚穿袜和舄；佩剑等。公服比朝服要简

单，也是冠、帻、缨、簪导、绛纱单衣、白裙襦、革带，但没有白纱、单衣，也没有蔽膝，脚上穿履不穿舄，佩鞶囊等而不佩剑。遇有重大事件，比如陪祭、朝飨等均要穿朝服，其余公事只穿公服，即礼重时穿朝服，礼轻时穿公服。但是，在服装的实际穿着中，这些规定都未能严格执行，常常被人们删繁就简。唐高宗时期，在皇帝十二等服饰中只保留了大裘冕和衮冕，其他规定被弃而不用。唐玄宗时候，又废除了大裘冕，除个别场合仍使用通天冠外，其余如元正朝会、大祭祀等全用衮冕。由此可知，冠服在唐代呈现出趋于简易实用的发展态势，并有冠服向常服靠拢的势头（图3-12）。

图3-12　陕西三原县唐皇族李寿墓出土壁画，人物戴长脚幞头或束发，穿素色圆领袍衫或红色交领上衣，下着裲裆小口裤，脚着黑色高筒靴

常服是隋唐社会服饰的主流，主要由幞头、袍衫、革靴组成。由于它便于行事，很快就得到了上至帝王、下至黎民百姓的喜爱，以至于出现了"贵贱通服折上巾"的时尚潮流。隋大业六年（610）以后，隋炀帝整理服饰制度时在常服中划分了等级，对官员、胥吏、庶民、屠夫、商人、士卒等人的服色都做了规定。这次规定虽然简约，但却意味着将常服正式纳入律令格式体系，将"贵贱通用"的常服等级化。

隋废唐兴，但是隋的常服律令及"贵贱通用"的时尚并未因之而被废弃。唐上元元年（674）八月，唐高宗再次下诏完善服色等级制度，规定文武三品以上官员服用紫色，金玉带为十三锊；四品官员服用深绯色，金带为十一锊；五品官员服用浅绯色，金带为十锊；六品官员服用深绿色，七品官员服用浅绿色，并用银带、九锊；八品官员服用深青色，九品官员服用浅青色，并用鍮石带、九锊；庶人服色为黄色，用铜铁带、七锊。但如前所述，"借服""借色"服饰风尚的出现，就使得"贵贱无别"的现象成为一种服饰常态。

崇尚简易实用的服饰制度，这是追求朴素美的体现。而贵贱无别的服饰时尚，在女性服装的流行上表现得尤为突出。和汉魏传统的六服之制、北周传统的十二等之服相比，唐代皇后、嫔妃、内外命妇的礼服要简约得多。以皇后的礼服为例，唐高祖时的皇后窦氏礼服只有三等，即袆衣、鞠衣和钿钗礼衣，而且这些服饰也只是在受册、助祭、朝会、亲蚕、宴客时穿着，其他时间都穿的是便服。当时流行的"不依格令""贵贱无别"的妇女服饰主要由襦、裙、帔组成，而最为流行的则是襦、裙、半臂、霞帔等，这些服饰也是女子们最喜爱的。

四、南简北实、风格迥异的服饰景象

唐代社会的主流服饰虽然具有和其他封建社会同样的等级性，但是各地区的服饰之间又有差异性，这些差异性主要反映在南北差别上。南北方在服饰上的差别主要表现为南方人崇尚简约、轻薄、宽松，北方人崇尚实用、厚重。南北方的差异，形成了具有浪漫性和现实性特征的两种迥然不同的服饰美学风格。

南北方服饰的差异，主要原因是地域气候的差异。南方炎

热多雨，多有温暖湿润天气，所以人们在服饰的使用上以单薄简约为主，他们没有真正意义上的冬装。就服饰审美趋势而言，其社会身份和政治地位及主体个性的标示功能远远超出服饰的护体和御寒功能。据说，唐朝时宣州人曾经有过以兔毛为褐的时尚，但那不过是有钱人家偶尔穿一下，正如北方人大冬天穿短裙一样，只是"显摆"一下而已，大多数人还是以遵循服装的实用便利、护体遮羞、个体需求的原则，来选择自己的日常服饰。不过，对于南北方的服饰，在某个特定的条件下，人们所持有的政治文化心态还是起着不可小视的作用的。依我们之见，由于北方是所谓中原衣冠的正统所在，因而某些官吏对于南方的衣饰，从政治心态上，仍然有着异议，甚至存在着抗拒心态。同时，由于地方风俗及政治文化的影响，南方对于北方的某些流行衣饰，也抱有一种抵制心态。比如，北方由于寒冷及服饰材料的特殊性，形成了以毛褐为衣的习惯。据传说，五代时南唐大臣徐铉到汴京出使，见到穿毛褐的人就不禁嘲笑。后来南唐降宋，他来到邠州（今陕西彬县），尽管天气很冷也不穿毛褐衣服，以致因寒冷而患病，最终病死在邠州。徐铉看不惯北方人衣毛褐很可能有某种不可知的原因，也可能是出于一种审美的因素，比如他觉得毛褐衣服看上去很不舒服，由视觉上的不适而引起心理上的抗拒，甚至逆反。这也同时反映出南北方服饰习俗由于地域气候诸因素引起的文化内涵和心理接受方面的巨大差异。对北方人而言，服饰的首要功能在于护体、保暖，其次才是美观与社会角色的标示。由是，北方的服饰潮流始终沿着厚实、粗犷、繁重的审美途径与趋向前进。尽管在南方人看来，北方人穿着厚厚的毛褐，既显得笨拙，也极不美观，而在北方人看来，却是极有用和"有地位"

的体现。

其次，由于审美观念存在的差异性，南北方在服装的用料上也彰显出不同地域的审美特征。唐朝时在服饰穿着方面最讲究的是益州（即四川）人。据《太平广记》引《仙传拾遗》中说，妇女所穿的"益都盛服"是黄罗银泥裙、五晕罗银泥衫子、单丝罗红地银泥帔子等华贵衣服，并且被认为是世间之服，华丽无比。言外之意，是说人世间最好的衣服要属益州这个地方的服饰了。

再次，南方衣饰尚宽大，北方衣饰尚窄小。从史料和出土实物的考证结果看，在唐代，南方男子穿半臂的不多，穿圆领长袍的时间也要比北方晚得多，湖南长沙一带的袍衫也要比北方的宽大得多。南北服饰的差异，在帽子和鞋上也表现得很明显。北方流行毡帽，以厚实保暖见长；南方则流行丝帽（结丝而成），以轻薄华丽取胜。据资料介绍，南方人似乎更喜欢戴帽，而且帽子的样式也特别多，有所谓的筒形帽、角状帽、扇形帽等，这些服饰北方都是没有的。究其原因，除遮阳护额等实用功能以外，南方人之所以爱戴帽，大概与其喜欢张扬个性，好炫富露财的地域文化风习有关。这一点，在鞋子的穿着上，也极为明显。依据地域特征而言，北方人履沙涉石，就以鞋子为贵重，而南方人则多涉水蹚河，鞋子也多以草麻为质，赤脚现象很普遍，所以不以鞋子为贵重。但是在吴越之地，却盛行所谓的"高头草履"，极为华丽、讲究，这又表明南方人对鞋子的用心，更甚于北方人。不仅如此，有人甚至在木屐上大做文章——饰以油彩，描以花纹，以致惊动皇帝，被视为奢靡。皇帝还下诏定式，只许着"小花草履"。这是吴越地方人们特殊的审美心理的表现。这也许是个特例。

最后，统治者的个人喜好及特殊事件的影响，对南北方衣饰的交流变化也起到了推动作用。北方原本不产棉花，因而就没有用棉布做材料的服装。唐文宗李昂时候，朝廷命官夏侯孜穿着桂州生产的棉布所做的布衫上朝，文宗最初还以为夏侯孜穿得太寒酸了，最后当得知棉布表面看显得粗涩，但是穿在身上却耐寒吸汗，也很舒服后，他自己也穿起来，而且对棉布衣服赞不绝口。于是满朝文武自然是上行下效，纷纷以棉布为质，穿起布衫来了。从美学方面来说，这是适用性所起的作用。还有一个例证，在唐代的扬州，毡帽本不流行，但当唐宪宗时的裴度因戴扬州毡帽而躲过杀身之祸后，扬州毡帽在唐长安城就成了流行的物品。这样一来，原来属于南方所特有的服饰材料，也就进入了北方，形成了南北交融的局面。当然，北方，特别是中原地区的服装样式，也因其强势的政治、经济和文化条件而为南方人所不断接受，形成你中有我、我中有你，南北相互习仿的服饰文化交流势头，这是不言而喻的。

五、五色杂处、盛世交响的服饰景象

唐代服饰呈现出的繁复华丽气象，与唐代各民族服饰之间的交流影响有着极为密切的关系。比如靺鞨族建立的渤海国，虽然在隋朝时期还处于原始社会阶段，其族群部众的衣饰尚处于"编发，缀野豕牙，插雉尾为冠饰"①的状态，但到9世纪初期时，渤海人已经穿着各色圆领长袍，腰束革带，足着靴或麻鞋了。其百官的章服制度也出现了，规定三秩（相当于唐朝三品官职）以上服紫、牙笏、金鱼；五秩以上服绯、牙笏、银

---

① 欧阳修、宋祁：《新唐书》卷二一九，中华书局，1975，第6178页。

鱼；六秩七秩浅绯衣，八秩九秩绿衣，皆木笏，其文明进程出现了质的飞跃。契丹族至唐后期时，契丹皇帝耶律阿保机"被锦袍，大带垂后"。耶律德光灭了后晋之后，穿着后晋皇帝的袍靴，登上崇元殿，盛赞"汉家仪物"的威盛。契丹因地处北方寒冷地区，所以穿貂、狐、羊皮和锦裘的人很多，形成了一道独特的服饰风景线。据记载，公元8世纪中叶，回鹘人已经穿着一种混合本民族装束与唐装束的服饰，回鹘毗伽可汗"衣赭黄袍、胡帽"，回鹘皇后（可敦）"绛通裾大襦，冠金冠，前后锐"，回鹘"妇人总发为髻，高五六寸，以红绢囊之。既嫁，则加毡帽"①。西域诸民族，如高昌、焉耆、龟兹、于阗等地区居民的衣着，都很接近内地中原的服装样色。其中，高昌国"庶人以上皆宜解辫削衽"，于阗服装也是"衣冠如中国"，焉耆、龟兹则是男子穿着锦袍，受波斯服饰风习影响很大。吐谷浑的男子穿着长裙，戴缯帽或幂䍦；妇女以金花为首饰，辫发垂后，上面缀以珠贝。党项人多穿裘褐，以披毡为上好的装饰。吐蕃人在文成公主的引导下，开始学穿中原服装，到唐穆宗长庆年间（821—824）会盟时，首领赞普穿着素褐衣服，戴着布帽。到了五代，"男子冠中国帽"。南诏服饰与汉族大致相同。南诏服饰风俗中以绯、紫二色为最尊贵，这和唐朝的服饰风尚基本相同（图3-13，图3-14，图3-15）。

从上述情况来看，唐代服饰对周边少数民族服饰的影响极为显著，同时，少数民族服装，也就是"胡服"，对中原服装的影响也极为明显。可以说，正是这种五色杂处，胡风日炽的服饰文化融合，造成了唐代服饰缤纷多姿、美不胜收的全新景观。

---

　　①　刘昫等：《旧唐书》卷一百九十五，中华书局，1975，第5200、5212、5213页。

图3-13　敦煌莫高窟98窟五代于阗国王李圣天王后曹氏供养像，梳宝髻，满插簪花梳篦等装饰，脖子戴珠玉项链，身穿广袖红地花卉纹直襟襦，下着绿色褶皱曳地长裙，脚着圆头履，脸颊、额头饰以花钿面靥等，服装、饰物等都极为华丽美艳

图3-14　新疆吐蕃柏孜克里克石窟20窟壁画回鹘贵族礼佛图，二人托礼物托盘，身穿左衽花皮袍，腰束革带并插马鞭，脚蹬高筒皮靴，左戴尖顶敞口钹笠帽，右戴装饰瓜皮帽

图3-15　新疆吐蕃柏孜克里克石窟壁画回鹘王供养像，头戴金冠，身穿红色圆领长袍

　　最典型和常见的"胡服"，实际上是一种窄袖袍衫。这种袍衫的样式多为翻领、对襟，服装上绣有花纹，下面配以竖条纹裤、尖靴，头上则以毛皮帽、镶珍珠帽、花帽等相配。叶立

诚先生说："唐代由于经济的发展，中西文化的交流，许多新颖的服饰纷纷出现，形成当时服饰的一大特色。胡服在此时的影响巨大，尤其是裤褶服饰的产生，将秦汉时期那种交领、宽衣大衫、曳地长裙的服饰淘汰掉，转为盘领、紧身窄领、合身的短衫短襦、瘦长裙所替代。服饰较前代开放，强调体态的美感。"[①]唐宪宗元和年间（806—820），吐蕃服饰和"回鹘装"对中原服饰产生了比较大的影响。五代后蜀花蕊夫人所作《宫词》，就有"明朝腊日官家出，随驾先须点内人。回鹘衣装回鹘马，就中偏称小腰身"的诗句，说明回鹘装已影响到皇宫了。后唐五代时，契丹式样的服饰流入中原，大为盛行。就唐代服饰的发展而言，胡风日炽的服饰潮流反映了唐代各民族在服饰上的互相交流和影响。正是这些有着独特文化内涵和审美意蕴的民族服饰，共同构成了唐代丰富多彩、蔚为大观的服饰景观。

从唐诗中可以发现，唐代女性服饰审美充分体现了唐帝国繁荣的时代特点，也揭示了唐朝人自信和开放的心态，以及对于外来文化的兼收并蓄的态度与创新精神。"唐代妇女服饰最为人所称道的是它所展现的性感魅力，这是其他朝代所没有的。"[②]正因为如此，唐代女性服饰才显得多姿多彩，呈现盛唐气象，形成中国服装史上浓墨重彩的一页。翻开《全唐诗》，对于女性的描绘几乎都有服饰的影子，它们同唐代其他社会生活场景一起，展示了唐朝那个强大、开放的时代，为我们建构唐代服装美学系统提供了精彩、丰厚的宝贵资料，是中华民族珍贵的服饰文化遗产。

---

①②　叶立诚：《服饰美学》，中国纺织出版社，2001，第322页。

第四章　唐代服饰文化成因分析

第一节　统治者的血缘基因

关于唐代最高统治者家族的起源、身世，宋代儒学家朱熹在《朱子语类·历代类序》中说，唐室源流本出于北部夷狄，所以，闺门中将失礼之事不以为是异类之举。鲁迅先生在《致曹聚仁信》中也评价李唐王朝是大有胡气。现代国学大师陈寅恪在《唐代政治史述论稿·统治阶级之氏族及其升降》一节中也指出，如果以母系氏族血统来说，唐代创业以及初期的君主，比如高祖的母亲独孤氏、太宗的母亲窦氏，都是纥豆陵氏出身，高宗的母亲长孙皇后，也是胡人之后，并不是汉族人，所以，李唐皇室中的女系氏族中多有少数民族胡人血统，这是众所周知的事情。由此可见，从李唐王朝皇室母族的血缘渊源来看，他们的血统不属于纯粹的汉族，而是混杂有北方少数民族的成分。

一、唐代帝王们的出身

根据传说，李渊生于关陇一带，自称祖居关陇，是西凉王李暠的后代（也有人认为他是借此以提高自己的身份地位）。

从历史资料看，李渊家族世为北魏武川镇军官，李渊祖父李虎跟随西魏宇文泰开创关中政权，是两魏、北周之际有名的八柱国之一；其父亲李昞也是柱国大将军。由此可知，李渊父族也是鲜卑族衍化以后的汉族。唐代宗室的男女受少数民族血统影响，首先表现为骁勇善战，所以，在李唐王朝开国的时候，才能有李渊诸子李建成、李世民和李元吉等在战场上表现威猛的英雄之辈，就连李渊的三女儿李秀宁即平阳公主，也是历史上一名少有的巾帼英雄，她的才识胆略丝毫不逊色于她的兄弟们。

二、唐代王室中女性的血脉及性情对唐代社会的影响

在隋末唐初的战争中，平阳公主表现出类拔萃的组织才能和军事才能，为李唐王朝的建国立下了赫赫战功。老百姓将平阳公主称为"李娘子"，将她的军队称为"娘子军"。勇敢善战，这也是少数民族血统熏染和孕育的结果。唐王朝建立后，李渊将自己才略出众的爱女封为"平阳公主"。可惜的是，武德六年（623），平阳公主就不幸去世了，死时尚不足23岁。李渊以开国功臣的仪式安葬了公主，她的葬礼与众不同，是以军礼的待遇下葬的。平阳公主算是开了风气之先，之后又有太平公主、安乐公主等，她们都是唐朝公主中的女强人。

在初期的几位帝王身上，自然而然不可避免地都渗透着北方草原少数民族的血脉气韵和精神气质，同时也自然而然地保存着母系氏族女性崇拜的传统痕迹和文化特征。西北少数民族一直保持着对妇女的尊崇和男女平等的美好传统，这也是后来女性服饰能够屡屡创新的一个主要因素。

　　李渊的母亲是独孤氏。独孤这个姓氏起源于北魏时期的北鲜卑族部落，本来姓刘，是东汉光武帝刘秀的后代。刘秀之子刘辅的裔孙刘进伯做了度辽将军，他率兵在攻打匈奴时失败，被囚禁于独山（今辽宁海城境内）之下。他的后代尸利被封为谷蠡王，号独孤部。独孤部传至六世孙罗辰之时，又随北魏孝文帝迁居到洛阳，孝文帝以其部落之名命名其姓。独孤氏的父亲是独孤信，善于骑射，为西魏官都督荆州诸军事，后来又奔南朝梁，官至陇右十一州大都督、秦州刺史。北周初期，独孤信官职为太宗伯，封为卫国公。独孤信风度弘雅，有奇谋大略，所到之处，都受百姓的欢迎。李渊母亲就是独孤信的四女儿。

　　李渊的原配窦氏，也就是李建成、李世民和平阳公主李秀宁的生身母亲，是一位聪明过人的奇女子。窦氏是京兆平陵（今陕西兴平）人，其父亲窦毅是北周的八柱国之一，也具有鲜卑族的血统，相当于今天的开国元帅。

　　李世民之妻长孙皇后是河南洛阳人，同样具有少数民族血统。其祖先是北魏拓跋氏，后为宗室长，因号长孙。祖父长孙兕为北魏左将军；父亲长孙晟，官至右骁卫将军。长孙氏于隋大业九年（613），13岁时嫁给李世民为妻，李世民称帝以后，被立为皇后。长孙皇后和李世民一起生活了23年，作为贤内助，她对李世民给予了巨大的支持，发挥了不可替代的作用。她遵守礼制，遵循法度，一切为了唐太宗，一切为了国家，从无僭越之举。为了配合唐太宗勤俭治国的方针，她率先提倡节俭，从不讲究排场，摒弃华丽的服饰，以朴素着装为美。她平易近人，关心手下的嫔妃宫女，为唐太宗营造了一个良好的后宫环境。

　　正是由于唐朝有以少数民族血统和尊崇女性这样的传统为

潜在社会心理的基础，所以才能有整个社会风气大开放的局面。这样的风气和环境也孕育和成就了作为女中圣杰的武则天。武则天出生在唐初新贵显宦之家，显赫的权势，豪奢的生活，滋养了她无限的权力欲望。然而，初唐极重士族的门阀之风盛行，而武氏庶族的门第、低微的出身，又使她饱受流俗的轻视，这就造就了她富于机谋、勇于担当、不甘埋没的性格特点。这一特点在她以后从政乃至于"南面称孤"的一系列政治斗争中，表现得尤为突出。武则天从小就表现出雄性化的倾向，她曾女着男装，颇具叛逆性格。做皇后以后，她内辅国政数十年，威势与皇帝无异，与高宗并称"二圣"。她协助唐高宗李治处理军国大事，佐持朝政三十年。李治死后，她以绝对权威登上皇帝之位，而且加尊号为圣神皇帝，降皇帝为皇嗣，并废唐而改国号为周，成为中国历史上空前绝后的唯一女皇（图4-1，图4-2）。她做了皇帝以后，就对服饰制度做出新的

图4-1　武则天登基大典全图，荟萃了唐代宫廷帝王将相及各级官员服装，显示了盛唐辉煌、强大、浩气连天的景象（悬挂于乾陵博物馆，李朝霞画）

图4-2　陕西乾陵无字碑

规定，对官服颜色、图案等都规定了明确的条款。关于武则天当朝时制定的服饰制度，本书第二章已有专述，这里不再列述。

武则天是一位具有浓厚传奇色彩的历史人物。她从参与朝政，到自称皇帝，到寿终正寝，前后近半个世纪，上承"贞观之治"，下启"开元盛世"，历史功绩昭昭于世。宋庆龄高度评价武则天是"封建时代杰出的女政治家"。

三、统治者综合因素对唐代服饰发展所起的巨大影响作用

李唐皇室对所谓的"华夷之辨"观念相对比较淡薄。他们没有大汉族的盛气和以强恃骄的心理，对周边少数民族的习俗与风尚有着一种自然天生的亲近感。在以皇家宫廷文化为主导的影响下，唐代人从对胡乐、胡舞、胡食、胡服、胡妆、胡风的喜爱，发展到对充满异域风情的胡服、胡妆的热衷模仿，甚至允许胡人居住在唐朝的心腹之地——长安城，并默认胡人和汉人通婚。这样的宽松局面，使胡服、胡妆、胡食、胡风等在唐代中原地区迅速流行。

唐朝从李世民开始就实行非常开明的民族政策，所以赢得

了民族大融合的局面，成为一个统一的多民族国家。当时，迁居长安的少数民族数量十分可观，仅贞观时，迁居长安的突厥族人就有一万家之多，突厥贵族被朝廷任命为将军、中郎将等五品以上官吏的达百余人。身着各式服装的边疆各族商旅汇聚长安，使长安成为国内各民族交往的中心。

长期以来，许多研究者认为，唐代贵族女装胡汉兼容、大胆时尚，这是唐代国力强盛、社会开放、文化发达的产物。从现代心理学的角度分析，促成唐代社会大胆创造、不拘一格，保留自我文化，又崇尚异族文化等风气的转变，是由于在唐王室的影响下，人们的社会心理发生了巨大而彻底的变化。

如果没有李唐皇室的大力推行，没有"胡化"和尚文尚武并举的社会风气作为基础，也就不会有唐代这种开放、包容和激昂的文化环境出现，更不会有人们充满自信的审美意识的形成；没有农耕文明产生的特殊的审美风格与富裕的物质基础的共同结合，也就不会有整个社会浓丽的美的风气弥漫；没有唐代对女性的特别尊崇的内在精神因素的存在，更不会有女性服饰创造性新成果的不断出现。而正由于有了这样的社会环境，唐代人们的时尚潮流才由简单趋于复杂，由简朴趋于奢华。比如丝绸的发展，就极有代表性。唐代最早的丝绸名品是织锦，唐代织锦从一般工艺最终升华为传世名品——唐锦。丝绸业的发达，进而促进了刺绣业的相应发展。在丝绸工艺方面，唐代也体现出开放和包容的态度。唐朝统治者提倡与西域及欧非多国广泛交流，大量引进域外工艺与技术，发展自己的丝绸事业——仿制和创造出小团窠联珠经锦、大团窠唐草联珠经绵、新月纹锦、花卉团窠及陵阳公样（包括宝花团窠中的柿蒂花、瓣式宝花、蕾式宝花、侧式宝花）、旋转循环的团窠纹样等。

更重要的是，唐代新兴起一种特殊的服饰图案——折枝纹、缠枝花鸟纹的花形——在较为写实的侧式宝花团窠四周配以蝶飞鹊绕之景观，逐渐地这些宝花就变得更加松散、开放、舒展，也更为写实，更为清秀、美观，看起来更像是一簇簇鲜花；在鲜花周围再配上花、鸟、兽、山水、云霞、烟霭等景观，在华贵、艳丽中，同时洋溢着自然的生机和生命的活力。这是典型的由简朴、单纯逐渐趋于奢华、复杂，由清秀、简约进而趋于丰腴、繁复的"盛世唐风"的特别表现，更是唐代多元文化与艺术积淀的结果（图4-3，图4-4）。

自从唐朝建立以来，唐高祖、唐太宗都以儒学为主，唐高宗李治向来淡薄儒术，而归心于佛道，武则天圣神皇帝更是以佛教治国，且李唐王朝认李聃为祖，道教也是唐朝的国教，因此唐初形成了儒、佛、道三家并立的文化新格局。人们的价值取向进一步突破传统儒家的桎梏，呈现出多元化发展的趋势。文化思潮的多元化，自然带来了思想和信仰的开放、自由和宽松气息。唐代的文明包容了许多前朝不敢想、后代不敢为的活跃思想和社会氛围。正如美学家李泽厚先生所说，唐人无所畏惧无所顾忌地引进和吸取，无所束缚无所留恋地创造和革新，打破了以往的条条框框，突破了传统的观念，产

图4-3　唐代联珠式四大天王狩猎纹锦（日本法隆寺收藏）

生了文艺上的"盛唐之音"的社会氛围和思想基础[①]。

唐初推行均田制的土地分配制度和租庸调的赋税劳役制度，经贞观（627-649）、开元（713-741）两个阶段，经济得到极大的发展，

图4-4　唐代红地花鸟斜纹纬锦（新疆吐鲁番阿斯塔那381号墓出土）

出现了空前繁荣的景象。唐代的文学艺术空前繁荣，唐诗、书法、洞窟艺术、工艺美术、服饰文化等都在华夏传统的基础上，吸收融合域外文化而推陈出新。唐代疆域广大，政令统一，物质丰富，和西北突厥、回鹘，西南吐蕃、南诏，东北渤海诸少数民族，都有密切交往。长安是当时最发达的国际性都市，由长安经西域通印度、波斯、地中海，商旅往来络绎不绝；海路以广州为出海口，经南洋西通印度洋，直到非洲东岸和地中海南岸诸国，东方和朝鲜、日本交往更加频繁。当时，长安和广州等城市生活着大量外国人。

唐朝宽松自由的社会、文化氛围，使人们的心中自然产生一种开放、宽容、自由的精神状态，人们普遍地不以某一种学派为至尊，也不必将自己的信仰和心灵屈从于某一种主流意志之下。儒学可以被嘲讽，君主也并非至尊，诗人作诗也少有忌讳，穿衣也无严格的贵贱等级之分。这种特殊的社会现象和极

---

① 李泽厚：《美学三书》，天津社会科学院出版社，2003，第116页。

其宽松的文化局面同样体现在服饰文化制度上。虽然唐朝对皇帝、皇太子等皇室成员，以及各级官吏在各种正式场合所穿的不同服装做了具体细致的规定，但是，在具体场合，这些规定是否得到有效实施，却又另当别论。

唐朝所实行的宽松政策，从某种意义上说，使冠服制度大多流于形式，只是"有备而不用"。根据《旧唐书·舆服志》记载，《衣服令》颁布没有多长时间，唐太宗李世民在朔望视朝时便"以常服及白练裙、襦通著之"，对刚刚制定的服饰制度并未严格执行。显庆元年（656），唐高宗李治又规定诸祭并用衮冕，并在举哀场合使用素服，废白帢。到开元十一年（723），唐玄宗更是"元正朝会用衮冕及通天冠，大祭祀依《郊特牲》，亦用衮冕。自余诸服，虽著在令文，不复施用"。到中晚唐时，冠服制度更趋简化，连衮冕和通天冠也逐渐失去了实际的用途，规定完全成为一纸空文。贞元七年（791），唐德宗李适受朝，"初欲冕服御宣政殿"，后竟"以常服御紫宸殿"。唐德宗时穿着常服受朝还是偶尔为之，而到了唐文宗李昂时代，皇帝穿常服受朝已经成为惯例。据史书记载，开成元年（836），唐文宗"常服御宣政殿受贺，遂宣诏大赦天下，改元开成"。元正受朝及改元年号，都是朝廷特别重视的隆重、盛大场合，然而即使是这样的场合，作为一国之君的皇帝却身着常服，可见这衣冠冕服的礼仪制度已经被忽略到了什么样的地步！

在这样的文化环境下，皇帝着衣都很随便，尚且不讲究在不同场合穿着不同的服装，何况在整个社会，服装装束就更没有什么顾忌了。所以，到唐朝初年，武则天幼年时可以着男装，她的女儿太平公主在出嫁前当着皇帝、皇后的面也是着男装，作为父母并没有觉得女儿的举动有什么不妥当。在盛唐时期，社会上女着男装、男着女装的风气也相当普遍。从宫廷到民间，妇女们普遍穿着胡服、化胡妆，都没有受到阻止，更不会有什么非议。唐代盛行的"以露为美"的女装，还有被正统文人称为"服妖"现象的装束，都得以流行。不仅如此，西域诸国胡人，更远的西亚波斯人、欧洲罗马人等多色人种到大唐京城长安来经商，访问交流，长期居住，甚至做官，都是很正常的事情。这说明，在一个开放的社会和历史时期，文化的交流、传播和影响是双向的，绝不是单一和单向的，而上述诸种现象的出现，都和李唐王室所具有的少数民族血统有很重要的关系（图4-5）。

被称为意大利文艺复兴时期"最敏锐的思考者、燃烧着崇高理想的爱国者"的思想巨人马基雅维里在他的名著《君主论》中说："如果致力于创建伟大的业绩，为世人树立卓越的典范，那就会赢得无与伦比的尊敬……如果你细想一下他的所作所为，就会发现他所从事的全是极其伟大的事业，有些事业简直是超群绝伦的。""作为君主，还应该表明自己是爱惜人才的，要懂得发

图4-5　陕西西安M31号唐墓出土的戴鹖冠、穿汉族右衽大袖襦和大口袴、手执笏板的武官。这是胡人在长安做官的显著例证

掘英才，要把荣誉赐给那些才华横溢的人。"①唐朝几代皇帝都做到了马基雅维里对君主的要求。唐太宗李世民无愧于一个知人善任的英明君主，他所开创的大唐业绩在他的后世武则天、李隆基等人的继承下一步步走向辉煌，唐朝盛世也迎来了服装的辉煌时代。

第二节　经济的强有力支持

唐代有富足的农业经济和丝绸之路的繁荣商贸做后盾，其封建经济取得了高度发达的成就，呈现出无与伦比的兴盛状态。一方面，在国内传统经济方面，唐代有了大幅度的发展；另一方面，唐代上至皇亲国戚，下至贩夫走卒，对于新兴的城市和乡村经济表现出相当的接纳和认同态度。受农业经济和对外贸易发展成就的鼓舞，国家的生产力得到极大的提升。从京城到地方，从中原到边塞，农业经济空前繁荣——水稻种植方法的进步、茶叶与蚕桑的普遍生产、曲辕犁和筒车等劳动工具的发明、创新，水利的大量兴修；唐朝丝织业、陶瓷业、金属铸造业等行业飞速发展，商贸业也极度发展并与西域及亚洲周边诸国频繁往来。唐都长安城区不断扩大，到处呈现一派国泰民安的盛世景象。

---

① ［意］马基雅维里：《君主论》，陕西人民出版社，2006年，第139、143页。

一、农业的繁荣对服饰文化的影响

唐初统治者采取了休养生息的政策，使唐朝前期社会秩序比较安定，阶级矛盾相对缓和，为社会经济的发展提供了有利条件，农业得到了大力发展，社会经济呈现出前所未有的繁荣景象。具体表现为以下几方面：第一，生产技术的进步。在水利条件较好的南方，人们将稻种先培育成秧苗，再移植到稻田中，使粮食的产量得到大幅提高。这种方法至今仍在沿用。第二，生产工具的改进、创新，出现了曲辕犁和筒车。耕犁是农业生产中必不可少的劳动工具，随着时代的发展，它的结构不断地被改进和创新。这些看似简单的改造和创新，都是古代劳动人民在长期的辛勤实践中摸索出来的，是他们智慧的结晶。改造后的曲辕犁是当时世界上最先进的耕犁，使粮食产量大幅度提升。第三，唐政府设置专门的机构管理水利建设。唐代统治者大力提倡兴修水利。当时，全国的水利工程达二百多处，不仅遍及黄河、长江流域，连边远山区也兴修了水利工程。第四，水利工程的建设，为农田灌溉提供了便利的条件，使得农田灌溉面积不断扩大。到唐代，由于农业发展很快，不仅平原地区良田万顷，就是山地、丘陵一带的荒地也被大量开垦和灌溉。为了适应那里的需要，人们创制了新的灌溉工具——筒车，功效比翻车大得多。蜀地的川中水车如纺车，用细竹做成，方法是将车头的水灌入竹筒，旋转时低处舀水高处泻水。《杜诗镜铨》卷八记有"水激轮转，众筒兜水，次第下倾于岸上，以灌稻田，日夜不息，胜于人力"的记载，说的就是筒车灌溉时的情景。筒车与翻车相比，既节省了人力、畜力，又提高了劳动效率，一昼夜可灌溉田百亩以上。农田灌溉面积的扩大，对粮食的广泛增收起到了直接的推动作用。第五，良好的水利设施也使蚕桑和茶叶的生产面积不断扩大。我国自古就被称为"丝绸之国"，春秋战国时期就出现了名闻天下的"齐纨""鲁缟"，汉代以后的湘绣、云锦、蜀锦等更是成就卓越。当时唐代人的主要衣料是丝织品和麻布。在上层社会中，玉食锦衣的情况比较普遍，当然，社会底层的人们粗食布衣现象也是很普遍的。朝廷大力推广种桑养蚕，当时农家的房前屋后都是桑树成荫。除黄河流域外，在长江流域也有所发展。由于蚕桑生产的发展，再加上唐人喜欢穿色彩鲜艳的丝绸服装以显富贵，所以丝织业成为唐代手工业中相当发达的部门。另外，唐人饮茶的风气已经初具规模。饮茶也是一种重要的饮食文化，在饭后的休闲、事务的商谈、生意的商讨中，饮茶越来越成为唐人的时尚。陆羽所著的《茶经》问世之后，在文人中产生很大影响，提升了人们的生活品位，也为中国茶文化增添了光彩，丰富了茶文化的宝库。

二、手工业及商业的发展对服饰文化的推动作用

唐代经济繁荣的另一个表现是手工业发达，手工技艺巧夺天工。首先，丝织业名扬于世。唐代丝织品的花色、品种繁多，具有富丽、轻盈、典雅、高贵的特点，而其精美和织造技术的高超主要反映在当时妇女们多姿多彩、精致华美的服装上。杜甫《春夜喜雨》诗中所写的"晓看红湿处，花重锦官城"景象，说的是成都，当时作为政治、经济、文化中心的长安城更是锦绣天下。其次，陶瓷业遍及全国各地，唐代陶瓷器也是世界知名。唐代人以陶瓷器为日常生活用品，除实用外，许多精品还有很高的艺术价值和审美价值。比如唐三彩等精湛

罕见的工艺成为陶瓷发展史上的一大创举，至今它仍以其明丽繁复的色彩和生动毕肖的造型而备受世人青睐。再次，金属冶铸业也发展很快，金属器皿成为人们日常生活中的常见用品。

唐代经济繁荣的第三方面表现是商业繁荣、发达。中唐诗人韩愈《出门》诗中有"长安百万家，出门无所之"的描写，便是对当时之都长安城的生动描绘。唐代商贸业空前兴盛，随着农业、手工业的迅速发展，人们为获得不同的生活必需品，就要进行越来越频繁的交换，因而一些人口众多的大城市和商镇也越来越兴旺繁荣，其中以唐都长安和东都洛阳最为富丽宏伟。另外，南方的扬州等城市也很发达、繁荣。

长安城的繁盛表现在两个方面：一方面，长安城规模宏大，布局严整规范。在这座规划整齐、庄严的都城中，住宅区、商业区截然分开，其中"市"为贸易繁华的商业区，"坊"是人口密集的住宅区，上百万的人口生活在其中。全城的街道还有排水设施。唐政府也很重视城市绿化，白居易"迢迢青槐街，相去八九坊"的诗句，就是对长安城绿化情景真实生动的描绘。另一方面，长安城人口稠密，商业兴旺。长安城内两个市，各有二百二十行，四面立以邸宅，四方珍奇，全聚集在这里。长安城不仅是各民族交往的中心，还居住着本市原住居民、朝廷官宦、豪门贵族，来自全国的精英和很多来自异国他乡的客商以及混杂的胡人，还有不断前来学习唐代先进文化的日本、朝鲜等国的遣唐使等。这些居民在城市中从事二百多种以上不同的行业，开设的店铺多达几千家，再加上往来商旅川流不息，使整个长安城兴旺繁荣，空前发达。不仅白天熙来攘往，甚至在夜间也是灯火通明，喧闹非凡，真可以说是"昼夜喧呼，灯火不灭"。长安城以其特有的繁荣景象名闻海内外，成为一座令当时世人向往的国际性繁华大都市。

大唐盛世，是我国封建社会繁荣发展的历史时期——社会经济长足发展，大片荒地被开垦为良田，仓库里堆满了吃不完、用不尽的粮食和布帛。所以，"丰衣足食"就是唐代经济发展的最大成果。手工业、商业也极为兴旺，人口数量空前增长，唐玄宗时的户数大约是唐太宗时的三倍以上，呈现出特别的盛世景象。

"只有确实、稳定、恒久的收入，才能够维持政府的安全与尊严。""生产物增加了，人口也随之增加，人民的收入和消费也必因此增大。"①唐代社会经济的发展，商业的繁荣，尤其是手工业中丝织业和棉纺织业的高度发达，印染技术的提高，都在客观上为唐代服饰文化的繁荣提供了坚实的物质基础。

三、高度发达的经济对服饰发展产生的影响

西方有位现代服装史学研究专家，在研究了服装和社会经济发展的关系之后，有这样一个发现：当社会兴盛、经济高度发达的时候，女性所穿的服装就很暴露，比如超短裙、低胸衣等暴露性服饰就非常流行；当社会发展低落，经济不景气，女性所穿的衣服就包裹得越严实，比如衣袖、裙脚加长，身体被完全隐藏起来。在盛唐时期，由于经济高度发达，所以女子所穿衣服就比较暴露，这样的情形和西方服装研究专家所考察到的情况是很相似的。在永泰公主墓东壁的壁画上，有一个梳高髻、露胸、肩披红帛，上着黄色窄袖短衫、下着绿色曳地长裙、腰垂红色腰带的唐代妇女形象，这使我们对"粉胸半掩

---

① ［英］亚当·斯密：《国富论》，陕西人民出版社，2006，第381、383页。

疑晴雪""慢束罗裙半露胸"等诗句的描写，就有了更形象、真实的理解。但是，在唐代，露胸装一开始并不是什么人都能穿的，只有身份特殊的人才能穿开胸衫。永泰公主可以半裸酥胸，那是她作为公主享有的权利，歌女也可以半裸酥胸以取悦于当权者和贵族公子哥儿们，而平民百姓家的女子却是不允许裸胸的。起初，暴露性的低胸衣只在宫廷嫔妃、歌舞伎者间流行，后来连豪门贵妇也予以垂青。从唐墓门石刻画和大量陶制女俑来看，袒领服装应该已经流行开来，直至流行到黎庶阶层，因为当时艺术形象中出现的袒领女装形象实在为数不少。当时，唐朝半露胸的裙装有点类似于现代西方的晚礼服，只是不能露出肩膀和后背而已。

经济发达之后，唐代女子服装的款式、颜色也变得多样化起来。比如女子服装款式的领子有圆领、方领、斜领、直领和鸡心领等。短襦长裙的特点是裙腰系得较高，一般都在腰部以上，有的甚至系在腋下，给人一种俏丽修长的感觉。裙腰上提的高度，有些可以掩胸，贴身仅着抹胸，外披纱罗衫，致使上身肌肤隐隐显露。这种装束，是中国古代女装中最大胆的一种，足以想见当时思想开放的程度。在颜色方面，唐代女子裙装的色彩呈现出丰富多彩的景象，"罗衫叶叶绣重重，金凤银鹅各一丛""眉黛夺将萱草色，红裙妒杀石榴花""荷叶罗裙一色裁，芙蓉向脸两边开"。唐代的裙子颜色绚丽，红（深红）、黄（杏黄）、紫（绛紫）、绿（青绿）等争奇斗艳，尤以红裙为佼佼者（图4-6）。平民女子喜欢石榴裙，而杨贵妃则最喜欢着黄裙。

经济发展起来，唐代女子对衣裙面料也愈加讲究。面料多为丝织品，但用料有多少之别，通常以多幅为佳。衣裙的质料

图4-6 陕西礼泉县李勣墓出土壁画《舞蹈图》，舞女梳双鬟望仙髻，身穿翻领红色舞衣，下着荷叶形加长曳地裙，衣裙缀以红蓝彩条，翩然飘逸，灵动异常

线条柔长，十分优美自如，以"软滑""轻盈"和"飘柔"著称。唐装本身品类多，善变化，从外形到装饰均大胆吸收外来服饰特点，多以印度、伊朗、波斯及西域外族服饰为参照。在外来服饰影响下，唐装取其神而保留了自我，于是襦裙装成为唐代乃至整个中国服装史中最为精彩而又动人的一种配套装束（图4-7）。

唐朝流行男女穿着"胡服"的风气也是经济发达的表现。盛唐以后，胡服的影响逐渐减弱，女服的样式日趋

图4-7 陕西三原县淮安王李寿墓出土壁画《乐女图》，乐女们头上梳单起云皱发髻，内穿窄袖小衫，外罩红黑相间宽条饰半臂长襕裙，后排最里边女子肩披纱绸帔帛，尽显时尚高雅风范

宽大。到了中晚唐时期，这种特点更加明显，一般妇女服装的袖宽往往四尺以上。中晚唐的贵族礼服，一般多在重要场合穿着。穿着这种礼服，头发上还簪有金翠花钿，所以又称"钿钗礼衣"。唐装还对邻国有很大的影响。比如日本和服从色彩上大大吸取了唐装的精华，朝鲜服特别是唐衣也从形式上承继了唐装的长处（图4-8）。

图4-8　唐加彩女舞俑，人物梳单刀翻髻，脖子戴大珠玉项链，饰以翘领肩饰，身穿饰有荷叶假领的大袖口上衣，下着多层襟片的锦绣双裙，裙外有金蔽膝加圭饰，沿袭了魏晋南北朝时期杂居垂臀服的艺术元素，脚着笏头履。此俑已被日本化，因而日本学者夸赞其为"霓裳羽衣"。沈从文先生根据白居易"虹裳霞帔步摇冠，钿璎累累佩珊珊"的诗句及郑嵎诗序"衣孔雀翠衣，佩七宝璎珞，为霓裳羽衣之类，曲终，珠翠可扫"语，认为这种舞衣与霓裳羽衣无关

总之，受经济发展的影响，唐代服装在不同的历史时期所呈现出来的具体状态是不一样的。初唐时期女装都是传统的裙裳装，裙子包住上衣，上衣不是右衽样式就是对领样式，有裙腰、裙身和长长的裙带，颜色也比较传统、单一和保守，在受到自由、开放风气影响之后，款式、颜色、质料就多样化起来。盛唐时期，唐代社会经济发展到最高程度，再加上深受胡人风气的影响，人们对服装的穿着表现更加大胆开放，不拘一格，所以服装所呈现出的式样也是最华丽的。

安史之乱是唐代历史乃至整个中国古代史上一次重大的事

件，它不仅改变了唐王朝的政治走向，使其由强盛走向衰落，而且也改变了唐王朝的经济结构。自此以后，经济重心由北方逐渐移至南方。因此，无论从政治上，还是经济上来看，安史之乱的影响都是十分巨大且非常深远的。毋庸置疑，安史之乱对唐代服装发展的影响也是巨大的。

中晚唐时期，男女服装稍有些变化。这时的装束比较独特，但已经不再受胡服的影响，又回归到正宗汉服。女子们不穿上衣或内衫，而直接穿提到胸部的裙子或阑裙（女子的一种内衣，但这一时期的阑裙却由于这种流行穿法的原因，逐渐演变得和裙子连在一起，成为一种新兴的连衣裙的样式），外面再套上罩衫，这种装束显得既自然又比较大气（图4-9）。

晚唐时期的男装又回归到本民族正宗的汉服。男子前期穿的仍然是圆头长衫，在接受胡服风格影响之后，和后代的正统围合式长衫比，那时长衫的袍褂特征更明显。

图4-9　陕西西安出土唐三彩女坐俑，梳回鹘椎髻，内穿窄袖小衫，外罩彩色半臂，下穿高腰郁金裙，这是唐朝典型的流行时装

第三节　兼收并蓄的文化风尚和
诗情画意的精神氛围

当代学者吴功正在《唐代美学史》中把唐代人的精神状态和心理特征做了总结，他归纳出几点："唐人脑筋灵、思维灵活，其思潮变化则迅速多变"，"唐人感性意识强，理性思辨则弱"，"唐人气度大"，"唐人好胜，不保守，超越意识较强"。"这种心理特征形成了唐人的创造性，不断翻新，不断超越，形成了美的多态化和创造性"特征。[①]

唐朝时候，我们民族文化与亚洲诸国文化的交流融合，又蕴含了新的内容，比如佛教文化的影响，伊斯兰文化的影响，使我们的文化显得更加厚重。唐代服饰受外来文化的影响呈现出融合趋势，它对本民族文化因素的吸收，表现出纵向继承传统的特征，而对外来文化因素的吸收，则又表现出横向借鉴的特征，因此可以说，唐代服饰在对本民族文化的传承和对外民族文化的兼容下，呈现出新的服饰形象。同时，它在与外民族的文化交流中，也把本民族优秀的、先进的文化因素传播出去，对亚洲其他国家（包括日本、朝鲜、越南等）的服饰文化产生了巨大的影响，为整个人类的服饰交流与发展，都做出了贡献。

---

① 吴功正：《唐代美学史》，陕西师范大学出版社，1999，第17页。

一、对于本民族文化的吸收

自古以来，历代统治阶级依据从西周到秦汉时代，先祖们所制定的一整套礼仪制度来实行对社会的管理和统治。装饰于人体表面的重要生活必需品——服饰，就成为表示社会身份、区别等级地位的重要标志。《周礼·天官》初步规定了天子、王公贵族和后妃命妇等不同身份、级别的服饰制度，等级森严，条款明确，而且不准逾越。此后，历朝历代都对服饰制度条款不断增删，使其得以不断完善。到了唐朝，物质文明的高度发达，孕育了唐人开放、通达宽容的观念，频繁的中外交流、胡汉融合拓展了人们的文化视野，也活跃了人们的思维和意识，因而时代风气大为转变。唐代女性着装观念发生着根本性的转化，她们在穿着方面虽然仍然沿袭着传统礼仪制度的因素，但是她们用服装来美化和装饰自身的目的性却越来越强烈，表达个人愿望的意识越来越明确，这种表现，在相当程度上超过了前代人。进入盛唐以后，妇女们的服装已经不完全遵循传统既定的礼仪制度，她们随个人爱好、个性、生活兴趣、审美标准等着装。外在的着装不仅是为了实用，更重要的是，穿衣成为女性追求自然天性的有意义的载体。

有着悠久服饰文明的中原地区，在经历了先秦服饰礼仪的规范和两汉文化的熏陶，以及魏晋南北朝时期带有个性解放意味的发展之后，作为名副其实的服饰礼仪之邦唐朝，为什么非但没有对不合礼仪的异域服饰加以排斥，反而还表现出极大的兴趣和热情？除了统治者的接纳和社会环境的认可之外，更重要的是与传统女装讲究政治等级和社会礼仪相比，来自异域的胡服没有森严的等级性和政治性，装饰自由方便，穿着舒适，甚至男女可以混穿。它不仅形式独特新颖，而且相对比较贴身，有利于突出女性身体曲线，因而具有无法抵挡的吸引力。这种有些叛逆味道的服装选择倾向，一方面是唐代社会明显保持了西北少数民族尚武精神和崇尚人体的审美心理结构所产生的必然结果；另一方面则是唐代女性渴望摆脱封建礼教禁锢与束缚，回归女性本真的美好愿望的集中体现（图4-10）。

图4-10　日本奈良时期女子发式和唐代女子簪花高髻发式几乎没有区别

二、对外来文化的兼收并蓄

唐代国力的强盛，中国官僚阶层系统运作机制的日渐成熟、完备，思想开放，无所限制地引进和吸收外来各国、各民族文化，这些都表现出唐代人的博大胸怀和自信心。正是胡族习俗、异国文明、宗教文化与唐代本土传统文化的相互交融渗透，才造就了唐代兼收并蓄、平等开放的社会心理，这也影响到全社会——人民自我认同感的加强，他们在社会生活的方方面面表现出前所未有的主动性和创造性。唐统治者这种吸纳百川、对外开放的积极心态，成功地促进了民族之间亲近、融洽的文化氛围；对西域鲜卑、吐蕃、回鹘服饰的兼收并蓄，使"浑脱帽""蹀躞带""乌皮靴""时世妆""回鹘装"等都得以流行，将唐代汉族的多民族服饰艺术体现得华丽而丰富，引发了中国古代服饰史上自赵武灵王以来的第三次服饰大变革（图4-11）。

图4-11 受唐风影响的明代女性服饰

　　唐代国力强盛，思想活跃开放，同时更加注重对外交往。长安城作为唐代的都城，充分发挥了当时政治、经济、文化中心的作用，行使着东西文化交流中心的职能；同时，作为当时世界著名的大都会，长安汇集着来自不同国家和地区的人们。和唐朝政府有过友好往来的国家和地区，曾经有三百多个。唐代中外文化的交流，既有物质文化的交流，也有精神文化的交流。物质方面如中国的丝绸、漆器、铁器、瓷器等的输出，冶铁、丝织技术的西传以及西域各国毛皮、瓜果等优良品种，还有香药、玻璃等的传入，这些都丰富了东西方地域的物质内容；精神方面的文化交流在唐代的活跃程度史无前例，特别是国外宗教和艺术的传入，从壁画、石刻、书画、绢绣、陶俑及服饰之中，可以充分体现出来。有考古资料证明，在新疆地区就有古罗马、波斯艺术东传的遗迹和实证，比如吐鲁番阿斯塔那墓出土的唐代联珠对鸟、联珠对兽（狮子是最典型的外来文化图案）等织锦，其中的工艺不仅受到波斯织法的影响，图案风格也与波斯萨珊王朝织法相似，流露出东西方文化相互交流的明显痕迹，这也促使唐代汉族服饰朝多民族性方向发展。广泛的对外交往促进了各民族之间的融合。唐代汉族服饰文化多民族性的特点诠释了和平时期各民族之间服饰文化广泛交流的成果，

图4-12 新疆吐鲁番阿斯塔那墓出土的唐代狮子舞纹锦，更是受西域民族文化影响的明证

对外来衣冠服饰的兼收并蓄使得唐代汉族服饰更具时代风貌和历史特色（图4-12）。

服饰文化如果离开了传播和交流，就很难有发展和创新，其艺术化、审美化的进步也就无法实现。一般而言，服饰艺术的交流大多从不同民族、不同地域的人群之间展开。在初唐到盛唐之间，丝绸之路上的骆驼商队络绎不绝，北方游牧民族匈奴、契丹、回鹘等与中原交往频繁，使得"丝绸之路"引进来的不只是"胡商"，更带来了异国的礼俗、服装、音乐、美术以及宗教。"胡酒""胡帽""胡服""胡乐""胡舞"等新事物、新名词，成为盛极一时的长安城甚至中原的全新生活风尚。唐人在学习胡服的同时，服饰观念也达到了中国古代最为开放的程度。

当胡服热潮像狂风巨浪一般席卷中原的时候，与服装紧密相连的饰品也颇具异族风彩，其影响已深深渗透到汉族服装文

化的血脉之中。比如圆领袍衫是隋唐初期士庶、官宦男子普遍穿着的服饰，从大量唐代遗存的实物（包括出土文物中的服饰、陶俑等）和画迹（唐代遗留下来的绘画艺术品、敦煌壁画、中原出土的墓葬壁画等）来看，后来的圆领袍衫样式有所改变，这是明显受到北方民族服饰影响的明证。与胡服相配的"蹀躞带"也是鲜卑服装的特色之一。再比如唐前期受到高昌、回鹘文化的影响，妇女头戴尖锥形的"浑脱帽"，身着翻领小袖长袍，领袖间用锦绣缘饰，钿镂带，下着条纹毛织物小口裤，脚穿软锦透空靴等，也是完全受少数民族服饰影响的结果。在西安、吐鲁番出土的唐代女俑，多用面靥装饰法，通常是用胭脂点染，也有像花钿一样的面部妆饰，用金箔等粘贴而成，这如果不用胡妆解释，是没有别的答案的。到中唐（主要是安史之乱）以后，这种"胡服""胡妆"之风逐渐降温，女子装束受到吐蕃的影响较大，重点是头部发式和面部化妆，比如蛮鬟椎髻、八字低颦、赭黄涂脸、乌膏注唇的"囚装""啼装""泪装"等皆属此类。衣着方面因重新崇尚宽博反而体现不出鲜明的胡服特征，这可以视为传统汉服的回归，但服饰中不断吸收其他民族精华的痕迹并没有完全消失。

三、唐代服饰体现出的诗性化的精神氛围

在从唐太宗至唐玄宗的一百多年中，唐人在服装发展上表现出来的是无所束缚、无所顾忌的大胆创造和革新举止，在服饰上具体体现为蓬勃向上的人性意识和青春兴旺的盛世景象。以唐太宗、武则天、唐玄宗为代表的唐代帝王们，为唐代社会所营造的宽松、自由、兼收并蓄的风范和传统，使唐人普遍具备积极的创新意识和不拘一格的反传统的审美观。他们的审美

需求是如此强烈和大胆、坦率，以致美、新、奇成了服饰甚至日常生活中的重要标准和追求目标。但是安史之乱以后，唐代社会长期动荡不安，社会矛盾逐步加深，政治斗争愈演愈烈。广大世俗地主知识分子既沉醉于盛世的浮华享乐，又大肆标榜儒家教义，对妇女加强了礼法控制，《女论语》和《女孝经》应运而生。受此影响，人们的审美眼光也随之转变，回归至传统的汉族文化。但唐朝妇女因受外来少数民族文化的影响，和因为追求美而表现出的激情和勇气，使唐人的服饰、化妆很快就形成一股势不可当的潮流，最终发展为极具时代特色的唐服唐妆形象。

鲁迅先生认为，唐人的创新"办法简直前无古人"。英国学者韦尔斯在比较欧洲中世纪与中国盛唐的差异时也说，当西方人的心灵为神学所缠迷而处于蒙昧黑暗之中时，中国人的思想却是开放的，兼收并蓄而好探求的。在中国封建社会的历史长河中，唐朝成为我国历朝人性最解放的时期之一，整个社会的气氛和思潮也宽松了许多，为唐代汉族服饰艺术的多民族性创造了极为有利的条件。

在中国古代和近代服饰流行的传统和规律中，最普遍、最常见的一种就是以皇族和贵族为最初的流行源，然后向外、向下进行逸散。因为服装的流行规律和方向总是从高向低传播，而且政治经济实力的优劣比文化层次的高低对服饰的传播，往往更具有影响性，这也被有些人视为在服饰文化传播中的优势支配规律。在封建社会，皇族和贵族拥有至高无上的权力和丰厚的物力和人力资源，更具有绝对的社会影响力。比如身处社会最上层的宫廷女性和上层社会贵族圈子的妇女，她们都是社会和时代潮流的制造者和引领者，她们的着衣行为总是能够在

某一时期甚至在一夜之间，就在整个社会掀起一场服饰美学革命。而处在唐代社会初期的人们，因社会的稳定，政治制度的保障，经济的繁荣、富足，文化的宽松、开放等诸多因素的共同合力，而有能力消费华美、奇异，甚至奢靡的服饰；丝绸之路商贸活动带来的外来服饰消费品，也总是最先成为唐代豪绅大户所追求的新事物。当帝王皇族带头，豪绅大户纷纷效仿时，则庶民百姓自然就会将其作为服饰理想，去努力追求和模仿。元稹的《估客乐》诗较为详细地描述了唐人千方百计对包括服饰在内的许多外来物品搜奇猎异的情形：

> 求珠驾沧海，
>
> 采玉上荆衡。
>
> 北买党项马，
>
> 西擒吐蕃鹦。
>
> 炎洲布火浣，
>
> 蜀地锦织成。
>
> 越婢脂肉滑，
>
> 奚僮眉眼明。

唐代统治者的开明思想，也使得中华民族的眼界格外开阔，气度格外恢宏。唐高祖李渊的"胡越一家，自古未之有也"，唐太宗李世民的"自古皆贵中华贱夷狄，朕独爱之如一"等思想观念，足以证实唐代文化的这种兼容开放情景。统治者所具有的这种开放襟怀和兼容气魄，无疑是有利于整个国家敞开大门吸收外来服饰文化的。游牧民族活跃、奋发进取的精神，与中原汉民族高度发达的经济文化相结合，迸发出更加旺盛的勃勃生机，使得唐代汉族服饰在整体上有一种新奇、明朗、融和、热烈、奔放的时代气质。

唐代女性生活在社会风气如此开放、自由和宽松的环境中，因而获得了更加广阔的生存空间，也获得了更大的生存权利。她们虽然仍生活在一个以男性为中心的社会之中，虽然父母还抱有"生儿弄璋，生女弄瓦"的传统观念，虽然她们参与社会活动（尤其是政治活动）还并不是太多，但她们的确获得了许多接触公众的机会——不但可以参加各种民俗节日活动，比如上元节、端午节、七夕节，还可以在平时参加各种娱乐活动，比如清明时节外出踏青，三月三日赏花、戏水等。《开元天宝遗事》卷下曾记载，都人仕女，每到正月十五以后，都喜欢乘车骑马，搭帐篷于园圃或郊野之中，并举行探春宴饮等娱乐活动。杜甫在《丽人行》中热情洋溢地写道：

三月三日天气新，

长安水边多丽人。

态浓意远淑且真，

肌理细腻骨肉匀。

绣罗衣裳照暮春，

蹙金孔雀银麒麟。

头上何所有？

翠微盍叶垂鬓唇。

背后何所见？

珠压腰衱稳称身。

长期大量地与外界接触，塑造了唐代女性开放、刚强的性格特点，激发了她们潜在的创造力，从而在意识形态领域形成女权意识的氛围，其外在表现即是女着男装。女性以服装——人类的第二皮肤作为与男权社会相抗衡的有力武器，并以此直抒胸臆，表达自己心中对生命的独特感悟和美好梦想，以此得到整个社会的认可。因而，女着男装宛如一枝出园的红杏，使本来已经色彩缤纷的唐代女装更加富有魅力，使整个唐代的服饰文化也为之鲜活起来了。

　　唐朝服饰的发展、变化，就像一条奔腾不息的长河，随时都会有绚烂耀眼的美丽浪花，从激荡的水面上跳动起来，从而形成一道道美丽的风景线，让人欣喜不已（图4-13）。

　　王昌龄的《采莲曲》所写的"荷叶罗裙一色裁，芙蓉向脸两边开。乱入池中看不见，闻歌始觉有人来"，李白的《越女词五首》中第五首所写的"镜湖水如月，耶溪女似雪。新妆荡新波，光景两奇绝"，更大胆惊人的是晚唐时期韦庄《思帝乡·春日游》词中所描绘的女性形象，这是唐代社会最惊世骇俗的表现：

图4-13　南唐顾闳中《韩熙载夜宴图》（局部）

春日游，
杏花吹满头。
陌上谁家年少，
足风流？
妾拟将身嫁与，
一生休。
纵被无情弃，
不能羞！

词中所表达的女子追求幻想中的爱情的大胆程度，是唐代以外其他封建社会女子根本不敢产生的意识。但是，韦庄借自己所塑造的一个虚拟女子的形象之口，将他的所想说出来了。词中虽然没有写到男女人物的具体着装，但是形象逼真鲜活，跃然纸上。连思想都这么惊世骇俗，服装的大胆超群，更不用说。所以，他们时髦的穿着已隐隐蕴含在作品之中，给人留下深刻印象。这就是唐代服饰诗性化氛围的具体表现（图4-14）。

图4-14　大唐芙蓉园《宫女观花图》，画中宫女身穿低胸大袖长裙，肩披帔帛，头梳各式高髻

女人是最诗性化的，她们善于想象，甚至喜欢幻想，在想象和幻想中，创造性的因子、念头就出现了，一旦形成意念，紧接着就会产生具体的行为。正如意大利历史哲学家维柯所说的那样，人"不是从外在世界而是从思索者本人的内心中各种变化去寻找他的证据。因为这个民族世界既然确实是由人类造成的，它的各种原则只能从人心内部变化方面去寻找。人类本性，就其和动物本性的相似这一点来说，都具有这样一种特性：各种感官是他认识事物的唯一渠道"。"因此，诗性智慧，这种异教世界的最初的智慧，一开始就要用玄学……一种

感觉到的想象出的玄学，像原始人所使用的。这些原始人没有推理的能力，却浑身是强大旺盛的感觉力和生动想象力。这种玄学就是他们的诗，诗就是他们生而有的一种功能（因为他们生而就有这些感官和想象力）；他们生来就对各种原因无知，无知是惊奇之母，使一切事物对于一无所知的人们都是新奇的。""原始人在他们的粗鲁无知中却只凭一种完全肉体方面的想象力。而且因为这种想象力完全是肉体方面的，他们就以惊人的崇高气魄去创造，这种崇高气魄伟大到使那些用想象力来创造的本人也感到非常惶惑。因为能凭借想象力来创造，他们就叫做'诗人'，'诗人'在希腊文里就是创造者。伟大的诗都有三重劳动：一是发明适合群众知解力的崇高的故事情节；二是引起极端震惊，为着要达到所预期的目的；三是教导凡俗人们做好事。"①唐代女性服装的创造性特征就和维柯论述的"诗性智慧"和"原始人的创造力"是一样的。创造是需要气魄的，而且不能有任何观念的包袱，有了观念的包袱，就有了先验的思维，这种先验的思维就有限制性和阻碍性，束缚人的思维和创造力。前面已经论述了唐朝的君主们在政治制度上实行开放、自由、宽容的政策，这对于整个社会以至于整个民族的创造、发展都是非常有益的。他们对新兴事物不加限制，更不会去阻止、扼杀。唐代社会给人们所提供的这样宽松、自由的氛围，就是富有诗性化的精神氛围，鼓励、激发了人们特别是女性丰富、新奇、异样的创造性，所以，新颖的服装类型不断地涌现。

总之，唐代汉族服饰的多民族性反映了当时社会的政治、

---

① ［意］维柯：《新科学》，人民文学出版社，1986，第161～162页。

经济、文化生活的实况，也反映了当时人们的穿着风尚和审美心理趋向。值得强调的是，唐代汉族服饰在汲取外来文化营养时，始终没有放弃、否定、怀疑本民族固有的传统文化元素。我们可以肯定和自信地说，本土文化始终是唐代服饰文化的基础与核心，是灵活、能动地选择与改造外来文化的精髓。在本土文化的基础上，才能创造出具有多民族风格的开放性的服饰文化。所以，唐代服饰文化无论多么绚丽、华美，没有民族文化做基础，吸收、接纳和融合都是不成功的，这一点不容忽视。唐代服饰所表现出的指向是，立足于传统，将触角伸向其他少数民族和外来文化，丰富自我，塑造自我新形象。这也是值得我们今天的服装行业借鉴的可贵经验。

第五章　唐代典型服饰的文化现象透视

第一节　"霓裳羽衣"的梦幻

　　提到唐代的"霓裳羽衣"这一充满诗情画意和梦幻色彩的服装，我们自然会马上联想到同样充满梦幻色彩的《霓裳羽衣曲》（即《霓裳羽衣舞》）。这部在唐代就已经极负盛名的歌舞大曲，不仅在当时一问世就产生了巨大影响，就是在以后的朝代也有着经久不衰的魅力。尽管后世人不会再唱出和当时一样的曲子，也不会跳出和当时一样的舞蹈，但是，人们对于《霓裳羽衣曲》却是永远不会忘记的，它对后世人的影响太深远了。

一、《霓裳羽衣曲》的故事与传说

　　关于《霓裳羽衣曲》的创作和成名，有一个美丽、离奇的传说。这些在唐代诗人白居易的《霓裳羽衣舞歌》以及宋代词人姜夔的《白石道人歌曲》等作品中都记载过。在唐朝天宝初年，一个中秋之夜，明月高悬，桂花飘香，唐玄宗正和杨玉环在宫中赏月，方士罗公远对唐玄宗说："皇上想不想到月宫里去游赏一番？"唐玄宗问："怎么才能去得？"罗公远说："这好办。"只见罗公远将手中竹杖向空中一扔，眼前立刻变幻出一座银色天桥，罗公远就带着唐玄宗走到桥上。走了不远，唐玄宗看到前面有一处宏伟透明的宫殿，问道："这是什么地方？"罗公远回答说："这就是月宫。"只见亭台楼阁之中，仙娥数百人，穿着华丽飘逸的衣裙在轻歌曼舞，柔美的舞姿、动听的音乐，让这位人间帝王仿佛进入梦幻境界一般，如醉如痴。这位精通音律和舞蹈艺术的人间君王，对仙女们所跳的舞蹈，对月宫中所传出的音乐似乎有所感应和通晓，于是，他默默地用心记下了其中最精彩的部分。

　　玄宗皇帝记不得他在月宫里待了多久，也不知道罗公远什么时候带他回到的人间。只是当他回宫后不久，恰逢西凉节度使派人送来一部由西域传入的《婆罗门曲》。唐玄宗看后，觉得其中有些旋律竟与他在月宫中听到的乐曲非常相似。所以他大喜过望，便亲自加工整理，润色完善，把现实中的《婆罗门曲》和记忆中的月宫中的仙乐融合在一起，创作出了新的乐曲。同样"晓音律、善歌舞"的杨玉环，以自己的聪明才智和舞蹈天赋，将乐曲生动形象地以舞蹈的形式演绎出来。在美人、仙乐、妙舞相和之时，恰逢南诏使者向大唐朝廷进献类似于霓裳羽衣这样的服装，唐玄宗喜出望外，灵感涌来，便将曲子取名为《霓裳羽衣曲》。唐代诗人王建在《霓裳辞十首》第一首中写道："弟子部中留一色，听风听水作霓裳。"

　　《霓裳羽衣曲》也叫《霓裳羽衣舞》，简称《霓裳》，是唐代著名的燕乐大曲，也是唐代宫廷乐舞的代表作，更是一部具有深远影响的古典音乐作品。所谓"大曲"，往往是歌、乐、舞三位一体，即歌唱、器乐、舞蹈连缀融合的综合艺术。

"霓裳羽衣"其实应该是一个系列，包括霓裳羽衣歌、霓裳羽衣曲、霓裳羽衣舞。大曲不仅是唐代燕乐的顶峰，而且是整个燕乐系统在形式结构上的最高表现。《霓裳》的歌词和曲调到了宋代已经失传，只有其中部分乐段演变为词调（图5-1）。

图5-1　现代舞剧《大长安》呈现的"霓裳羽衣"

唐代的大曲是在继承周代，特别是汉代相和大曲的基础上，吸收了西域的歌舞形式所创造的新曲。大曲开始是由一段节奏自由的器乐演奏的"散序"。接着是慢节奏的曲调和歌唱。有时舞蹈随歌声进入表演，有时只歌不舞，这段叫"中序"。最后是节奏多次变化的快速舞曲，叫"曲破"。这一段舞蹈场面热烈，气氛浓郁，表演进入高潮，并推向结束。宋代陈旸的《乐书》描述"大曲"说：大曲前部缓叠不舞，到入破部分，羯鼓、震鼓、大鼓等与丝竹乐器合作，节奏突然急速剧烈。这时舞者纷纷上场，舞蹈节奏缓急交加，所以就有了催拍、歇拍等变化，动作丰富，翻转俯仰，百态横出。由此可见，《霓裳》的舞蹈场面是何等的恢宏（图5-2）。

图5-2　电影《杨贵妃》中的《霓裳》表演

　　《霓裳》仿佛是唐玄宗专为杨玉环创作的，而杨玉环所跳的《霓裳》是当时最精彩的舞蹈。安史之乱以后，宫廷音乐机构遭到破坏，此曲在宫廷的表演远不如盛唐时。诗人王建在《霓裳辞十首》第五首中写道："伴教霓裳有贵妃，从初直到曲成时。日长耳里闻声熟，拍数分毫错总知。"宋代以后，《霓裳》几乎就失传了。

二、《霓裳》的表演及服装对乐舞的增色

　　表演《霓裳》，舞者装扮得和仙女一样美丽、端庄、雅致。开元、天宝年间，为庆贺玄宗生日，宫中要表演各种技艺，其中以《霓裳》最为隆重。宫女们梳成九骑仙髻，穿着

孔雀翠衣，佩带七宝璎珞（古代用珠玉串成的戴在脖颈上的装饰品）。王建诗中有"新换霓裳月色裙"的句子，也许霓裳舞起初穿的就是这种颜色的裙子。元和年间，霓裳舞的着装就不同了。表演者下穿虹霓淡色彩裙，上身是彩色霞帔，头上戴着步摇冠，周身还佩戴许多珠翠，装束更加华丽鲜艳。裙子有彩色的，也有白色的，而上身的羽衣是孔雀翠衣，这是"霓裳舞"的特别着装。唐朝末年宣宗时期用大队宫女舞《霓裳》还穿的是"羽衣"。"羽衣"含"羽化而登仙"之意，所以帝王们都喜欢。也可以这样说，《霓裳》就是因舞蹈服装漂亮别致而得名（图5-3）。

图5-3 现代歌舞剧中杨贵妃的造型

《霓裳》每次表演时所着服装有所差异，但是有一个原则是永远不变的，就是要把舞者装扮成不同凡俗的仙女。乐舞一开始，先是用各种乐器参差交错地演奏出节奏自由、悠扬动听的散序，接着以慢拍子的中序引出翩翩起舞的主舞者。舞者轻盈飘忽的旋转，款款行进的舞步，突然回身的舞姿，这些都巧妙地结合起来。然后是娇柔婉丽的"小垂手"动作，再是轻疾而行，衣裙如浮云般飘起来，舞者像仙女一样在云霞中游弋。最后入"破"以后，"繁音急节十二遍，跳珠撼玉何铿铮"。整个场面中，快速激烈的舞蹈动作使装饰的环佩璎珞不断随着跳跃而闪动不已，发出清脆悦耳的声响和璀璨缤纷的光彩，这是多么动人的境界。舞蹈在一段快节奏的音乐演奏后戛然收住，像美丽的鸾凤在空中收翅停飞，一切仿佛静止了，凝固了，宛如李贺诗中写的那样——"空山凝云颓不流"。全舞在长引一声的慢节奏音律中结束。对此，白居易发自肺腑地感叹道："千歌百舞不可数，就中最爱霓裳舞。"

《霓裳》企图从音乐、舞蹈、诗歌、服装和表演等重要环节中，创造出一种"神意仙境"的效果。具有艺术天赋的唐玄宗，总是要把那种虚无缥缈、美妙绝伦的神仙幻境的感觉表现出来，让人陶醉其中。所以大曲中就有梦十仙子作《紫云曲》，梦龙女作《凌波曲》，游月宫作《霓裳羽衣曲》等神奇的传说。从各方面的实际材料来看，《霓裳》虽然描写的是梦幻中的神仙幻境，但毕竟也有生活的感受和依据，不是纯粹虚幻缥缈的。比如"听山听水作霓裳"（王建诗句），"开元天子万事足，唯惜当时光景促。三乡陌上望仙山，归作霓裳羽衣曲"（刘禹锡诗句）。优美的风声水声和美丽的山中景色，仿佛把玄宗皇帝带进了虚幻的仙境世界里。根据这种体验，再加上特殊的帝王生活的感悟，李隆基才创制出这样的传世巨作。

《霓裳》的表演不是完全固定的，唐代宫廷几个时期的演出都有所不同。比如天宝四载（745）在册封杨贵妃时演出的《霓裳》是独舞形式。郑嵎写的《津阳门诗》记述在庆祝玄宗生日时，宫伎们演出的《霓裳》阵势庞大，以致出现了"曲终，珠翠可扫"的场景，这是典型的群舞表演。除杨玉环以外，当时跳《霓裳》的还有一个叫张云容（和杨贵妃同时的一个宫女）的舞者，杨贵妃曾给她写过一首诗，是《赠张云容舞》："罗袖动香香不已，红蕖袅袅秋烟里。轻云岭上乍摇风，嫩柳池边初拂水。"形容张云容舞姿轻柔娇美，酷似荷花亭亭独立于艳秋季节，宛如轻云袅袅飘摇，更似嫩柳稍拂于明净的池水之上。据记载，唐文宗开成元年（836），教坊以15岁以下的少年舞者三百多人表演《霓裳》。唐宣宗时，宫中也曾用几百名宫女组成庞大阵容演出《霓裳》。演员们手拿幡节（一种窄长垂直悬挂的旗子），身穿羽衣，满身珠翠，飘飘然有如飞翔在云端的翠鹤。

关于霓裳羽衣舞的演出盛况，唐代大诗人白居易专门写了一首《霓裳羽衣舞歌》的诗作。诗是这样写的：

> 我昔元和侍宪皇，
> 曾陪内宴宴昭阳。
> 千歌百舞不可数，
> 就中最爱霓裳舞。
> 舞时寒食春风天，
> 玉钩栏下香案前。
> 案前舞者颜如玉，
> 不著人间俗衣服。
> 虹裳霞帔步摇冠，
> 钿璎累累佩珊珊。
> 娉婷似不任罗绮，
> 顾听乐悬行复止。
>
> 飘然转旋回雪轻，
> 嫣然纵送游龙惊。
> 小垂手后柳无力，
> 斜曳裾时云欲生。

烟蛾敛略不胜态，

风袖低昂如有情。

　　白居易这首《霓裳羽衣舞歌》是一首长篇巨制。作品生动传神地描述了这种舞蹈的服饰、乐器伴奏和具体表演的细节。除了具有很高的文学价值外，其对服装的描绘与音乐史料价值也是极其重要的。诗人不止一次参加过皇宫内宴，也观赏过不知多少歌舞节目，而让他印象最深、最为喜爱的就是著名的《霓裳》。关于这一点，白居易本人在很多地方都表达过这个观点。《霓裳羽衣舞歌》以优美的文辞、精妙的比喻、贴切的用典，成为价值很高的优秀之作。比如诗中"飘然转旋回雪轻，嫣然纵送游龙惊"一句，以流风回雪形容舞姿的轻盈，以游龙受惊比拟舞女前进时的飘忽之态，形象新颖，同时又暗用曹植《洛神赋》中的典故。曹植描绘的是神女，《霓裳》演出的是神话传说，两者产生了共同的契合点。再比如"翔鸾舞了却收翅，唳鹤曲终长引声"一句，表现舞蹈的终止。"却收翅"是指将展开的翅膀再收回来，比喻舞罢。把本来难以描绘的动作用形象的比喻再现，使人如见舞蹈的优美，服装的鲜艳，仿佛在人们眼前形成了色彩繁复、充满动态感的画面（图5-4，图5-5）。

　　《霓裳》典雅高贵，代表的是宫廷的花艳风格。皇帝对本乐舞最为钟情，不轻易从宫中向外界传播。常在内宫侍候皇帝的梨园子弟，还有宠臣才有幸得到皇帝钦赐的《霓裳》乐谱，一般人根本无缘见识。一曲《霓裳》，咏赞的是盛唐的辉煌功德，舞动的是大唐的盛世华章。唐玄宗创制了美妙的《霓

图5-4　电视剧《唐明皇》中的《霓裳》表演

图5-5　第四届丝绸之路国际艺术节《花开东方》现代仿唐簪花霓裳服装表演

裳》，又得到了"天生丽质难自弃"的绝代美人杨玉环，笙歌燕舞，日夜不辍，"春宵苦短日高起，从此君王不早朝"；"承欢侍宴无闲暇，春从春游夜专夜"；"骊宫高处入青云，仙乐风飘处处闻。缓歌慢舞凝丝竹，尽日君王看不足"。但是，奢华享受，使人怠惰；温柔梦乡，使人消沉丧志。曲终舞罢，最终换来了千古遗恨；美妙歌舞之后，紧随的是千年悲音。"渔阳鼙鼓动地来，惊破霓裳羽衣曲"，"揭鼓未终鼙鼓动，羽衣犹在战衣追"。霓裳羽衣以强盛之音奏起，却以烽烟弥漫的战乱告终。

关于唐玄宗时期的霓裳羽衣歌舞，《新唐书》有具体的记载。《新唐书·礼乐志》记载："河西节度使杨敬忠献《霓裳羽衣曲》十二遍，凡曲终必遽，唯《霓裳羽衣曲》将毕，引声益缓。帝（唐玄宗）方浸喜神仙之事，诏道士司马承祯制《玄真道曲》、茅山道士李会元制《大罗天曲》、工部侍郎贺知章制《紫清上圣道曲》。"①《新唐书·礼乐志》还有这样的记载："文宗好雅乐，诏太常卿冯定采开元雅乐制《云韶法曲》及《霓裳羽衣舞曲》。……绣衣执莲花以导，舞者三百人，阶下设锦筵，遇内宴乃奏。"②

虽然"霓裳羽衣"的故事以悲剧告终，但是却湮没不了盛唐服饰文化所取得的成就。悲喜交加的故事，给我们留下深刻的历史教训，让我们永远铭刻在心，前事不忘，后事之师。

三、全唐时期乐舞的兴盛及对整个社会服装风习的影响

唐代是中国历史上歌舞艺术最发达的时期。从宫廷贵族之家到民间百姓村落，从中原繁华都市到边陲古国，甚至在战争间歇的营帐里，歌舞都被唐代人热情地演绎着。不论是唐太宗《秦王破阵乐》急促强烈的跳动，唐玄宗《霓裳羽衣舞》徐歌曼舞的轻盈，还是胡人铿锵有力的《胡腾》《胡旋》等健舞，抑或是四方乡野民间自娱自乐性的《踏歌》，无不是当时社会兴盛景象的艺术写照。"这些音乐歌舞不再是礼仪性的典重主

---

① 欧阳修、宋祁：《新唐书》卷二十二，中华书局，1975，第476页。

② 欧阳修、宋祁：《新唐书》卷二十二，中华书局，1975，第478页。

调，而是人世间的欢快心音"①的畅抒（图5-6）。

图5-6　电视剧《唐明皇》中由120人表演的《秦王破阵乐》舞蹈

　　唐代音乐、舞蹈的影响是无比巨大的，演出场面无比震撼。《旧唐书·音乐志》记载："太常大鼓，藻绘如锦，乐工齐击，声震城阙。太常卿引雅乐，每色数十人，自南鱼贯而进，列于楼下。鼓笛鸡娄，充庭考击。太常乐立部伎、坐部伎依点鼓舞，间以胡夷之伎。日旰，即内厩引蹀马三十匹，为《倾杯乐曲》，奋首鼓尾，纵横应节。……又令宫女数百人自帷出击擂鼓，为《破阵乐》《太平乐》《上元乐》……若圣寿乐，则回身换衣，作字如画。又五坊使引大象入场，或拜或舞，动容鼓振，中于音律，竟日而退。"②不但人进行表演，马、大象也进行表演，而且从早晨一直表演到夜晚来临。《新唐书》也记载："唐之盛时，凡乐人、音声人、太常杂户子弟

---

　　① 李泽厚：《美的历程》，安徽文艺出版社，1994，第134页。
　　② 刘昫等：《旧唐书》卷二十八，中华书局，1975，第1051页。

隶太常及鼓吹署，皆番上，总号音声人，至数万人。"①

音乐、舞蹈、服饰三者有着直接的呼应关系。首先，音乐和舞蹈具有亲缘关系，没有音乐节拍和旋律，舞蹈的节奏和韵律就无法体现。其次，两者与服饰又构成了不可分解的辅助与衬托关系——只有音乐舞蹈，没有服饰，便不能够呈现完美的整体艺术表现景象和效果。唐代的音乐舞蹈上承周汉传统，尽取魏晋南北朝各族乐舞大交流、大融合的最新成果，广采国内各民族、各区域的传统乐舞之营养，博收西域各族及周边邻国乐舞文化的精华，在此深厚广博的基础上，兼收并蓄，大胆创新，为我所用，编创了绚丽多姿、光彩夺目的大唐乐舞作品，形成了特殊的大唐乐舞文化。它光照四域，辉映千秋，对中国后世和世界文化，都产生了巨大又深远的影响。时至今日，这种艺术的感染力仍在继续发挥着影响（图5-7）。

在繁华似锦的唐代乐舞中，有在直接继承隋代宫廷燕乐《七部乐》《九部乐》的基础上，增删编制的唐代著名宫廷燕乐《九部乐》《十部乐》《坐部伎》等；有技艺水平高超，流传地域广泛，按乐舞特点分类的"健舞""软舞"等；有含戏曲因素的歌舞戏；有集乐器演奏、歌唱、舞蹈于一体的大型多段乐舞套曲——大曲；有宗教祭祀乐舞，比如"巫舞""傩舞"以及寺院佛舞等；也有节日期间民间众多的群众性自娱自乐性的歌舞形式，比如《踏歌》等。这些形式多样、类型繁复、丰富多彩的乐舞成果，渗透在社会生活的各个角落和不同层面，流传在广大社会人群中，对唐代人们的精神文化生活影响巨大，也对整个社会的服饰文化具有不可忽视的影响作用。

---

① 欧阳修、宋祁：《新唐书》卷二十二，中华书局，1975，第478页。

图5-7　敦煌壁画临摹图

从形成的历史渊源、风格韵律、审美特征、文化内涵以及服饰化妆等构成因素对唐代的各种乐舞形式进行区分，可以分为三大类：一是继承本民族前代文化传统因素，具有非常鲜明的中原民族文化特色的乐舞，可以称之为"汉风乐舞"；二是展示本土文化风俗以外的异域民族艺术风采，具有迥异于本民族风格，却充满强烈异域风采的乐舞，称之为"胡风乐舞"；三是在继承本民族传统的基础上，吸收融合域内域外各地区、各民族乐舞因素，从而创造出具有强烈时代精神的全新的乐舞形式，称之为"唐风乐舞"。这三类乐舞在表演、发展中相互影响，相互借鉴，相互启迪，最终形成彼此渗透交融，你中有我，我中有你的艺术融会局面，充分体现了唐代乐舞丰富厚

重、特色鲜明的高度艺术
成就和审美特征。而乐舞
艺术所达到的高度，也促
使服饰艺术取得了相应的
成就（图5-8）。

图5-8　陕西西安出土的唐三彩——
骆驼载乐俑

比如唐太宗贞观十一
年（637），朝廷废除了
《礼毕》（即《文康伎》
乐舞）。三年后，创制了
《燕乐》，并将其列为
《十部乐》的第一部。贞
观十四年（640），唐王
朝在军事上统一了高昌（今新疆吐鲁番地区）。贞观十六年
（642）十一月，朝廷宴请有功的官员，宴会上加奏新创制的
乐舞《高昌伎》。此后，不断地增删、改造、完善，最终形成
了著名的《十部乐》。

宫廷设置这些乐部的目的，是为了显示唐王朝无比强盛的
国力，展现万国来朝的繁荣强大景象。在乐舞表现中，表演者
所着的服装都是经过着衣设计、制作和美化的各民族服装。
比如《高丽乐》中表演者所穿的服装是黄襦裙，衣服袖子极
长，体现了典型的高句丽民族传统的服饰特色（高句丽，古国
名，即今朝鲜半岛）。《龟兹乐》（龟兹，qiū cí，古国名，
今新疆库车一带）、《安国乐》（安国，古国名，今乌兹别克
斯坦布哈拉一带）、《疏勒乐》（疏勒，古国名，今新疆喀什
市）、《高昌乐》、《康国乐》（康国，古国名，就是现在的
乌兹别克斯坦的撒马尔罕一带）等，歌舞演员都穿着花色不

同的靴子，戴着与中原人形制不同的帽子，腰束革带，配饰别致，随着表演的节奏，发出铿锵有力的和声。胡人生活在

与内地迥然不同的环境中，独特的自然风情、美丽景色以及流动不定的游牧生活方式，使他们的穿着习俗与中原人民形成巨大的反差（图5-9）。还有，天竺国（即印度）信奉佛教，

图5-9 模仿龟兹音乐风格所跳的《胡腾舞》（见杨树云《唐风流韵》）

其乐舞演员穿的是"朝霞袈裟"，加上特殊的僧人样式打扮，光彩闪烁，令人眼花缭乱，其宗教氛围尤其强烈、浓郁。

下边具体列几种有代表性的乐舞表演者的服饰情况做一说明，使大家对唐代乐舞与服装的关系得以了解。

《燕乐》（即宴乐，隋唐时代宫廷宴飨典礼时所表演的歌舞），表演者的服饰尤为华丽。《旧唐书·音乐志》记载："《宴乐》……工人绯绫袍，丝布袴……《破阵乐》，舞四人，绯绫袍，锦衿褾，绯绫裤；《承天乐》，舞四人，紫袍，进德冠，并铜带。"[1]具体来说，就是《破阵乐》演员上身穿的是绯绫袍、锦衿（同襟，也有系衣服的带子的意项）褾，下身穿的是绯绫袴，上下呼应；《承天乐》演员穿的是紫袍，戴的是进德冠，腰里束的是铜带。所以说，歌舞表演中，服装是非常重要的，给人留下的印象也更明晰。

《清乐》（也叫《清商乐》，主要是汉魏两晋及南北朝以

---

① 刘昫等：《旧唐书》卷二十九，中华书局，1975，第1061页。

来，长期流传于民间，而后被宫廷采用的中原地区的传统乐舞），表演者所着服装与《燕乐》表演者所着服装又有差异。《清乐》演员的服装穿着是：碧清纱衣，裙襦大袖，衣服上绘织的是美丽的云凤图案；头上是漆鬟髻，发髻上装饰的是金铜杂花，形状如同雀钗；脚上穿的是锦履。

《西凉乐》（西凉，今甘肃武威一带）表演者的服饰表现是：头上是假髻，装饰的是玉枝钗；身上穿的是紫丝布褶衣服，五彩接袖；下身穿的是白大口裤；脚上穿的是乌皮靴。

《高丽乐》表演者的服饰是：椎髻覆于脑后，用白绛丝帛作为抹额（也叫抹头，束在额头上的布巾），并用金珰装饰。乐舞表演者总共四人，穿的是黄襦裙和黄裤，衣袖特别长；脚上穿的是乌皮靴。在乐舞中服务的乐工戴的是紫罗帽，帽子上装饰的是漂亮的鸟羽；衣着是黄衣大袖，腰上束的是紫罗带；下身穿的是大口裤，脚上穿的是赤皮靴，并饰以五色绦绳。

《康国乐》表演者的服装是：绯袄，衣领和衣袖都用锦边装饰；裤子是绿绫浑裆裤；脚上穿着赤皮靴，装饰以白裤袜。

《扶南乐》（扶南，今柬埔寨以及老挝南部、越南南部和泰国东南部一带）表演者穿的是：上衣为朝霞锦衣，下身是朝霞行缠（裹足布、绑腿布），脚上穿着赤皮靴。

唐朝大诗人李白在《高句丽》一诗中写道："金花折风帽，白马小迟回。翩翩舞广袖，似鸟海东来。""白马小迟回"，有研究者认为"白马"可能是诗人的"白舄"之笔误，用"舄"字是写鞋子的颜色和舞动状态。《高句丽》的乐舞表演者所穿衣服是"极长其袖"，而李白诗中却写的是"翩翩舞广袖"，"广袖"显然是指衣袖宽大，而非"极长"。"翩翩"指的是舞者姿态与动作有如鸟儿在空中款款飞翔而来的情

状，其宽大的衣袖，也可能是受了初唐时期中原人宽袖服装时
尚的影响，而把自己"极长"的衣袖样式改变了。贯通全诗来
理解，是写舞蹈者所戴的以金花（也许还有鸟毛）装饰的高高
耸起的帽子很漂亮，脚上穿的白色的鞋子舞动起来，又做着小
小的回旋动作，轻松自如，潇洒灵敏，再辅以广袖长舞，就把
朝鲜民族那种轻盈、典雅、紧凑、含蓄的舞蹈艺术风格完全表
现出来了。朝鲜民族到今天还保持着穿着红、白、绿色相间服
装的习惯，保持了民族服饰的稳定发展轨迹。

唐代学者杜佑在《通典》中生动地描绘了西域乐舞的风
貌，他对这种乐舞在中原盛行是持否定态度的，认为这是"势
不久安"的不祥之兆（指后来发生的"安史之乱"）。但他还
是被胡人歌舞打动，写出了感人至深的西域乐舞表演胜景：胡
舞跳起来节奏铿锵镗鞳，鼓心骤耳，伴奏的筝音新颖靡丽，喝
出的腔调就像哭泣一般，观看的人无不凄怆潸然。琵琶与琴瑟
之音也很超绝，先是闲缓之调，继而急促如骤雨，令人情绪激
荡。这种音乐应是出于西域诸天诸佛韵调。……或踊或跃，乍
动乍息，跷脚弹指，情发于中，不能自止（图5-10）。

图5-10　电视剧《唐明皇》中宫女们根据西
域音乐表演的舞蹈

胡人乐舞中那
节奏鲜明的歌声、
音乐声是多么动人
心魄。虽然他们的
歌词都是用本民族
语言唱出，让人无
法听懂，但仍能引
起人们感情上的共

鸣。还有那表情生动、风格健朗明快的舞蹈，时而在一个漂亮的舞姿上停顿亮相，时而踮起脚尖，踏着轻盈的舞步，时而又移颈动头，在清脆的弹指声中应节起舞。舞者发自内心深处的激情，倾泻而出，使观者完全陶醉在舞蹈之中，不能自已。艺术是不分语言的，也不分国界和肤色，只要是美的东西，就能打动人，就能引起人们的共鸣。在对美的欣赏和感悟中，人的心境和灵魂是相通的，人与人之间，即使语言、生活习惯、宗教信仰、文化教养等各不相同，但是审美鉴赏能力都是相通或者相似的，这就决定了人们对世间同样美好的东西有共通的欣赏标准。

杜佑还在《通典》中对"胡旋舞"及其服装做了描述，说舞者穿的是锦绣绯袄，绿绫浑裆裤，脚着赤皮靴，双舞急转，如风一般。

大历十才子之一的中唐诗人李端的《胡腾儿》描绘了胡人跳胡腾舞的情景：

胡腾身是凉州儿，

肌肤如玉鼻如锥。

桐布轻衫前后卷，

葡萄长带一边垂。

帐前跪作本音语，

拾襟搅袖为君舞。

安西旧牧收泪看，

洛下词人抄曲与。

扬眉动目踏花毡，

红汗交流珠帽偏。

醉却东倾又西倒，

双靴柔弱满灯前。

环行急蹴皆应节，

反手叉腰如却月。

丝桐忽奏一曲终，

呜呜画角城头发。

胡腾儿，胡腾儿，

故乡路断知不知？

　　在唐代宗时期，河西、陇右一带二十多州被西域少数民族吐蕃占领，原来杂居该地区的许多胡人沦落异地他乡，以歌舞谋生。李端在诗中通过对歌舞场面的描写，表现了我国各族人民之间的友好感情，也表现了广大人民对胡腾儿流离失所、背井离乡生活的深切同情。胡腾儿原籍凉州，是肌肤如玉的白种人，鼻梁高耸，鼻尖如锥，异族特征非常突出。他们身着桐布舞衣，镶着的宽边前后卷起，以葡萄为图案的围腰上缀着长长的带子，带子飘坠到地面。他们跪倒在帐前，操着地方口音向前来观看歌舞的人们叙说自己家乡遭受战祸的苦难情景，然后拈襟摆袖，准备起舞。胡舞始起，胡儿扬眉动目，有力地踩踏花毡，跳得急切之处，红汗交相横流，珠帽舞偏，浑然不觉，真个表情生动。既舞姿曼妙，又刚柔相济，双腿飞旋，双脚闪动，令人目不暇接。胡儿无论环行如轮，还是疾蹴腾跃，以及最终"反手叉腰如却月"的造型，这些都紧紧扣合着音乐的节拍。胡人个性鲜明，穿着奇异，舞蹈充满力度，极有表现力，迷倒了一片又一片的唐代男女。当然，李端写的是在战乱中求生存的胡人的舞蹈，诗中蕴含着更多的同情之心。

1973年，考古工作者在吐鲁番发现的唐人张雄夫妇墓葬中的舞偶人和乐舞绢画，就清楚地显示出中原乐舞文化对高昌古国的深刻影响。墓葬中的舞偶人上身穿着锦织短衣，衣袖窄长，有的着间色条纹长裙，肩部搭绕着帔帛，头上发髻高梳，脸部浓妆描眉；有的微张双臂，有的手抱腹前，有的表情温婉，似乎在表演着一段轻柔舒缓的歌舞，无论服饰与舞姿，都具备浓郁的中原风格。舞偶人身上那间色的条纹长裙，和中原唐墓中发掘出的舞伎壁画及舞俑中的完全一样，没有丝毫差异。张雄之孙张礼臣墓中出土的乐舞绢画（据历史记载，原本六幅，现在只存三幅），其中有一幅舞伎画。舞伎头上梳着高髻，额上装饰着花钿，身上穿着卷草纹短衣，身形是长脖细腰，脚上穿着高头鞋履；左肩上搭着一条帔帛，帔帛的一端掖在胸前的衣襟里边，另一端飘在身后；她的左臂弯曲到肩部，左手呈现着轻轻地拈动帔帛边的动作，手势优美；右手背在身后，亭亭玉立，仪态典雅、端庄。从画中人物脚穿高头鞋履，长裙坠地的装束看，她表演的是一段轻盈的舞蹈动作。这些实物古迹考察显示，受唐王朝影响，高昌古国的服装工艺、化妆水平和歌舞艺术，已经发展到很高的水平了。这是唐文化与西域文化交流、融合的结果。

盛唐时期的《立部伎》《坐部伎》等乐舞，是以中原乐舞为基础，大量吸收周边少数民族和域外乐舞成果创制出来的新型乐舞。

以《立部伎》中的《太平乐》为例，我们可以看一下其规模：表演时有五只"狮子"参与表演，每只"狮子"约有两个人跟随表演，每只"狮子"还有狮子郎十二人，可见阵容之强大。演员和道具的装饰是，以相似于真狮子的毛料为狮皮，人藏于其中，服色为五色。狮子郎头戴红抹额，穿着画衣，手执红拂子，牵着连狮子的绳子，塑造出"昆仑之象"。

唐高宗时期流行《上元乐》（上元为唐高宗年号）。据《旧唐书·音乐志》和《新唐书·礼乐志》记载，本舞"舞者百八十人"，舞蹈者穿着画有云水纹的五彩衣，"以象元气"。唐高宗自称为"天皇"，称武后为"天后"。身为皇帝的李治把自己幻想为管天管地的"天皇"，于是，命令乐舞人编创了这样一个富于宗教意味的舞蹈《上元乐》。把和普通人没有多大区别的皇帝当作天神一样的神灵来歌颂，这确实是非分之举。

唐玄宗开元年间演出的《圣寿乐》，对作品着意做了"回身换衣，作字如画"的巧妙处理。传说当时的中侍御史平冽曾作《开元字舞赋》，很详细地描述了当时字舞的盛大场面和惊人的舞蹈形象。《圣寿乐》始创于唐高宗和武后时期，阵容庞大，参与这个舞蹈的共140人，她们头戴金铜冠，穿着五色画衣，用舞蹈的行列摆成不同的字。每变一次队形摆出一个字，总共变化了16次，摆了16个字，即"圣超千古，道泰百王，皇帝万年，宝祚弥昌"[①]。

经唐玄宗改编后的《圣寿乐》，舞蹈者穿着轻柔的罗衣，衣裳随风缓缓飘动，舞姿优美动人，队形变化相当流畅、自然。每件舞衣的衣襟上各绣一朵团花，颜色和舞衣相同。开始是朱色和紫色的服装，倏忽之间又变成了绿色和红色的衣裙。一个字组排成后，稍稍有所停顿，紧接着舞队徐徐移动，迅速向左向右分开，像鸟儿舒展开两翼。如花似玉的舞伎们个个神

---

① 刘昫等：《旧唐书》卷二十九，中华书局，1975，第1060页。

采奕奕，端庄俏丽。随着阵阵鼓乐之声，她们轻盈旋转，犹如鸾鹤，又如惊鸿。队形变化巧妙而且整齐，舞者当众迅速从领上抽去笼衫，然后藏入各自的怀中，不留丝毫破绽，让台下的人看不清变换痕迹，表演者回身换衣在瞬间完成，令人惊叹不已。

字舞是唐代艺术的又一大创造，对后世产生深远影响，这种舞蹈一直流行到明清以后。

唐代的乐舞总体上分为两大类：一类是"软舞"，一类是"健舞"。"软舞"轻盈、柔曼，节奏比较舒缓；"健舞"英武雄健，节奏浏漓顿挫。唐诗中对这些舞蹈有绘声绘色的描述。比如诗圣杜甫的《观公孙大娘弟子舞剑器行》所描绘的："昔有佳人公孙氏，一舞剑器动四方。观者如山色沮丧，天地为之久低昂。燿如羿射九日落，矫如群帝骖龙翔。来如雷霆收震怒，罢如江海凝清光。"公孙大娘及其弟子所表演的剑器舞就属于"健舞"。唐人郑嵎《津阳门诗》称"公孙剑伎方神奇"，"有公孙大娘舞剑，当时号为雄妙"（图5-11）。

从西域石国（今乌兹别克斯坦的塔什干一带）传来的《胡腾舞》是最典型的"健舞"。表演者多

图5-11　舞蹈家史敏表演的《公孙大娘剑器舞》（见杨树云《唐风流韵》）

是"肌肤如玉鼻如锥"的胡人。舞者头戴缀珠的尖顶蕃帽，身穿窄袖"胡衫"，并把舞衫的前后衣襟卷起来，为了舞蹈时动作更方便利索。舞者腰间束有葡萄花纹的长带，长带垂在身体的一边；脚着柔软华丽的锦靴。舞者一般都是在花毯上表演，舞蹈一开始，有的舞者要痛饮一杯酒，然后随手抛下酒杯，就跳起来。《胡腾舞》以跳跃和急速多变的腾踏舞步为主要动作，由于跳转的动作幅度大、节奏快，腰间佩带的装饰品随之发出响亮的声音。随着急促的音乐节奏，腾踏复杂多变的舞步，反手叉腰，仰身下腰，这些动作相继连缀，最后的造型形如弯月。唐代刘言史的《王中丞宅夜观舞胡腾》诗中描写这种舞蹈：

> 石国胡儿人见少，
> 蹲舞尊前急如鸟。
> 织成蕃帽虚顶尖，
> 细氎胡衫双袖小。
> 手中抛下蒲萄盏，
> 西顾忽思乡路远。
> 跳身转毂宝带鸣，
> 弄脚缤纷锦靴软。
> 四座无言皆瞪目，
> 横笛琵琶遍头促。
> 乱腾新毯雪朱毛，
> 傍拂轻花下红烛。
> 酒阑舞罢丝管绝，
> 木槿花西见残月。

其中"跳身转毂宝带鸣，弄脚缤纷锦靴软。四座无言皆瞪目，横笛琵琶遍头促"四句，写出了全身动作所带出的装饰品的响声、脚步和动作的反复多变，而且也写出了观者的惊讶反应。刘禹锡的《和乐天柘枝》诗中的"鼓催残拍腰身软，汗透罗衣雨点花"二句，同样渲染出舞蹈者在鼓声催促下的疲累状态和汗流衣湿的情状（图5-12，图5-13）。

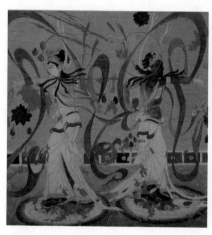 

图5-12　敦煌莫高窟220窟初唐时期净土变壁画舞蹈图

图5-13　敦煌莫高窟220窟初唐时期净土变壁画舞蹈图

　　唐朝的《绿腰》和《春莺啭》是影响最大的"软舞"作品。白居易在《乐世》诗序中说，贞元中，乐工给唐德宗李适献上一首曲子，德宗皇帝命人把曲中主要和精彩的部分摘录下来，所以取名《录要》。因为曲子旋律相当精美，非常动听，很快流行起来。根据《乐府杂录》记载，贞元中，长安大旱，在求雨活动中，东市和西市斗上了音乐。东市著名演奏家康昆仑弹了一曲《新翻羽调录要》，西市庄严寺僧人段善本装扮成

一个女郎出来演奏，并将《录要》移在"枫香调"弹奏，音色雄浑响亮，如雷鸣一般，众人听后惊叹不已，康昆仑当即拜段善本为师。软舞《绿腰》就是依据《录要》编成的乐舞。唐代诗人李群玉《长沙九日登东楼观舞》诗，生动、形象地描绘了其美妙、精彩的舞蹈情景：

南国有佳人，

轻盈绿腰舞。

华筵九秋暮，

飞袂拂云雨。

翩如兰苕翠，

宛如游龙举。

越艳罢前溪，

吴姬停白纻。

慢态不能穷，

繁姿曲向终。

低回莲破浪，

凌乱雪萦风。

坠珥时流眄，

修裾欲溯空。

唯愁捉不住，

飞去逐惊鸿。

《绿腰》是一个女子的独舞，舞者穿着有修长衣襟的长袖舞衣，舞姿轻盈柔美。舞初起，舞姿曼妙徐缓而富于变化，动作流畅，绵延不断。女子双袖飞舞，如雪萦风；低回而舞，如莲花破浪。进而节奏加快，有如空中飞舞的瑞雪，衣襟随之也飘舞起来，好像要乘风飞去追逐那惊飞的鸿鸟。诗人用翠鸟、游龙、垂莲、凌雪等景物形容舞蹈者舞姿之变幻无穷，节奏之平缓有致，突出了舞腰和舞袖轻盈之极、娟秀之极、典雅之极的特点。诗与舞交相辉映，堪称艺术的合璧（图5-14）。

图5-14　电视剧《唐明皇》中赵丽妃（周洁饰演）所跳的绿腰舞

　　正是由于唐朝最高统治者实行的宽松的文化政策，对外来文化所采取的大度的包容态度，特别是有像玄宗皇帝这样酷爱歌舞的倡导者的积极参与和大力推动，才使得歌舞活动在整个社会上如此盛行，以至于影响到整个朝代服装的兴盛与发展。所以，歌舞对服装的推动作用是巨大的，甚至可以说是不可估量的。关于胡人乐舞对唐朝服装风习的影响，本书第一章所举元稹的《法曲》中的描述已经足以说明问题了。

　　唐代的乐舞使表演艺术达到登峰造极的地步，使其服装也得到了最美妙的展示。虽然艺术表演中的服装和人们现实生活中的服装有一定的距离，乐舞中的服装属于特殊着装，人们实际穿着的服装是普通服装，但是特殊服装总是引领潮流，舞台上的服装经过改造，很快就会成为普通服装的榜样（图5-15）。

　　每一个时代，服装的前沿和风潮引领者，首先在文艺舞台

图5-15　顾闳中《韩熙载夜宴图》中的绿腰舞表演

上，然后影响到社会上层的贵族群落，最后普遍流行于普通人群之中。

霓裳羽衣是唐代梦想中的现实影像，足以证明乐舞艺术对服饰发展的巨大推动作用。

第二节　"云想衣裳"的逸致

唐朝伟大诗人李白在他著名的《清平调》词三首的第一首中写道：

> 云想衣裳花想容，
> 春风拂槛露华浓。
> 若非群玉山头见，
> 会向瑶台月下逢。

这是李白在长安供奉翰林时写给杨贵妃的诗。一天，唐玄宗和杨贵妃在宫中观赏牡丹花时，让李白写新乐章。诗人把杨贵妃和牡丹花放在一起来写，以人喻花，以花写人。"云想衣裳花想容"一句把杨贵妃穿在身上的衣服写得像霓裳羽衣一般漂亮、迷人，这个"想"字使人看见天上美丽的云霞而想到杨贵妃身上漂亮、迷人的衣服，看到艳丽绽放的牡丹花便想起美貌绝伦的杨贵妃。两者交互参差，相互映衬，引发人无限美好的想象。由于李白的盛名，其诗作也广为世人所传诵，所以"云想衣裳"就成为人们形容华美服装的代表性语言（图5-16）。

图5-16 和牡丹花一样漂亮的杨贵妃（电视剧《唐明皇》中的杨贵妃——林芳兵饰，杨树云化装）

西方结构主义和解构主义最重要的代表人物罗兰·巴特在《符号学要素》中将服装归纳为由三个部分构成的衣着体系，即"作为书写的服装""作为照片的服装"和"作为穿戴的服装"[①]。罗兰·巴特所做的工作就是要启发人们重新从不同的角度和方面，对服装的发展、人类的着装行为以及人类穿衣的历史问题进行探索和考察。

---

① 罗兰·巴特：《符号学美学》，董学文译，辽宁人民出版社，1987，第21页。

李白在《清平调》词三首开篇所写的"云想衣裳花想容"诗句，体现的就是对于服装"书写"的观念。

从远古以来，诗（文学）和服饰就紧密地联系在一起，服饰（主要表现为新颖的款式、靓丽的色彩、别致的质料、奇异的图案以及梦幻般的纹理等）的美丽、旖旎、迷人，激起了文人墨客和丹青画家无尽的艺术幻想，他们以自己手中的生花妙笔写下了一篇篇精妙的辞章，绘出了一幅幅华美的画作，来歌颂有关服饰的创造成就，给后世留下了丰富而宝贵的遗产。

白居易在诗中对服装美的表达是很突出的。他在《长恨歌》中写道："风吹仙袂飘飘举，犹似霓裳羽衣舞。玉容寂寞泪阑干，梨花一枝春带雨。"和李白一样，这也写的是杨贵妃。不过不是赞美之词，而是在马嵬事变之后，对"马嵬坡下泥土中，不见玉颜空死处"的悲剧进行悼念和凭吊。他在《新制布裘》中写道：

> 桂布白似雪，
>
> 吴绵软于云。
>
> 布重绵且厚，
>
> 为裘有余温。
>
> 朝拥坐至暮，
>
> 夜覆眠达晨。
>
> 谁知严冬月，
>
> 支体暖如春。
>
> 中夕忽有念，
>
> 抚裘起逡巡。
>
> 丈夫贵兼济，

岂独善一身。

安得万里裘,

盖裹周四垠。

稳暖皆如我,

天下无寒人。

盛唐时期,广西产的棉布和苏州产的丝绵负有盛名,由此也可见一斑。当然,华贵美好的服装只是富贵人的享受,我们不能忽视生活在贫困线上的穷苦人的生活境遇。白居易难能可贵的是在这里把目光不只投向生活在社会上层的富贵阶层,他也对没有暖和衣服穿的穷苦人给予了深厚的同情之心,这和他的《观刈麦》《卖炭翁》等诗篇所表达的思想是一致的,特别是最后"安得万里裘,盖裹周四垠。稳暖皆如我,天下无寒人"四句,和杜甫《茅屋为秋风所破歌》中的"安得广厦千万间,大庇天下寒士俱欢颜"所蕴含的思想境界也是完全吻合的。

服装的华美、舒适、暖和不应只是富贵人们的追求专利,而应该是天下所有人共享的资源。白居易还在他的名作《琵琶行》中写了琵琶女的不幸遭遇,描述她早年如何奢华、风光,如何醉生梦死的生活状态:"五陵年少争缠头,一曲红绡不知数。钿头银篦击节碎,血色罗裙翻酒污。"他的《红线毯》诗把红线毯从择茧、缫丝、煮茧、练线、染线、织造的过程写得很详细,用诗歌的语言把红线毯彩丝茸茸,绒毛轻柔,经不起物体的放置压力,走在线毯上鞋袜也会埋没其中的特点和品质等描绘得非常细腻。

择茧缫丝清水煮,

> 拣丝练线红蓝染。
>
> 染为红线红于蓝,
>
> 织作披香殿上毯。
>
> 披香殿广十丈余,
>
> 红线织成可殿铺。
>
> 彩丝茸茸香拂拂,
>
> 线软花虚不胜物。
>
> 美人蹋上歌舞来,
>
> 罗袜绣鞋随步没。

白居易写丝绸、服装最有名的作品是《缭绫》(本诗在绪论有专述),这首诗把缭绫制衣的织、染、裁、熨的工艺过程写得活灵活现,非常完备。他把缭绫这种高档的丝织品上的花样隐隐约约地映现在织物上的效果,从不同角度观看会有各种花样的特色都点明了;把缭绫生产的艰辛,一千梭还织不满一尺绫的难度渲染足了。

诗中提及多种丝织品的名称,如"罗绡""纨""缯""帛"等,足见盛唐时的丝绸品种之繁多。

杜甫的《白丝行》也写了唐代丝织服饰的珍贵:

> 缫丝须长不须白,
>
> 越罗蜀锦金粟尺。
>
> 象床玉手乱殷红,
>
> 万草千花动凝碧。
>
> 已悲素质随时染,
>
> 裂下鸣机色相射。

美人细意熨帖平，

裁缝灭尽针线迹。

春天衣著为君舞，

蛱蝶飞来黄鹂语。

落絮游丝亦有情，

随风照日宜轻举。

香汗轻尘污颜色，

开新合故置何许。

君不见才士汲引难，

恐惧弃捐忍羁旅。

　　杜甫在诗中赞美了越罗和蜀锦的精美品质。越罗是古代越地（今浙江一带）所产的丝织品，以轻柔精致著称。2015年10月，笔者专程参观了四川成都的蜀锦研究所，在那里收集了一些珍贵的图片和文字资料。从蜀锦的发展历史中得知，19世纪末和20世纪中期，在新疆吐鲁番阿斯塔那、青海都兰以及陕西扶风法门寺等地的墓葬、佛寺地宫出土了大量的唐代丝绸实物，其中的各种纹锦几乎都是出自唐代蜀地的蜀江锦（图5-17，图5-18）。

　　鲍溶《采葛行》诗写道：

春溪几回葛花黄，

黄麝引子山山香。

蛮女不惜手足损，

钩刀一一牵柔长。

葛丝茸茸春雪体，

图5-17 唐代晚期黄地缠枝蜀　图5-18　成都蜀锦研究所传统生产机房
锦（摄于成都蜀锦研究所）

深涧择泉清处洗。

殷勤十指蚕吐丝，

当窗袅袅声高机。

织成一尺无一两，

供进天子五月衣。

水精夏殿开凉户，

冰山绕座犹难御。

衣亲玉体又何如，

杳然独对秋风曙。

镜湖女儿嫁鲛人，

鲛绡逼肖也不分。

吴中角簟泛清水，

摇曳胜被三素云。

自兹贡荐无人惜，

那敢更争龙手迹。

蛮女将来海市头，

卖与岭南贫估客。

这首诗再现了当时葛布的精美程度。诗中还提到由于吴、越地区鲛绡生产的兴起，对这样精美的葛布产生了影响，使其不好销售，以至于只能卖给贫穷的小商贩了（图5-19，图5-20）。

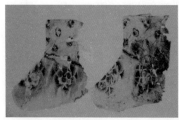

图5-19　彩绘白绢袜（新疆吐鲁番　图5-20　艳红色变体宝花纹锦鞋
阿斯塔那出土）　　　　　　　（新疆吐鲁番阿斯塔那出土）

唐朝服装总的风格是"艳丽张扬""绚烂多彩""曼妙多姿"，尤其以女性衣裙为主。翻阅大量的唐诗就可以印证这一点。比如虞世南的《相和歌辞·门有车马客行》："轻裙染回雪，浮蚁泛流霞"；王绩的《辛司法宅观妓》："长裙随风管，促柱送鸾杯"；王昌龄的《采莲曲》："荷叶罗裙一色裁，芙蓉向脸两边开"等。

唐诗是我们研究唐代服饰文化的巨大资料宝库。服饰作为人们日常生活中不可缺少的重要内容，必然成为唐诗（包括其他文学作品）描写的主要对象之一。当伟大的唐代诗人们在塑造文学形象，描绘风土人情，并对重大社会现象进行评说的时候，他们总会情不自禁或不可回避地把笔伸向广阔而善变的服饰领域。因此，唐诗便成为向我们提供唐代服饰资料的最重要的源泉之一。唐诗（包括唐朝以前的诗文）对服饰的生动而又形象的描绘，既丰富了诗歌创作的内容，增添了诗歌表达的韵味及其艺术魅力，同时也强化了诗人们丰富饱满的文学创作激情以及艺术表达的情趣，更重要的是，唐诗使得中国服饰发展、演变的历史长河变得更加美丽、鲜活、旖旎起来。因此，我们可以将服饰这种特殊的艺术品类和实物现象，放在生动、广阔而且博大的民族文化与历史背景中加以分析、考量和阐释，进而更直接地洞察大唐盛世美丽壮观的服饰景象，这是极为有意义的事情。

唐代的服饰景象绚丽夺目，唐诗中有关服饰描写的内容丰富，精彩的作品也极多。笔者的涉猎面和分析、概括能力有限，面对浩瀚如海般的唐诗以及早已远逝了的服装盛景，确实有种词不达意、以偏概全的窘愧之感。

诗中所表现的服装是想象的、虚幻的、精神性的存在物，正如罗兰·巴特所说的，是"书写的服装"，但是它和现实的服装构成了一种可能性关系。有哲学家说，凡是人类能够想象出来的东西，就有人能够把它变为现实。唐代具有想象性质的美丽无比的"霓裳羽衣"在歌舞艺术中变为现实；"百鸟毛裙"是奇思异想的产物，也让唐朝人创造出来了；"石榴裙""绿罗裙""郁金裙""单丝笼裙"、霞帔、云锦、梅花妆等，还有"黄袍""幞头""鱼符"等，都是迥异于前朝后世的创造性产物，也符合黑格尔所表达的"始而追求，继而达到，最终超越"的美学思想及艺术逻辑。

"大漠孤烟直，长河落日圆。"唐代的服饰有如服装世界扶摇直上的这一柱孤烟，直冲服饰文化的天际。它绚烂壮美，有如人类服装历史长河上的一轮红日，虽然已经落下，但其不灭的光芒，永远照耀着我们有关服饰记忆的旷野。

第三节 "百鸟毛裙"的疯狂和
"石榴裙"的神话

在人类所有可以看得见的以实物为标志的社会文明，或者能够重新演绎的文化遗产品类中，服装和建筑等艺术品一样，可以说是最为直接明了地反映了人们的情趣喜好和内心状态。而音乐、绘画、文学等艺术品，则表达与反映着人们的精神追求和内心状态。法国诗人波德莱尔在一套从法国大革命到执政府时期的服装样式图中发现了当时"时代的风气和美学"。他认为："人类关于美的观念被铭刻在他的全部服饰中，使他的衣服有褶皱，或者挺括平直，使他的动作圆阔，或者齐整，时间长了甚至会渗透到他的面部的线条中去。人最终会像他愿意的样子"，"美永远是，必然是一种双重的构成"。其中"一种成分是永恒的、不变的，其多少极难加以确定，另一种成分是相对的、暂时的，可以说它是时代、风尚、道德、情欲，或是其中的一种，或是兼容并蓄"，"总之，无论人们如何喜爱由古典诗人和艺术家表达出来的普遍的美，也没有更多的理由忽视特殊的美、应时的美和风俗特色"。①波德莱尔所说的美的另一方面是同现代性联系在一起的。现代性就是过渡、短暂、偶然，就是艺术的一半，另一半是永恒不变的。艺术中都

---

① 《波德莱尔美学论文选》，人民文学出版社，1987，第474、458页。

有对时代、风尚、道德、情欲等这些过渡、短暂、偶然因素的表达，这些内容是永恒、普遍、不变的那部分内容的载体。美和艺术既有包含永恒不变的成分，同时又包含过渡、短暂和偶然的成分，这就是美的两面性。

一、"百鸟毛裙"的两面性影响

"百鸟毛裙"具有两面性的因素，它首先是出现于宫廷的女子服装，后来流传到达官贵族家庭的女子中，它是贵族服装的代表。"百鸟毛裙"是用动物皮毛做成的华贵衣服，其中又以鸟类的羽毛为主。关于这种服装，在本书第二章已经涉及了，这里把它作为特殊的服装现象进行重点分析。

"百鸟毛裙"由于做工、用料的特殊性，成为人们在谈到唐代服装文化时绕不开的话题（如果后文涉及相关问题，还会再提及）。通过前面的论述，我们知道这种裙子的首创者是安乐公主。安乐公主为唐中宗李显与其皇后韦氏所生。当时唐中宗体弱多病，而且性格上也有些软弱，所以朝政多由韦皇后主持。安乐公主想像她的姑姑太平公主那样，做个皇太女，幻想着以后也能参与朝政。因此，为了讨好母后，她不惜耗费巨资，差宫中衣匠尚方制作了两条"百鸟毛裙"，一件留给自己，另一件献给母亲韦皇后。

"百鸟毛裙"恐怕在整个中国服装史上也是少有的昂贵品。它是工匠们历经数月辛劳，采集数百种珍禽异兽的羽（茸）毛精制而成的，这在历史上是有案可查的。《旧唐书·五行志》记载："唐中宗女安乐公主，有尚方织成毛裙，百合鸟毛，正看为一色，旁看为一色，日中为一色，影中为一色，百鸟之状，并见裙中。凡造两腰，一献韦氏，计价百万。"①这样的服装，其选料之奇特，效果之新异，可谓是前无古人，后无来者了。艳丽奇特、华贵无比的百鸟毛裙引来了皇家贵族，甚至百姓家女子的纷纷效仿，终于使得珍禽异兽被捕捉一空，导致了一场"江、岭奇禽异兽毛羽采之殆尽"的自然界的浩劫。《朝野佥载》称，安乐公主造百鸟毛裙以后，百官、百姓之家纷纷效仿。一时间"山林奇禽异兽，搜山荡谷，扫地无遗"，最后朝廷不得不下令禁止。这种破坏生态环境和自然生命的恶行，最终得以制止。

从常理来说，爱美之心人皆有之，把服装做得别致一点，体现出个性，以求与众不同，这是无可厚非的。但是，追求美，彰显个性，满足某种自我心理等行为，是应该有前提的。比如创新而不猎奇，求异而不乖张悖谬，追求个性而不一意孤行，实现个人目标、满足个人目的而不危及和损害他人利益（包括公众利益）等。

"百鸟毛裙"无疑是服装中的一种奢侈品，这是宫廷贵族奢华、糜烂生活与追求的不良表现。法国启蒙主义者孟德斯鸠在《论法的精神》一书中说："奢侈之风一旦在一个国家流行起来了，人们的思想意识也就随着转向个人利益"，"人的灵魂，一旦被奢华腐蚀了，就会有许许多多其他的欲望，它很快就会成为拘束它的法律的敌人"，"在普遍腐化的冲击下，在人人都沉醉于奢侈淫逸之中的时候，那还有什么品德可言呢？"②"百鸟毛裙"的奢侈表现和所引起的社会不良影响，足以印证孟德斯鸠所说的这几句至理名言。

---

① 刘昫等：《旧唐书》卷三十七，中华书局，1979，第1377页。
② 孟德斯鸠：《论法的精神》，于应机、余新丽编译，陕西人民出版社，2006，第163页。

　　唐中宗李显死后，唐朝宫廷发生了剧烈的政变，韦皇后和安乐公主也被太平公主和李隆基联合起来杀掉了。李隆基登基后，曾命人将所有的鸟毛裙都当众焚烧掉，而且明令禁止再制作这种服装。因此，这种服装此后失传于世。

　　人类的发展进步，是需要创造，需要革新的。一个社会、一个民族、一个国家，没有创新是不能发展进步的。安乐公主耗费巨资，使人制作"百鸟毛裙"，表面看起来是创造，但是这种创造的代价是极其昂贵的，带来的负面影响也是极其恶劣的：一是严重破坏了大自然和生态环境，二是引发了不良的甚至恶性的社会效仿行为。实质上这是奢侈浪费的不当行为，其对社会的影响之巨大，对社会风气所造成的不良后果，都是很可怕的。对此，有思想、有主见、品德修养良好的人肯定会有异议，绝对不会去盲目效仿，去跟风。而贪图享乐，不能做到居安思危，对社会、对国家没有责任心的人，就只知效仿、跟风，满足自己的需求，而不计所做事情的后果。这是值得我们深思的，也更是要警惕的。

二、石榴裙的永恒魅力

　　生活在思想解放达到巅峰的社会阶段的唐代妇女（当然不仅仅是妇女，男人们又何尝不是这样），对那些古已有之的服装式样（包括名目、颜色等）早已不以为意，她们要超越的是那些以伦理规范为核心的使人"拘谨"的服饰。她们以极大的胆略和气魄，探寻着前人不敢问津的新奇异样的美学领域。安乐公主所创制的"百鸟毛裙"就是空前绝后的尝试。尽管我们从主体价值观念上对这种创制持否定态度，但它的新颖别致还是有其美学价值的。

唐代女性衣裙的发展是多样化的，不是一种式样所能限制的。在"百鸟毛裙"之后，又有"石榴裙"亮相，这无疑是唐代女性服装又一创造性的成果。如果说对"百鸟毛裙"是作为宫廷贵族女子服装进行分析的，那对"石榴裙"则是作为平民女子的经典服装进行分析的。

"石榴裙"裙幅层层折叠，错落有致，犹如盛开的石榴花。"石榴裙"凸现的是色彩新奇别致的效果，象征着盛唐时期的女性们大胆、开放、奔腾不羁的内心世界，代表了唐代女子热爱生命、和谐自然的审美情趣。

中国染色技术早在西周到春秋战国时期，就有了飞速发展。当时已经有茜素（红色）、靛蓝（蓝色）等染料品类，染出的服色鲜亮、耐久。不光是这两种最有代表性的颜色，那时黑色、黄色被视为正色，还有绿色、紫色、间色等。《韩非子》记载，春秋战国时代，齐桓公特别喜欢穿紫色衣服，朝臣和百姓纷纷效仿，结果使齐国紫色丝绸的价钱猛增到十倍以上。后来由于宰相管仲的进谏，齐桓公才不再穿紫色衣服。然后齐国人也不再跟风了。

"石榴裙"自然是与石榴有关。石榴原产于西域以外的涂林安石国（有人考证为波斯国，今伊朗）一带，大约在公元前2世纪时传入我国。"何年安石国，万里贡榴花。迢递河源道，因依汉使槎。"（唐朝诗人元稹《感石榴二十韵》诗其一）晋代文人张华《博物志》记载说，西汉张骞出使西域，获得涂林安石国的石榴种子回来，并将这种水果取名为安石榴，也就是今天人们所熟悉的石榴。中国人视石榴为吉祥物，暗喻多子多福，所以古人称石榴为"千房同膜，千子如一"。民间在男女婚嫁之时，常常在新房案头等处置放切开果皮、露出红

籽的石榴。人们也有以石榴彼此相赠祝福安康吉祥的习俗。常

见的以石榴为题材的吉祥画有《榴开百子》《华封三祝》《多子多福》等，唐代女子所穿的石榴裙，就体现了这些寓意（图5-21）。

图5-21　《簪花仕女图》中穿石榴裙的女子

历代名家吟咏石榴的诗词很多，形成了独具特色的石榴文化。石榴有许多美丽的名字：丹若、沃丹、金罂等。丹是红色的意思。石榴花有大红、桃红、橙黄、粉红、白色等多种颜色，而以火红色为最多，所以石榴给人们的印象是火红火红的。农历的五月，是石榴花开放得最艳丽的季节，五月因此又被称为"榴月"。唐代大诗人杜牧在《山石榴》诗中写道："一朵佳人玉钗上，只疑烧却翠云鬟。"诗人虽没有直接写石榴花为红色，而是看见丽人发簪上的石榴花，担心红艳似火的榴花会不会烧坏少女的翠簪和秀发。这真是赞美榴花的神来之笔。

"石榴裙"在唐代之前和之后都产生了比较久远的影响，即使在今天，说起"石榴裙"一词也并不过时。早在南北朝时期，诗人何思澄在他的《南苑逢美人》诗中就写过石榴裙："媚眼随羞合，丹唇逐笑分。风卷蒲萄带，日照石榴裙。"南北朝另一位诗人鲍泉在著名的"同头诗"《奉和湘东王春日》诗中写道："新莺始新归，新蝶复新飞。新花满新树，新月洒

新辉……新扇如新月，新盖学新云。新落连珠泪，新点石榴裙。"这都是借用描写石榴裙来暗示和描写美女的。

　　石榴裙在唐代一经流行起来，就迅速引起文人们的热切关注和热烈赞颂。唐诗中反映石榴裙色彩艳丽、迷人的情况最为突出，而且诗篇也最多。更有趣的是，唐人的传奇小说《霍小玉传》《李娃传》等作品中，作者们所塑造的女主人公形象都穿过动人心旌的美丽的石榴裙。《霍小玉传》写霍小玉穿石榴裙的情景是"着石榴裙，紫祠裆，红绿帔子"，等等。（图5-22）

图5-22　身着石榴裙的唐代贵妇（敦煌莫高窟130窟盛唐朝议大夫使持节都督晋昌郡太守乐庭瓌夫人太原王氏供养像，头梳簪花、插梳宝髻，身穿直袖鸡心领衫，下着红地碎花高胸宽松曳地石榴长裙，肩披绣花帔帛，脚着翘头履）

　　宋代的刘铉在《乌夜啼》中就把石榴直指女子的裙裾了：

　　　　垂杨影里残红。甚匆匆。

　　只有榴花、全不怨东风。

　　　　暮雨急。晓鸦湿。绿玲珑。

　　比似茜裙初染、一般同。

　　"石榴裙"流传的时间很久远，到了明代，关于"石榴裙"的概念就固定下来，而且更具有文化的内涵，比如蒋一葵

的《燕京五月歌·其一》这样写道：

> 石榴花发街欲焚，
>
> 蟠枝屈朵皆崩云。
>
> 千门万户买不尽，
>
> 剩将女儿染红裙。

江南四大才子之一的唐伯虎在《梅妃嗅香》一诗中还写道：

> 梅花香满石榴裙，
>
> 底用频频艾纳熏。
>
> 仙馆已与尘世隔，
>
> 此心犹不负东君。

就是在现代南方的一些地方，青年男女在恋爱中，还以石榴裙作说辞。比如有山歌这样唱道：

> （男子）石榴开花叶子青，
>
> 唱支山歌来表心。
>
> 要是妹妹瞧得着，
>
> 明天的裙子新又新。
>
> （男子）石榴开花叶子青，
>
> 想起妹妹睡不着。
>
> 只能放在心里想，
>
> 不能放在口中说。

（女子）石榴开花叶子青，

山歌唱来给哥听。

哥哥要是懂妹心，

明日就换石榴裙。

这样就对上了。在这里，"石榴裙"已经不是具体的服装实物，而是男女爱情的媒介了。

唐代妇女的衣裙一反以颜色辨身份等级的传统，她们一般都很喜欢穿着色彩艳丽的服装，很少受朝廷的服饰制度的约束，就连最没有社会地位的歌伎都穿上了石榴红裙，足见当时人们在服饰颜色方面大胆开放的程度。

三、唐代女裙的其他款式

红色是一种热情奔放的色彩，也是最具情感和内涵的色彩，所以具有热烈、浪漫等特点和不可抗拒的感染力。红色具有鲜艳、强烈的视觉感官刺激作用，表现为热情、大胆、奔放、开朗、浪漫、欢乐、喜悦、向上的个性特征；红色使人联想起太阳、火焰、盛夏、鲜血、鲜花和生命力等相关的事物；红色令人兴奋、激动、振奋、昂扬向上、意气风发。看见红色，人可能会心跳加速，热血沸腾；看见红色，对于中国人来说，马上会联想起春节和洞房花烛等美好的事物。所以，在唐代流行绯红、石榴红等颜色，就是人们对美好事物向往的表现。

红色虽然艳丽，但还只是单色，显然满足不了唐代妇女对色彩的多种审美需求。为了使色彩更加艳丽夺目，唐代妇女还很喜欢用两种以上颜色的料子拼接成裙子，俗称"间色裙"。这种裙子一般由比较鲜艳的料子制成，像红、黄，红、蓝，红、绿，色彩对比都比较强烈，不但将官方的服饰制度抛在了脑后，而且更加讲究制作工艺。关于"间色裙"，可以参见第二章第二节中的描述。另外，女性裙装多以深红、杏黄、绛紫、月青、青绿等为主，主要以石榴红、青绿最为流行。

唐代女性也喜欢绿色裙装（具体见第二章第二节）。绿色对于人的视觉来说，是最适宜的色彩，不但没有刺激，而且能够使人产生舒适感，缓解疲劳。所以绿色对人的视觉来说，是一种柔顺、温和、保护的颜色。绿色还是一种具有顽强生命力的色彩，寒冬过尽，冰雪消融，大地回春，田野尽披绿装，万木吐翠，欣欣向荣，整个世界笼罩在无穷无尽的绿色之中。处处生机盎然，给人以无限的希望。受大自然的启示，人所创造出的绿色系的服装，最能展现温顺、舒适、娴静的视觉效果，给人留下美好的印象。绿色与红色组合，会形成色彩鲜艳、对比强烈的美学效果。

还有一种杨贵妃很喜欢穿的黄裙，叫郁金裙（见第二章第二节）。另外还有一种流行的单丝碧罗笼裙，是用轻软、细薄而透明的单丝罗制成的，上饰织纹或绣纹，罩在其他裙之外，是隋唐时的舞裙，后来在唐朝贵族妇女中盛行（图5-23）。

图5-23　唐代两幅卷草葡萄图案缠枝纹丝织品（丝绸文化与艺术研究专家赵丰先生藏品）

绛、紫也是唐代女性裙装常用的色彩。和凝《河满子·正是破瓜年纪》"却爱蓝罗裙子，羡他长束纤腰"则表明唐代女性也着蓝裙。

从大量唐诗和史料所描写的裙装来看，色彩鲜艳、个性张扬、装饰繁丽是唐代女性服饰的另一特点，创造了丰富的艺术形象。唐代裙装不仅色彩艳丽，款式也繁多。长裙一般由六幅布帛竖向缝合而成，更为讲究的裙子就采用七幅或者八幅布缝合，如此长裙拖曳在地上，形成"东邻起样裙腰阔，剩蹙黄金线几条"的情景，足见裙子的宽大以及行动时所营造出的美丽效果。

唐代女性服装无论在颜色的搭配方面，还是在式样的创新和改造利用方面，都表现出了极大的超越常规的想象力和创造力，设计制造出了当时最名贵的"百鸟毛裙"，还有"石榴裙""碧罗裙""郁金裙""花笼裙"等，达到了审美的极致。这些美丽的服装以及它们所带来的美学成就及效果，都展现了唐代服饰不同于历史上其他任何朝代的突出而独特的文化风尚。

第六章　唐代服饰对后世的影响

第一节　时空的复现

　　唐代是中国封建社会的巅峰时期，是中国政治、经济、文化艺术高度发展、繁荣昌盛的时期。这个时期的服饰文化百花齐放、奇异纷繁。无论是在吸收外域文化方面，还是在保留本土服饰特色方面，唐代人都用博大而包容的民族情怀将其整合并形成了属于自己的服饰气象。唐代的服装款式可谓众多，其中一些经典服饰也流传后世，形成大唐遗风。如后来成为我国传统服装中立体裁剪的典型的"云肩"，就是由唐代女性的"帔帛"（或称"霞帔"）演变而来的。

　　唐代的服饰不仅辉煌、灿烂，而且在当时的特殊环境里，它也同样成就了后世的服饰业绩。反观当代中国，自20世纪90年代以来，随着现代服装产业的兴起，大量西方文化的渗入，中国服装界形成了一股狂飙突进的风潮。在这股风潮中，服装的新样式被不断创造，大众的穿着风格不断推陈出新，审美的视野被不断拓宽，时尚的概念被不断刷新。国人在经历了从20世纪三四十年代直至改革开放初期这段漫长时间的时尚空白后，深埋在内心深处的对于美的热望终于也随着国门的开放、经济的强盛、文化的交融而被剧烈地释放出来。当代服饰的"全面复兴"，正好与经历了先秦规范、两汉庄重、魏晋纷乱后而形成的繁荣多元的唐代服饰景观不谋而合。当代服饰正是唐朝服饰观与服饰景象的复现。而这种契合不只是形式上的相同，而且是服饰文化精神层面上的统一。我们可以从以下几个层面来考量。

一、"违规"状态下的自由着装

在唐代社会，中华民族的自信心和优越感是极强的，人们在个体审美以及接受外来事物的态度上，也是相当开放和包容的。这就形成了唐朝服装款式的多样性和人们自由着装的现实景象。然而，由于封建社会的制度依然存在，衣冠服饰制度又是封建皇权的外在象征，所以在唐代，形式上还是为服饰的发展、演变规范了条条框框，以别官庶身份。据《旧唐书·舆服志》记载：

> 唐制，天子衣服，有大裘之冕（祀天神、地祇服之）、衮冕（诸祭祀及庙、遣上将、征还、饮至、践阼、加元服、纳后、若元日受朝服之）、鷩冕（有事还主服之）、毳冕（祭祀海岳服之）、绣冕（祭祀社稷、帝社服之）、玄冕（蜡祭百神、朝日夕月服之）、通天冠（诸祭还及冬至朔日受朝、临轩拜王公、元会、冬会服之）、武弁（讲武、出征、四时搜狩、大射等服之）、黑介帻（拜陵服之）、白纱帽（视朝听讼及宴见宾客服之）、平巾帻（乘马服之）、白帢（临大臣丧服之），凡十二等。[①]

---

① 刘昫等：《旧唐书》卷四十五，中华书局，1975，第1936页。

百官服饰根据地位、品级等不同分为衮冕、鷩冕、毳冕、绣冕、玄冕、爵弁、远游冠、进贤冠、武弁、獬豸冠等。

但事实上，唐代衣冠服饰制度仅仅是形式上的要求，实际执行时，大多却都徒具形式，备而不用。又据《旧唐书·舆服志》记载，唐朝初年，《衣服令》颁布未几，唐太宗在朔望视朝时便"以常服及白练裙、襦通著之"——唐代最高统治者不"遵守规矩"，穿衣表现出很大的随意性，所以，衣冠服饰制度并没有限制住人们日常的自由穿衣。实际上，唐代衣冠服饰制度并没有得到很好的实施，尤其是对常服的穿着，人们敢于违反"制度"，率性而自由着装，并不怕什么不良后果。《旧唐书·舆服志》是这样描述唐代女性着装现象的："风俗奢靡，不依格令，绮罗锦绣，随所好尚。上自宫掖，下至匹庶，递相仿效，贵贱无别。"①裸露粉胸、女着男装等创造性的着装现象由于"随所好尚"的自由衣装观念而随处可见。由此可见，大唐帝国宽松的思想文化氛围为服饰文化的繁荣营造了特别优越的环境。可惜的是，这种自由的着衣风气在后世一直被压抑、遏制。一直到20世纪以后，特别是当中华人民共和国步入改革开放的新时期以后，自由着装风气才重新出现。

一个国家实施的政策直接关系到文化能否积极健康地发展。从古至今，强制性的、压抑遏止的、禁忌的、强求一律的文化政策，必定会造成轻视文化、生命的不良影响，从而导致影响其内在活力的结果；而开明、宽容、自由的文化政策，则会极大地推动文化在多元扩展和不断深化中显露出新的局面。唐代和我国现阶段都属于文化政策开明、宽松的时代，两者时

---

① 刘昫等：《旧唐书》卷四十五，中华书局，1975，第1957页。

隔上千年，遥相呼应。所以，当今社会，人们着装上形成的这种多少代以来所不曾有的"自由"风尚，只有在遥远的盛唐能重新找到源头。毋庸置疑，在当代中国，因中西方服饰文化充分交流、融合而形成的新颖的着装现象，正和唐代的自由精神暗合。

在当代，中国正处于一个变化剧烈的历史转型期——从农业社会向现代工业社会以及信息化社会跨越式迈进的历程中。现代工业社会和信息化社会所表现出来的经济领域全球化特征，对当代国人着装产生了巨大的影响，进而促使服装元素多样化（包括款式、颜色、质料、花样、图案、肌理等）的局面形成。20世纪50至70年代，国人服装的基本颜色为"灰、蓝、黑"三色，服装款式单一，颜色单调，质地材料来源贫乏，大众着衣风格雷同。而现在的服装种类划分细致，风格各异且多样，款式和颜色上的大胆创新就更不用说了，甚至在街头巷尾随时都能看到穿着时尚的人，服装搭配也是尽显各路风格——复古的、前卫的、休闲的、优雅的、朋克的、职业的等。与此同时，社会上的人们也能用包容的心态，来看待这些或传统的，或舶来的，或演绎的时尚产物。特别是中国加入WTO（世界贸易组织）后，更加促进了国际经济与文化的大发展，东西方思想观念和设计理念的碰撞、交织，成为中国当代服装的新特色。随着国内消费者对服装文化价值的重视以及讲究穿着个性化和高品质的新一代消费群体队伍的迅速壮大，着装个性也逐渐成为消费者追求的新热点与新亮点。每一个人都希望能选择适合自己的服装，在保证舒适、美观的同时，服饰还一定要彰显自己的风格。

当代服饰除了样式更具风格化外，服装性别界限日趋模糊也是另一大特点。这与唐代女着男装、男着女装风潮何其相似！比如很多时尚女性上穿夹克，下着窄管裤，脚蹬马丁靴，俨然一副狂放不羁的男儿模样，完全一副模糊性别界限的做派！这种景况犹如唐代一样，同样被人们所欣赏和接纳。人们对新颖的、美的服装样式不断追求，对各种美的事物亲自实践，对有别于常规的方式进行大胆探索，对新的理念乐观地接受等，这种积极包容的心态，使当代的服饰在有别于所谓"规范"的基础上，自由蓬勃地发展，形成了当代气象万千的服饰景象。所以，当代人的服装观念与唐代人的服装观念（包括服装的创造性制作和穿着），在精神实质上是完全一致的（图6-1）。

图6-1　青海都兰吐蕃墓出土唐红罗宝相花织锦绣袜鞋

二、时尚"从上至下""由少及多"的辐射

当今的服饰发展也逐渐走向多元化。纵观每一季国际时尚舞台上的设计大师们的作品，无不向人们展现了其全新的、别致的设计理念和品牌风格，可谓独具匠心、千秋各异。然而，无论服饰款式及服饰的装饰语言怎样变换，所有的服装品牌都在引领着这一季的流行趋势。随着现代网络信息化的迅猛发展，媒体宣传力度的空前加强，大众的穿着方式也受到了很大的影响。比如，当今文体艺术界的明星、时尚界的模特、其他领域的名人及成功人士等，他们的着装方式形成了普通社会大众效仿的"榜样性"力量，这种力量潜移默化地对大众的服

装审美趋向产生了重要的影响。在这种影响之下，产生了很多以名人命名的时尚新名词，比如"贝克汉姆发型""赫本头"等。人们纷纷效仿名人们的穿着打扮，并将这种非常个人化的风格加以改造，最终变为自己的时尚。由于现代媒体的发达，这种时尚的更新速度也非常惊人。每一次名人的穿着变化，都会在大众间兴起模仿的浪潮，此起彼伏，而这种时尚的影响力可以说是贯穿整个当代服饰界，进而形成具有个人化风格的时尚定义。

唐代也是一个非常注重时尚的朝代。大唐风尚首先是以部分人为源头，然后逐渐衍化，最终影响到大众百姓的。而那时的女性更是时髦成风，唐代政治、道德、法律都不能约束这种强烈的好美之心和对时尚的追逐。事实上，就唐代政治的开明、经济的发达、文化的开放兼容、道德规范的松弛、法律制度的宽容等实际来说，整个社会也不会对时尚的着衣行为进行严格的限制甚至遏止。所有身份等级、性别及民族禁忌等界限都被淡化了，甚至在某种意义上被彻底冲垮了。

唐代出现"自上而下"的追随时尚的潮流，首先是受安乐公主的"百鸟毛裙"的影响。"百鸟毛裙"可以说是中国织绣史上的名作，公主为始作俑者，尔后被官家乃至平民女子竞相效仿，致使山林奇禽异兽被猎杀殆尽，充分显示了当时时尚的号召力之大。其后是石榴裙的流行，其流行的时间最长，影响最大。太平公主在唐高宗设置的内宴上，以紫衫、玉带、皂罗折上巾、佩带弓箭等"纷砺七事"的装扮出场，不但女扮男装，而且全副武装，弄得高宗和武后都觉得好笑，但并没有制止这种着装行为。作为天下未婚女子榜样的公主都带头这样"扮酷"，这对整个社会女穿男装风气的影响是可想而知的。

唐代的时尚更新速度也不亚于现代。比如，唐初女子服饰中流行戴网帷很长、能将全身都遮蔽起来的"羃䍦"。唐高宗以后，"羃䍦"逐渐被帷帽所取代，帷帽的网帷短了许多，一般垂至颈部。到了开元期间，帷帽又被网帷尽去、靓妆露面的卷檐虚帽——胡帽所取代。可见，那时开放的思想及自由的着装风潮形成了一个时代服饰文化特有的景观。时尚在当代"由少及多"的广泛影响，也正是唐代大众时尚辐射过程的复现，是整个国家民族审美传统的延续。

三、裸露装束——女性意识的再度萌发

中国古代女装给人们的印象总是包裹严实，内敛保守。汉朝女子穿着"上衣下裳"及深衣，旋绕的曲裾深衣就将人体包裹得严严实实，不露肌肤。宋代女装趋向于窄长、柔弱，再加上封建礼教自汉代以来的再度盛行，女子连肌肤的显露都已成为道德问题，更无法谈及女性的人体美及自主意识的表达了。而唐代女装的大胆、袒露、开放是中国古代历史上绝无仅有的着装现象，其他时代的女性根本不敢奢想。

古时女子通行"上襦下裙"的穿着方式。上襦短至腰间，下裙长度有所增加，所以常见的穿法是将上襦下摆束于裙子里面，而唐代女性大多喜欢"袒胸襦"——裙子提到腋下，颈部和胸部的部分肌肤被显露出来，而且裙腰上半露酥胸。唐代领型中最引人注目的是袒露胸部的袒领，一般暴露面积大的可见女性的乳沟。

不唯如此，在这一时期，还产生了大量的新式服装。比如大袖袒胸裙——由大袖衫和高束腰的裙子组成，其样式为袒胸贯头式，领子开得很低，女子穿上后不着内衣，胸乳半露于

外。这充分展示出性感裸露的女性化服饰之美。同时为了充分突出女性美丽丰盈的曲线，服装材料上也大量采用丝绸质料。女性往往以轻纱为衣裙质地，其上绣以团花，露肩裸背，从披纱中隐隐透出细腻的肌肤。当时的男性对这种服装无疑是肯定的、欣赏的，并纷纷加以赞美。在壁画、陶俑以及其他雕塑中，也把这种装束保存了下来。穿过悠远的历史时空，这种擅于展现女性婀娜体态的服装审美趋向在20世纪二三十年代的上海等大都市首先得以重现。上海、苏州、广州、天津、北平（即北京）、厦门、青岛等前沿城市首先受到西方文化影响。女性服装，特别是裙装，超短、低胸、袒露、高开叉、紧身之风，席卷各个角落。这种以露为时尚的着衣现象，先是流行于风月场所、娱乐场所，再经上流社会女子的效仿传播，最后流行于全社会。之后中断几十年，直到20世纪八九十年代，新中国改革开放之风潮再次大大地促进了服饰的开放与革命，超短、袒露之风再次凶猛地刮起来。在新时期，中国年轻的服装设计师在服装设计上，加入了更多的带有盛唐风貌和西化痕迹的裸露元素，以展现女性身体的自然曲线。而在大众的日常穿着中，虽然没有T台上的夸张与形式感，但是也并不回避女性形体的展露——露肩连衣裙、露脐上衣、超短裙（裤）、吊带衣、内衣外穿等在现实生活中屡见不鲜。

这种大胆开放的反传统的服饰现象，只有在中国封建社会的唐代出现过，而封建社会其他时期都绝对不允许女性在日常穿着中裸露肌肤，这会被正统的封建文化卫道士们视为"有伤风化"，甚至会被斥责为"妖孽""服妖"之举。在隋唐和五代刚刚过去不久，宋人对唐装在宋初妇女着装行为中的表现，就斥之为"淫逸之象"，并加以严厉制止。在复杂的历史条件和多元的文化交融过程中，女权意识的萌发，是贯穿其间的一条主线，也是产生这种文化现象的核心因素。唐代和当代的女性在自己独特的着装风尚与美学追求中，都向世人展示了她们自主、独立、自信的态度。无论在思想和言行方面，还是在着装实际行为表现方面，女性都有了更多的自主选择的权利。她们义无反顾地尊重自己的审美喜好，大胆袒露肌肤，行走于朝廷宫闱与市井街巷之间；她们选择了一系列休闲的生活方式，尽情追逐各种外来风尚，不再只为悦己者而容。自主选择的意识是当时女性普遍的心理特征。据史料统计，仅《全唐诗》收入的女作者就有一百余人，可谓才女辈出。中唐诗人李华在给其外孙女的信中谈道，"妇女亦要读书解文字，知古今情状，事父母舅姑，然可无咎"①。官宦及文化人家鼓励女子读书识字，在唐朝是比较普遍的。因而，上自朝廷贵族、朱门大户，下至黎民百姓，只要有条件，读诗习文蔚然成风。鱼玄机在观看新科进士题名榜时曾吟出"自恨罗衣掩诗句，举头空羡榜中名"的句子，表达了对自己才华的自信和不能与男子同登金榜、一展雄才的遗憾。唐代女性的思想行为较为独立，她们在社会生活的各个方面争取一种全新的地位，这在中国历史上是非常突出的。女性自我意识的强烈表现，在服装上显示出特立独行的风貌，而且也表现出与男子平等的态势。

总之，唐代女性和当代女性一样自信且富于表现欲望，女性裸露的着装风格正体现了女性意识的觉醒。"自主""自信""独立"的女权意识萌芽，促使了全新的着装思维方式的形成。开放的社会氛围、强大的社会包容力，都使裸露不再

---

① 李华：《与外孙崔氏二孩书》，《全唐文》卷三一五，中华书局，1983，第3195页。

被人们回避。无论是当代还是唐代，都能够直面这种展露人体的美，说明历史隔代的共性现象，在不同的时间和空间复现的情景不容置疑（图6-2，图6-3）。

图6-2 《簪花仕女图》中仕女们的时尚着装（局部一）

图6-3 《簪花仕女图》中仕女们的时尚着装（局部二）

第二节 实践的回转

无论与历史上哪个朝代相比，唐代的服饰景观都是恢宏繁盛的。唐代服饰的基本元素可以概括如下：造型大气，特别注重形体的展现；用色大胆，不拘泥于传统搭配；工艺复杂，

刺绣等手法更加娴熟；用料奢华，大量使用丝织物。这些元素构成了唐代服饰的基本特征。也许这就是一个朝代在服饰文化方面穿越历史留给我们的一颗颗熠熠闪光的明珠。而作为现代人，该拥有怎样的眼光、胆识与智慧，该怎样发挥有别于前人的创造力，并将怎样的创新精神延续下去，才可以找到那条能够将传统服饰文化的明珠串起的线，从而借大唐之雄风，来呈现我们当代的服饰文化的审美价值观？这就需要用更多的创造性智慧和勤奋的实践来完成。单单靠意识上的想象和精神上的空谈来回归大唐盛世，抑或仅仅只是仿照传统，没有任何突破，这些都不能从根本上完成对整个民族服饰优秀传统的真正复兴。所以，我们只有通过对大唐复杂多样的服饰现象的清晰梳理，通过对唐代服饰文化及审美境界的正确把握，通过对唐人创造精神的全面继承，才能挖掘出唐代服饰的真正内涵，把唐代服饰文化及其美学神韵重新演绎出来，才能做到创新发展。

一、专业设计师"梦回大唐"

如果将传统元素的设计再创造比作一条蜿蜒不绝的道路的话，那么中华民族的服装设计师们在服装发展的道路上已经走过了数千载。并且，中华民族的服装设计师们在这条漫长旅途上，一直做着富有个性的摸索，其中的艰难和波折固然很多，但是成功的实践毕竟是主要的。然而事实上，很多不成功的案例都在告诉我们，想要将具有丰厚民族文化积淀的传统因素，有机地协调融合在现代服装设计中是多么不容易！但是，现代服装设计成就也告诉我们，如果要创作出世界性的服装经典，就一定要融合民族性符号，用本土的经验以及成果来证明，只有坚守民族元素，方能够成为世界经典。所以，在民族化这条路上，我们不但必须走下去，还要更加保持自己的本色。

也许是唐代服饰开合自如的气韵通过诗词、书画、雕塑、建筑以及壁画等，向我们后世人展示了太多太多的内容，在现代服饰界的潜意识里，人们都想要重现那个曾经带给我们自尊自信的富丽王朝的时尚、经典场景。特别是在西方服饰一统天下的环境中，我们民族刚刚起步的时尚幼苗，在西方的强枝巨干之下，显得并不那么成熟和自信。于是，一些设计师们一味地照搬和模仿西方，使自己的设计越来越没有了自我。为了将经典重新延续，找回自己应有的个性，国内的设计师从心底呼唤唐代时尚的回转，希望将"衣冠大国"这样充满荣光的高级别的称谓发扬光大。所以，在国内的服装领域，涌现出了一批又一批致力于将传统文化再次创新的优秀设计师。他们通过对传统文化和民族美学思想的深入学习，不断钻研传统服饰的意蕴，以达到掌握其精髓的目的。我们都知道，中国传统文化强调的是"天人合一""师法自然"的境界，天地万物皆与人同归一体，这是最透彻、简单的状态，而且是最高的美学境界。这种理念在唐代服饰中表现得尤为显著。唐代女装讲求"大袖纱罗"，通过衣服材料和款式来展示宽松飘逸的着装美，这是对汉魏以来中国传统服饰风尚的进一步发展，比如女裙裙腰提高后上身多不穿内衣，充分展示其雍容、富态、丰腴之美。永泰公主墓壁画中，女子领口无不开得很低，大袖翩翩。这种"袒领大袖衫"，袖宽达四尺有余，曾在当时贵族女子中风靡一时，如今日本和服的振袖仍保留了这一特点。唐代女装通常还追求人体和服装之间的协调搭配，服装并不掩饰、压抑人这一主体意识，这是在受到胡服影响之后所表现出来的服装风尚。服装和人体之间的协调共融是唐代服饰的精神内涵，脱离了这一点，仅仅将传统服装款式与工艺生搬硬套在当代设计之中，显然是不可取的。

唐代服饰普遍使用花卉图案，其构图活泼自由，疏密有致。唐代女性以肥为美，整体匀称，丰满圆润，体形的特点使得服装没有收腰设计，这与现在的审美观念虽然有所差异，但并不影响现代的服装设计师将唐朝元素运用到现代的服装设计中，相反，正是这样的差异使得为数不多的唐代风格设计各具特点，体现了古代与现代服饰思想的融合。比如现代歌舞表演中有关唐代服装的设计（图6-4，图6-5，图6-6），就蕴含着浓郁的唐代风格——宽袍大袖或随身窄袖、低胸、透明纱罗、复杂的头饰、曳地长裙等，这和《簪花仕女图》中的贵妇服装特点非常接近。并且，白色袍衫上的牡丹图案也体现了唐代雍容华贵的特

图6-4　第四届丝绸之路国际艺术节仿唐反弹琵琶

图6-5　第四届丝绸之路国际艺术节《花开东方》中西域民族来朝长安的歌舞表演服装

图6-6　大唐芙蓉园表演唐代乐舞的演员们身穿窄袖低胸长裙，头梳高髻，簪花并戴头搭，手持宫灯

点。然而，现代设计在唐代服饰的特点上也包含着自己的创新元素——将高至胸前的围裳降低到腰际，在无扣的袍衫上添加扣子以遮掩胸部，以免暴露得太多。这样的设计更体现出女性腰部玲珑的线条。宽大的袖子得到了夸张，使得袖与衣连为一体，有如蝴蝶般轻盈飘扬。外国设计师杰里米·斯科特2003年春夏作品中的服装也体现出宽袍大袖、低胸的唐代服饰特点——无扣、长至地面的外衣几乎与对襟大袖衫一模一样，而仅仅将大袖衫的纱罗面料改为不透明的面料，则是一种反叛表现。低胸的裹裙加上肩带，体现出了现代的服装风格，并且将从前下摆窄小、不收腰的裹裙设计成了大摆开衩、腰部紧收的连衣裙，这样不仅体现了女性的体态，还使人的行动更加方便。整体花纹以简单的几何线条取代了原有的华丽图案，视觉上也更为现代，更为开放。这就是继承中的创新。另一位外国设计师高斯特2002年春夏作品是一件典型的宽袍大袖衫设计样式，以轻盈透明的面料包裹着女性若隐若现的胴体。设计师大胆地将裹裙完全去掉，只留下轻透的外衫，女性柔美的曲线一览无余。腰间扎紧的腰带使宽大的外袍固定在身体上，即使在行走中，服装的整体效果也不会改变。这款服装在图案上面运用了抽象的红色花朵、绿色水波和蓝紫色天空，混合出一片生动的自然风景，与单单只是牡丹图案的唐代风格相比，更加富有自然气息，体现出人与自然的和谐统一的理念。这是东方审美特征和西方审美特征有机结合的实践性尝试。中国设计师李慧英的作品，体现的是一如既往的低胸裹裙风格，她用透明纱罗制作的对襟衫，只用了黑白两种最基本的色彩，再配以单层的衣衫，窄小的袖口，简单的图案，精巧的头饰，全都体现出"干净利落、简单大方"的现代服饰理念，更加贴近中国的传

统服饰审美观念。

在这里，我们不仅可以看到中国设计师使用了唐代元素，西方的设计师们也同样将唐代服饰中大胆开放的一面吸收在自己的作品之中，体现出了中西文化及审美取向、古今文化及审美取向的完美结合。

改革开放以来，随着西方现代潮流对我国的影响，我国纺织服装类以及相关艺术院校的服装专业师生，在服装设计方面进行了各种大胆的创新尝试，设计出很多既传统又时尚的品牌服装，经过多年的发展和完善，逐渐成为经典。特别是20世纪80年代以来，中国服装界涌现出很多著名设计师，比如章晓惠、徐青青、胡晓萍、郭培、谭燕玉、梁子、刘薇、张晓峰、张达等，都是新时期服装设计界的代表性人物。毕业于西安工程大学的欧铸辉，他建立了自己的"裗"工作室，创作设计了一系列具有唐代服装元素且又充满现代意识的创意作品（图6-7）。

图6-7 西安工程大学服装与艺术设计学院2016届毕业生服装大赛一等奖获得者欧铸辉的丝路服装设计作品

　　服装是一种艺术的表现形式，艺术是美的集中体现。服饰艺术是要放在一定的时代背景之下加以审视的。对于服装的艺术审度，最好的参照背景就是流行时尚。服装艺术作为对流行时尚的表达和升华，往往能真正体现出一个设计师对流行的审美追求和自我品位的表达。随着设计师对灵感的不断挑战和对艺术灵感以及美学境界的特别理解，服装已不是单纯的实用品，也笼罩着艺术美的光环。

　　唐代服饰除了注重服装与人的和谐统一之外，张扬主体个性也是一个重要的特色。这与让衣服紧裹人的身体，缩小关注面积的低调内敛不同。这种服饰观在当代设计师的服装品牌中得到了较为充分的发挥和创造。2009年宋祖英的"魅力·中国"个人专场演唱会在北京"鸟巢"上演时，设计师郭培为其设计了两套演出服装，一套是"牡丹裙"，另外一套是"苗族装"。从图案上看，"牡丹裙"上用各种装饰材料绘制出朵朵牡丹，在灯光下显得非常华丽、富贵；从设计特点和理念上来讲，"牡丹裙"是从"国花"（唐代的文化概念）这个特殊的角度来诠释中国气韵的，体现的是中华民族的传统美学理念。牡丹是唐代的象征，被唐人以"天香国色"来称道。李白为杨贵妃所写的《清平调》词三首，其中的"云想衣裳花想容，春风拂槛露华浓""一枝红艳露凝香，云雨巫山枉断肠""名花倾国两相欢，常得君王带笑看"就是把花和人融会在一起来写的。北宋理学大师周敦颐在《爱莲说》中写到了"自李唐来，世人甚爱牡丹"的现象。刘禹锡的《赏牡丹》诗写道："唯有牡丹真国色，花开时节动京城。"白居易《买花》也写了牡丹对唐人的巨大影响力："帝城春欲暮，喧喧车马度。共道牡丹时，相随买花去。……灼灼百朵红，戋戋五束素。……家家习为俗，人人迷不悟。……一丛深色花，十户中人赋。"这些都反映了受最高统治者的影响，唐代人，特别是统治阶层"甚爱牡丹"的情景。因而，现代设计师也注重将牡丹元素与人物艺术形象相结合，这充分反映了唐代服饰对后世服饰的影响。

2001年，新世纪伊始，在上海举行的APEC（亚洲太平洋经济合作组织）会议上，与会领导人穿上以中国传统文化为背景所设计的唐装，一展华夏风采（图6-8）。从2001年到2004

图6-8　2001年亚太经合组织会议各经济体领导人唐装集体照

年这段时间，唐装在国内外引起了一股热潮。唐装以其特别喜庆的色彩，首先冲击着人们的视觉，然后再以其精益求精的传统图案，启迪着人们对古代文化神韵的丰富联想；其传统与现代相结合的款式造型，再配上做工复杂而且特别的盘扣等装饰，使其成为中国人逢年过节，出席各种隆重、喜庆活动，参加各种庆典、聚会等的首选服装。从审美的角度考察，唐装最显著的特点是色彩热烈而凝重。它以红和黑为主色调，红色是热烈喜庆之色，黑色是庄重典雅之色，这两色构成了服装色彩的主旋律，特别吸引人们的眼球。唐装款式传统而且端庄，它集合了中国服装构型的经典形式，直线开襟显示简洁明朗的风格；传统手工纽扣是中国结的典型造型，唐装纽扣多为盘扣，使它具有了和世界其他民族服装迥然相异的特征；唐装的图案深沉而且醒目，圆润饱满，浑然一体，中间的寿字构图是中国民族文化的典型象征，意蕴丰厚。这几者融洽、和谐地组合在一起，完整地体现了独特、成熟的中国文化的韵致，渲染了喜庆、庄重、典雅的文化意蕴。在红与黑相映的主色调之外，又辅以小面积的对比色调，既保持了古典、规范的风韵，却又不失现代轻巧、奔放风格的韵律感。

　　总之，无论是服装精神还是服装形态，这些设计都表明当代设计师对中国传统文化的传承，对唐代服饰盛世的有意回归和重现。在逐渐把握中国传统服饰的精神特征方面，也算做到了形神兼具。

二、"花钿"妆饰所体现出的盛世景象

　　从南北朝到唐代，女性化妆的风气盛行，特别是唐代女性喜欢在脸上贴各种小花片作为装饰，当时叫作"花子""花钿"等名目。实际上，在脸上贴花钿的风气，一直延续到明代都没有完全消失，只不过宋代以后，这一风气不如之前那么盛行而已。人工假靥，是花子的一种。唐朝诗人李贺在《恼公》诗中写道："注口樱桃小，添眉桂叶浓。晓奁妆秀靥，夜帐减香筒。"这描写的是唐代女性早晨化妆的情景。很显然，在脸上制造一对假靥，与涂口红、描眉一样，在当时都是化妆步骤中很日常的一环。通常，是用一对小小的圆花钿贴在嘴唇两侧

的面颊上，模仿出，或者也可以说是有意装点出女性微笑时酒靥的迷人效果。新疆阿斯塔那唐墓中出土的彩绘女俑，就很好地体现了这一化妆方式——在嘴角两旁相当于酒窝的地方，各有一个深色的圆圆的花钿，非常醒目。到了晚唐、五代，女人脸上的花钿装饰越来越多，样式也越来越奇特。于是，原本是模仿天然酒窝儿的"圆靥"，也被做出了小鸟等造型。敦煌第六十一窟中五代女供养人的面庞上，装饰的就是这样的面靥。从一些资料中可以知道，唐代女性使用花钿，与今天使用邮票的方法差不多，即在其背面刷上特制的胶液，然后把它们贴到脸上。问题是，人是要活动的，而且是有表情的，于是，在人的活动和表情变化中，那贴上去的花钿不一定能很牢靠地依附在面庞、鬓发上，有时就不免会脱落下来。所以，在当时的生活中就会出现这样的情景：凡是在女性停留过的地方，就会有从她面颊上或头发上不经意掉落下来的花钿，像杨花柳絮一样四处飘坠。人虽然离去了，但是她的一点、两点花钿却会被遗留在原处，这也成了歌舞场曲终人散的一种景致。

　　假靥有各种各样的颜色，比如新疆阿斯塔那出土的女俑的靥钿，就接近黑色。在宋初，京城的女性还流行用一种黑光纸剪成的"团靥"来装饰面庞，这是唐代流传下来的遗风。不过，在花钿中，最流行、最受青睐的是用金箔做成的"金钿"，这种金色的假靥，直接被称为"金靥"。"金靥"相对于翠钿等其他颜色花子的优势，是它耀人眼目，而且随着女性面庞的转动以及表情的变化，它会时时闪烁金光，就像女性嘴角挂着一对明亮的、忽现忽灭的彩珠。像这样的装饰，在今天都市女孩的脸上、头上也有所表现。现在有些年轻男女甚至在脸颊、下巴、鼻梁、额头等处镶嵌银灰色铆钉，以此为美。

　　唐代服装作为中华民族的瑰宝自然不用赘述，而唐代的面饰与发型竟也出现在世人面前——2008年北京奥运会开幕式上的中国古典服饰的华美形象，无疑带给所有人奢华的视觉享受，也带给国人巨大的民族自豪感（图6-9）。担任此次奥运会化妆总负责人的著名设计师毛戈平说："本次奥运会开幕式化妆主要突出中国元素、人文色彩。通过不同方式表现中国人的神韵，体现东方人的美、现代人的精神面貌。在妆容特点上需要和节目主题、服装结合起来，经过重新设计后，使历史中的人物形象更能符合当代人的审美要求。在色调上，我们采用了大量的暖色调。比如孔子弟子的妆容，简洁含蓄，突出表现其书卷气。而在《中华礼乐》中，主要表现了唐朝的繁盛和华丽。妆容借鉴了唐朝的元素，呈现出妩媚和富丽的风格。色彩上以中国红为主，在眼影、腮红和口红中大量运用；为了表现唐朝女性肤如凝脂的特点，演员的脖子上都涂上了红色胭脂和亮片，还有梅花印记。另外，额头的图案使用了唐朝流行的花钿妆，还有特意点在唇边的两点装饰，都是从唐代的

图6-9　2008年北京奥运会中穿青花瓷短袖长裙的礼仪小姐

仕女画和壁画中考证得出的，通过这些细节的表现也可以了解中国古典文化的博大精深。"①奥运会开幕式上的表演者穿唐代服装，梳唐代高髻，饰唐代花钿，整体形象仿佛是对唐代盛世的再现。这种服饰与妆容的表现，体现出现代人对唐代盛世的缅怀和崇敬；这种在世界性舞台上展现出大唐气韵和美的做法，也是对民族文化的一种寄托和回转性的实践体现。

由此可见，现代人对唐文化的敬仰和推崇已经渗入到方方面面，在细节上充分利用唐代元素，形成整体的和谐与大气——这些已经成为当代艺术家共同践行的"历史使命"。对唐代服饰的重新开发与运用，需要我们在世界其他民族面前，不仅展示出民族的形象美，更要将民族服饰的精神内涵发扬光大。

第三节　无穷的艺术魅力

作为一个有数千年历史积淀的大国，中国有着绚丽的服饰文化遗产，并且以纷繁复杂的面貌展现于世人面前。特别是唐代的服饰文化，以其独特的审美特征和丰富的艺术形式，创造了古代光辉、灿烂的文明，散发出无穷的艺术魅力。

唐代服饰艺术所产生的无穷魅力，无论是对后世，还是对域外服饰的发展、演变，都形成了巨大的影响力量。

---

① 引自中国服装网。

一、唐代服饰对五代及宋元明清的影响

隋唐之后，中国历史再次出现分裂状态，军阀割据形成五代十国，但是这并没有影响封建经济的继续发展。唐代所形成的繁盛的服饰景象，在紧随其后的五代还持续地发展着。正如沈从文先生在其名著《中国服饰史》中所说的："隋唐之后的五代十国，封建经济继续发展，服饰生活显得更为繁荣。几十年的割据预示着国家的统一，政权的频繁使服饰文化的底蕴更为厚实。"[①]实际上，也可以说，五代十国是隋唐历史的延续。比如在五代绘画、出土文物等实物中，我们还能看到穿交领便服的南唐帝王与文臣、武将，以及穿圆领服装、散发的仆役形象。陕西乾县章怀太子墓、永泰公主墓，陕西礼泉县昭陵陪葬墓等出土的壁画人物，甘肃安西榆林窟的五代壁画人物中，都有穿戴着黑色展翅幞头、圆领紫红色袍服的官员形象，还有戴钿钗花冠、着盛装的贵妇形象。五代南唐名画《韩熙载夜宴图》中表现的是披帔帛的乐伎，戴幞头、穿圆领衣，或站或坐的官员以及贵妇形象，这些都是唐代服饰遗风延续的范例。

二、唐代服饰对日本及朝鲜服装的影响

1. 对日本服装的影响

日本服装的发展在很大程度上吸收了唐代服装文化的营养和成果，这离不开古代中国对周边国家积极交流的外交政策的影响。公元600年，日本圣德太子下令向中国的隋朝派遣使

---

① 沈从文：《中国服饰史》，陕西师范大学出版社，2004，第95页。

节，主动开始了与中国的文化交流。此后几年，日本国先后派遣小野妹子、犬上御田锹等人作为使节前往中国长安学习中国律令和文化等。随后，苏我马子掌权后又继续向唐朝派遣犬上御田锹等人来学习中国文化。此后，日本政府还不断地派遣唐使来中国学习，比如654年先后任命高向玄理等人为遣唐使来中国，从665年至838年多次派遣唐使到长安。另外，日本飞鸟奈良时代出现了较多的女帝，她们更是积极地引进中国服装，频率相当高。当时的唐朝是鼎盛大国，不要说日本很羡慕中国的昌盛与发达，就是西方的波斯等较发达的国家，也有很多的使者慕名来中国长安居住、学习、交流和进行商业贸易往来。当时的唐朝是一个非常开放的社会，它与很多国家都有来往和交流。日本作为离中国很近的岛国，由于与唐朝频繁地交流，准确说是学习、取经，因此其服饰风格受到了唐朝很大的影响。日本的飞鸟奈良时代是学习隋唐服饰文化最具代表性的鼎盛时期。有了对汉民族文化更加系统的综合认知与社会应用，日本服饰，特别是日本和服（图6-10，图6-11，图6-12），带有极为明显的唐代服装印迹和特征。

图6-10 穿和服、持团扇的日本女子

图6-11 日本和服

图6-12 穿和服，头上簪花的日本妇女

日本的和服是我国盛唐服装的产物。最初的和服与我国唐朝服装的式样类似，都是高腰、长裙、斜襟、宽袖，曾被称为"昊服"，这表明日本的这种带有全民族性质的国服是受唐朝服装影响产生的。和服在花纹方面，与我国唐朝服装上的花纹有着很深的历史渊源。日本史书中有关和服的名称记载，比如"唐花""唐草""唐锦"等，每一词都包含有一个"唐"字，从中可以看出，它和中国唐朝的不解之缘。

在我们国家的典籍中，日本曾被称为扶桑、东夷、倭国等，后来慢慢固定称日本。日本最早的民族服装几乎无型，《三国志·乌丸鲜卑东夷列传第三十》记载："其衣横幅，但结束相连，略无缝。妇人被发屈紒，作衣如单被，穿其中央，贯头衣之。"①这个民族后来有了和服等款式与名目，是与学习隋唐时期中华民族服装礼仪不无关系的。

日本服饰对中国唐代服饰的学习是一个过程，这个过程不仅体现在和服这样的典型服饰中，在其他样式的服饰中也有大量的模仿和演变痕迹。《旧唐书·东夷传》记载，在隋唐时日本先民"以幅布蔽其前后，贵人戴锦帽，百姓皆椎髻，无冠带。妇人衣纯色裙，长腰襦，束发于后，佩银花，长八寸，左右各数枝，以明贵贱等级"。②公元800年前后，日本开始进入平安时代，这个时代被称为贵族的时代。随着社会形态和历史的不断进化和发展，其对中国大唐王朝的一味模仿，也渐渐开始发生变化。后来遣唐使制度逐渐废弃，大唐帝国也在社会变迁和农民起义中灭亡。

---

① 　陈寿：《三国志》卷三十，中华书局，1982，第855页。
② 　刘昫等：《旧唐书》卷一百九十九上，中华书局，1975，第5340页。

日本平安时代，皇宫中的女装款式和名目主要分为三大部分：唐衣、袿衣和裳（下裙）。女子们习惯于内穿层层相叠的袿衣，将裙裳系于腰间，并将装饰的部分围在身后，外面穿着唐衣。而日本的所谓"唐衣"，是指带有唐朝风尚的衣服款样，短衣身、宽袖口，和唐朝服装很相似。可以说，唐衣是平安时代日本宫中女子的正装。它的特点是衣身短小，仅到腰际。在裁剪上体现为前片比后片长，袖口宽大，而腋处口紧窄，领子外翻折叠、平整呈条状；后领则是下垂状态，折叠成倒三角形状。衣服整体方方正正，袖口不像唐朝服装那样一般都有弧度，它们则各边全是直角形状，而衣服花纹华丽，最具唐朝风采。

总的来说，平安时代的"裳"与中国的"裳"以及日本此前的"裳"的内涵及款样是不一样的。这时候的"裳"比以前形制有所缩小，是以扇状的围裙形态出现的。它以系带的形式绑在腰间，但不像中国的蔽膝和围裙等装饰物系在身体前面的衣服上，而是围在身体后面的。展开以后，可以看见其斑斓的刺绣图案，犹如孔雀开屏，美丽别致。这便是日本民族对其服装的特殊创制。

日本袿衣是穿在唐衣和裳之内的衣服，和我国的相似服装的穿法一致，只是没有系带。它是将衣襟左右相叠着穿，衣身很长，到脚踝处，而且长可拖地。这种衣服要多件相叠着穿，和我国汉代的三重衣极其相似。我国汉代的三重衣便是将袿衣重重叠叠地穿着，一般穿三层，并将里面两件衣服的领口分层露出，显示一种特殊的风尚。层层叠叠相当有韵致，更有静态的节奏感，是一种服装美的典型体现。日本的袿衣也像唐衣一样裁剪得方方正正，各个边缘也都呈直角形状，衣服上没有贴身的腰线，袖子也没有弧度，这跟中国的三重衣不同。日本人原来喜欢在多件袿衣下穿一件单衣内衣，后来便把它通用于袿衣、唐衣、裳组成的正装中。

其实，唐朝对日本除了服装上的影响之外，也通过各种途径在其他领域对日本有着更加广泛的影响。日本把在唐朝学习到的东西加以改进，最终变成自己民族的东西，充满了异域的精彩和特色。比如从飞鸟时代开始，日本人向唐朝学习各种文化和艺术等，他们把从唐朝学习到的东西认真消化、吸收，最终变成自己的习俗。当时唐朝诗人喜欢赏梅作诗，遣唐使者们也模仿之，这种风尚后来在日本本土也逐渐流行起来。而后，日本人又将赏梅变为赏樱，因为樱花毕竟是他们本土的产物，欣赏起来更自如和谐，不像学习模仿别人的东西那样做作。在日本，樱花是国花，更是民族文化的象征，日本人普遍钟爱。樱花种类繁多，到处生长，随地可见，而且每到春天时，隆重绽放，漫山遍野，阵势浩荡，所以，赏樱就成为日本民族的盛事，并形成传统，历史悠久。日本最有代表性的樱花是八重樱，它属于复瓣类花，深受日本人喜爱。平安时期，赏樱作诗成为风潮，人们常常会以樱花来比喻女子的美丽、柔情和风韵，这和我们国家的诗人们喜欢以梅花、荷花、牡丹等花卉比喻女子是非常相似的。

日本与中国是一衣带水的邻国，古老的文化交流使两国的服饰文化存在着诸多相似的因素，但是，相互交流中还是以我们国家的文化为主流，他们学习、模仿和仿照实践得更多一些，这是不争的事实。但随着时间的流逝，不同民族与国度的文化毕竟要产生变化，显示出突出的差异性，这也是很自然的事情（图6-13，图6-14，图6-15）。

前面说过，日本民族是一个很聪明的民族，他们对外来文

图6-13　日本江户时代前、中、后三个时期妇女不同风格的着装

图6-14　日本女子受到汉魏隋唐垂髻影响的"美豆良"式发型

图6-15　日本和服和唐代大袖衫如出一辙

化有着很好的选择和吸收能力，并能经过自我综合消化，融会贯通，发展出具有自己的风格与特色的新文化。日本人在我们唐代服装基础上的再创造是以其自身的政治经济、风俗文化、民族审美心理等综合因素为坐标的。中国从公元6世纪到10世纪，正值历史上的隋唐时期，日本则是处于飞鸟、奈良和平安时期。他们从飞鸟时期就开始派遣使节到我国进行学习、交流，他们在最早的改革政策下，逐步发展、振兴和强盛自己的政治、经济、文化、艺术等，派遣唐使来我国学习、交流都为他们后期的崛起和强盛做好了准备。后来，随着飞鸟、平安时代的流逝，日本女性地位逐渐下降，又使其服装形成新的特点。因此，今天的日本和服是一个经历了由模仿到创造，再到升华过程的结果。

2. 对朝鲜服装的影响

朝鲜服装，包括今天的韩服，其美学特征是很突出和显著的，主要在于其优雅柔和的线条、宽大飘逸的造型、统一和谐

的配色等方面。朝鲜族女装以上衣
和裙子为基本造型（图6-16），里
面配有内衣、里裤和里裙等，　外
面再穿上坎肩，或者穿上无领上衣
和长袍，这是朝鲜族特殊的服装风
范。朝鲜人（包括后来的韩国人）
将这种民族服装称为唐衣。朝鲜族
男装则以上衣和长裤为基本形制，
腰上一般要系上腰带，裤上要系裤
脚带，外面也穿上坎肩，或者无领
上衣和长袍。

图6-16　朝鲜族唐衣

　　在朝鲜民族服装的基本形态
中，上衣有着非常严密的结构和做工工艺，其名称也是很民族化
的，比如衣襟、衬领、飘带、下摆等，都与其他民族不同。朝鲜
族服装最为典型的特征，是不论男女服装，均利用右侧前襟与左
侧前襟上的两个长飘带在右前胸上系一个蝴蝶结，使左右两襟不
用纽扣就可以自然地连接，视觉效果美观，在实用性上又起着御
寒和遮掩胸部的作用。第二个特征，是朝鲜族服装上衣在设计方
面，着意在上领、下摆（前后）、长袖等部位，采用了流畅而自
然的曲线，使其在不同的运动状态中，形成优美的造型与视觉效
果，这种独特的设计工艺还有使服装挺括、透气等实用性功能。
第三个特征，是其衬领、飘带和袖口的镶边均采用比较适合的色
彩搭配，在整体的设计上，起到美化装饰的作用。第四个特征，
是朝鲜民族服装中的上衣，其衣襟、衬领、飘带、镶边等的颜色
和长度，随着年代和氏族的变化而经常发生变化，显得灵活、自
如。

在朝鲜早期，其民族服装中女式服装的上衣衣襟长度约为66厘米，到了中期，变为56厘米，而到了后期，竟缩短为16厘米，这个变化幅度是相当大的。在朝鲜民族服装中，衬裤的结构与上衣相比要单纯得多，它是把腰带与裙子连接起来的简单的形态，实际上是由一块大四角形的布制作而成的，其特点是色彩单纯而不夸张，与制作精巧的上衣形成对比，很符合朝鲜民族崇尚自然美和原始美的文化观念及审美意识。

在古代的朝鲜，女装中的裙子虽然长至脚踝，但由于上衣比较短，很多女性在裙子的腰部系上一根白色的带子作为装饰，并使腰部以上的裙子部分鼓出一些，有时会因为腰部以上的裙子提得太高，使里面的白色衬裤从膝盖下方露出来。据说这样穿着的初衷是为了方便劳作，可见这种款式是劳动人民的专属。贵族很少劳作，不会露出衣服里面的衬裤，她们的裙子都很长，显示出一种贵族的风度和气质。但也有些年轻的女性或艺伎，为了突显自身身材的曲线和丰满，有意为之。

朝鲜族对服装颜色的运用也是相当考究的。他们通过对服装颜色的选择，表现自己的身份、兴趣爱好和审美追求效果，而更深层的寓意是追求服装深刻的内涵及其民族象征意义。朝鲜族人早期被称为"皂衣先人"（见《三国志·乌丸鲜卑东夷列传第三十》），后来他们对服装颜色的选择发生了变化，说明他们最早是尚黑白的。之后，朝鲜族服装对白色、红色、绿色等鲜亮颜色都有了特殊的偏爱，这和我们不谋而合，但他们更单纯一些，而汉民族对服装颜色的选择还要更广泛、更丰富一些。我们国家毕竟地域广袤，物产丰富，可提供给服装参照的事物也更加广博。

首先，朝鲜民族特别喜好白色。他们认为白色具有明快、纯洁、干净、高雅等多种含义。事实上，白色作为朝鲜民族传统服装中的主色调，在不同的时期都有比较确切的史料记载。比如，最早记载朝鲜民族和白衣相关的典籍是《三国志·魏书》，其中对夫余族人的描写中，有衣服崇尚白色，用白色的麻布制作长袖袍子和裤子等的说法。《旧唐书·东夷传》中对高句丽、百济、新罗等的文字记载有"衣裳服饰，唯王五彩，以白罗为冠，白皮小带，其冠及带咸以金饰……衫筒袖，袴大口，白韦带，黄皮履"[①]等内容，同时还有"其风俗……朝服尚白"[②]的记载。此外，在新罗时期也有关于新罗人穿衣崇尚白色的史料记载。《宋史》中记载了高丽使节郭元所说的本国仕女崇尚白衣服的话语，还有明朝董越的《朝鲜赋》中也提到"衣皆素白"的情况。其次，朝鲜民族认为红色象征太阳，认为它是创造万物的阳性颜色，所以，红色历来是朝鲜地位高的人穿着的颜色。在朝鲜历史上，国王的正服衮龙袍和宫中的朝服，还有贵族阶层妇女的礼服等，大都采用大红绸缎制作，以象征富贵、吉祥和权力。在平民社会里，红色也同样被认为是年轻活力与吉祥安泰的象征。比如，未出嫁的少女为了体现自己的年轻与活力，就喜欢穿着红色连衣裙；新婚女子在结婚时所穿的婚礼服装，也以大红为主色，象征热闹、喜庆，这和我们中华民族的文化观念以及审美取向是一样的。我国传统文化观念认为，红色具有热烈、喜庆、吉祥和辟邪的作用。朝鲜族对服色的运用，是和我们民族一衣带水关系的体现。

朝鲜民族服装可分为官服、民服、演艺服装等，这些服装

①②　刘昫等：《旧唐书》卷一百九十九上，中华书局，1975，第5320、5334页。

的结构自成一格，具有朝鲜族典型的独特性。虽然从外在面貌上看，朝鲜服装和唐装不是完全一致的，也缺少多余的装饰，体现了"白衣民族"古老的袍服的特点，但是它的上袄下裙形制，和我国自汉代以来，直到唐朝的女性服装上襦下裙形制完全一致，只是具体的服饰构件、做工、装饰、颜色、款型等有所差异。正是因为它是受唐朝服装的直接影响而创制出来的，所以就取名为唐衣。"唐衣"的"唐"就是"唐朝"的"唐"字的直接使用。朝鲜族在过去很长的历史时期，文字直接使用的也是汉字，只是在近代以后，他们才创制出自己的民族文字。

朝鲜族上衣从肩膀到袖口的笔直的线条，同衣服领子、下摆、袖肚的曲线，构成了曲线和直线组合的特殊形式，这是与唐朝服装有着某种契合的关键工艺所在。在唐朝强大的政治、经济、文化、军事等力量的影响下，以及各民族之间频繁、密切的相互交流下，朝鲜族服装的诞生、发展、演变等，在很大程度上受到唐代服饰文化的影响，这是很自然的事情。

3. 对后世"披"等服饰的影响

中国服装中的"披"等饰物可以说是在唐代初年初具雏形，在唐代盛世发展成熟，并形成了独特的服装气象，从而大大地影响了后世服装的发展与演变风尚。

中国服装历史上的披饰主要分为披巾与披肩两种。而披巾又分为帔帛和霞帔，披肩则一般涵盖云肩、背心与比甲等服装类型。关于披饰的概念，沈从文先生认为，"帔帛旧称'奉圣巾''续寿巾'……形制如围巾，帔子则近似云肩、背心或比甲"①。唐以前，女装"披饰"并不常见，在秦汉、魏晋时

---

① 沈从文：《中国古代服饰研究》，上海世纪出版集团，2005，第300页。

期，史料《事林广记》引实录中说，夏商周三代本无帔这种服装，到了秦代才开始有了帔帛，是以缣帛做成，汉代以罗做成，晋代永嘉时用绛晕做成，唐开元年间朝廷命王妃以下都要披帔帛，后来成为时尚之衣。

在山东沂南出土的东汉画像石中，有一尊齐桓公的塑像。在齐桓公领肩处披有披肩性质的装饰物，这可被视为最早的服装配饰物。魏晋南北朝时期，女子服装的装饰就更普遍。而唐代则是女子服装装饰最为华美讲究的时期，这时期，披饰物出现了多种名目和样式，其中以帔帛最为常见。

在唐朝，帔帛，又称作"画帛"，制作得比以前任何时候都更加精美。在唐代留下来的绘画（包括壁画）或者墓葬出土的各种陶俑中，我们经常可以看到妇女们的肩背上披着一条长长的"帔帛"（图6-17）。帔帛通常由轻薄的细纱或纱罗制成，上面印有花纹，长度一般为两米或两米以上，使用时将它披搭在肩上，并盘绕于两臂之间，能够起到极好的装饰作用，增加女性妩媚、轻盈的美感。"帔帛"两端垂在臂旁，下垂的长短不一，视个人的喜好而为。有时把"帔帛"两端捧在胸前，下垂至膝部；有时把右端束在裙子系带上，左端则由前胸绕过肩背，搭在左臂上下垂，或者做成其他造型等，形式多种多样。肩背、胸前搭上美丽的帔帛，走起路来，不时飘

图6-17 唐代穿帔帛的木俑

舞，十分美观，充满诗意。除了这种飘逸随体的帔帛外，唐代的披肩与前代相比，也有了新的变化。首先，披肩的材质更加硬挺，两端上翘；其次，它已经成为独立的造型，不完全顺应身体的行动而变形；再次，与前代的披肩相比较，它的结构更加清晰，其边缘形状也有了曲线的变化，形似卷云。这时的帔帛可以被看作是早期"云肩"的雏形。

总之，帔帛这种在唐代发展起来的披饰样式，对后代衣服的装饰产生了巨大的影响，并形成了各具特色的披饰。五代时期出现的"诃梨子""绣领"等，也为后来的云肩发展起到铺垫作用。辽代出现的"贾哈"，在明清时期直接发展为"云肩"，而云肩即使在20世纪还常被使用。今天，我们在戏剧、影视作品中还能见到云肩的实物，只是在现实生活中穿着的人少之又少。披饰在明清社会以至民国时期，都是很盛行的，是普通妇女最喜欢的衣饰，也是女性礼服必不可少的装饰物。

明代宫女们的衣服大都以纸为领，一天一换，使之常保洁白无瑕。内装领肩的饰物有三种，一般把绫绢剪裁成祥云样子，披在两肩胸背，上面绣以花鸟并缀以金玉珠翠等装饰物，或者饰以钟铃等，使云肩在行动时发出悦耳的声响，这是当时早期宫廷女子的"宫装"装饰；后来逐渐发展成一般的"云肩"，同样装饰以绣花纹样，这种云肩是由五代的四垂云肩改制而成。在明清之际，普通女子甚至歌女们，也用青绿罗彩画作为云肩的装饰，那时所流行的西北少数民族歌舞表演中，演员们披上大红大绿罗纱生色云肩，或者蓝青生色云肩等，舞蹈起来色彩斑斓，异常迷人。到了清代中后期，披饰在社会上已经非常普及。乡野人家一般在婚庆时，新娘必定身穿华丽的服装，再配以漂亮的披饰，整个人显得更加光彩照人。而贵族妇女所披的云肩更是制作精美，比如慈禧太后所穿戴的很多云肩，有的是用又大又圆的上等珍珠穿织而成的，有的是用金银珠翠做成的，其中有一件云肩，是用3500颗上好的珍珠穿织而成，这种最高贵的宫廷披饰是一般人可望而不可即的。（图6-18，图6-19）

图6-18　彩绣镶银边四合如意形云肩　　图6-19　明代彩绣镶边钉流苏云肩

　　通过本节对以上三个方面的论述，我们可以明晰地认识到，唐代服装对外域以及本民族后世服装样式的发展演变，都有着极大的影响，这也显示了唐代服装无穷的艺术魅力和长久的生命力。从唐代妇女的日常服饰中，我们还可以看出，唐代的服饰特征不同于历史上其他任何一个时期，它具有袒胸、露面、裸臂、披纱、斜领、大袖、长裙、色彩艳丽、种类繁多等诸多特点，这充分彰显了这个时代前所未有，甚至后世也不再有（现代社会除外）的大胆开放精神，这是唐朝服装独特的风尚和追求。唐代服饰色彩非浓艳不取，各种鲜艳的颜色争相媲美，其装饰图案无不鸟兽成双，花团锦簇，祥光四射，这充分展示了唐代人激情四射、无拘无束的生命活力。

第七章 唐代服饰文化的启示

第一节 有容乃大的胸怀

经历了魏晋南北朝三个多世纪的大分裂、大动荡以及民族大迁徙、大融合之后，隋唐不断地积极吸收外来文明的成果和营养，为自己的强大做积蓄。唐代政治清明，经济繁荣，国力强大，人民生活殷实。在这样的环境下，唐人更多体现出开放性和自信心，自我认同感加强，包容心也加强了，在社会生活的方方面面都表现出前所未有的主动性和创造性。唐代人敢于冲破陈旧观念，勇于接受新鲜事物，并马上加以应用。而文化思潮的多元化，又带来了唐人思想和信仰的空前自由，所以孕育出他们包容万物的广阔胸怀。因此，大唐盛极一时的繁荣景象是和唐人的这种开放心理、开阔胸怀分不开的。唐代在服饰上的宽容态度，使得以往被认为是"异装"甚至是"服妖"的服饰景象都被容纳接受，在中国封建社会中，这种着装态度绝无仅有。

唐人有容乃大的胸怀主要表现在两个方面，一是对自我内部（本土）的宽大包容，二是对外来文化的宽大包容。

一、"奇装异服"的流行——敢于接受非传统服饰文化的影响

中国从汉朝以来，历代封建王朝都尊崇儒学思想，而从先秦开始，儒家学说就对包括服饰在内的文化及礼仪制度有着烦琐且明晰的规定。儒家经典《礼记》中的服饰制度所反映出来的"礼"，实际上是和儒家的道德教化（具体说就是忠孝、尊卑和等级观念）融为一体的。我国古来的礼法传统，对奇装异服一向是持摈斥态度的，从来不允许其流传，更不要说形成风气了。《礼记·王制》说，古代的天子每五年要外出巡视一次，检查诸侯国的"礼、乐、制度、衣服"是不是"正"。如果发现"变礼易乐"，诸侯就要以"不从"的罪名被流放到荒僻之地；如果发现某诸侯国"改革制度""易衣服"，那罪名就是严重的"叛逆"，天子就要号召其他诸侯国联合起来，共同征讨"叛逆"的诸侯国①。当然，这里所说的"衣服"，一般指的是朝服、公服、祭服。常服又怎样呢？《礼记·王制》明文规定是"禁异服"，规定作淫声、穿异服、弄奇技、要奇器者等，以此疑众、惑众，都要杀掉。《周礼·天官·阍人》中有这样的记述，王宫（包括衙门）的看守禁止三种人进宫，一种是穿丧服的，一种是穿重甲的，还有一种就是穿奇服的怪民不得入宫。就连宫廷之内，也严格要求那些嫔妃宫人，"正其服，禁其奇邪"。汉代儒学大师董仲舒在此基础上又提出了"服制"天象说。其《春秋繁露》卷六《服制象》开篇就写道："天地之生万物也以养人，故其可食者以养身体，其可威

①　胡平生、陈美兰译注：《礼记　孝经》，中华书局，2007，第80页。

者以为容服，礼之所为兴也。"①"服制"作为礼制的重要组成部分，是天地威严的外在表现，也就是说，"服制"是天命与礼制的具体表现形式。儒家的服饰观念和服饰制度被上升为国家制度而受到无上尊奉。在儒学倡导者及统治者看来，穿衣戴帽不是生活小节，而是道德、礼仪之大事，已经超出服饰本身的意义，成为一种道德规范和治国平天下以及做人处事的规章制度，不能随意触犯。服饰不但具有道德上的象征意义，更具有维护国家统治的重大作用，所以，历代统治者都以礼教或法律将固定的程式化的服饰制度保护起来，而且形成固定的观念，牢牢地扎根于人们的内心深处。一旦有人胆敢打破这种规范化的着装形式，就相当于违背了常规甚至触犯法律制度，将受到应有的惩罚；谁若斗胆穿上了奇装异服，就会被指责为"服妖"，可能会受到更严酷的惩罚，以致丢掉性命。在古代，"服妖"被看作是触犯等级制度、逾越行为规范的一种着装行为，甚至还被当成引起祸乱的根源。《汉书·五行志》记载：

> 昭帝时，昌邑王贺遣中大夫之长安，多治仄注冠，以赐大臣，又以冠奴。刘向以为近服妖也。时王贺狂悖，闻天子不豫，弋猎驰骋如故，与驺奴、宰人游居娱戏，骄嫚不敬。冠者尊服，奴者贱人，贺无故好作非常之冠，暴尊象也。以冠奴者，当自至尊坠至贱也。其后帝崩，无子，汉大臣征贺为嗣。即位，狂乱无道，缚戮谏者夏侯胜等。于是大臣白皇太后，废贺为庶人。贺为王时，又见大白狗冠方山冠而无尾，此服妖，亦犬祸也。②

---

① 董仲舒：《春秋繁露》，中华书局，1975，第213页。
② 班固：《汉书》，中华书局，1962，第1366—1367页。

《汉书·五行志》中所说的这种"仄注冠"有别于自古以来左右对称直立于头顶的方冠，本来在形式上就已经不符合古代制冠的规格了，昌邑王刘贺还要将它"冠奴"，这显然与"士冠庶人巾"的等级规定是相违背的。这种服饰上逾越制度的行为，在古代被视为"服妖"是正常的，而后世似乎要从服饰上找到昌邑王或是东汉王朝败亡之由，认为乱穿衣服和朝代后来的灭亡有着必然的关联，或者将这种行为视为不祥之兆，这纯属牵强附会，实质上是借服饰来说事。事实上，刘贺的昏庸无道和汉末统治阶层的腐朽堕落，才是其致祸的真正原因，在服饰上的逾制僭礼只不过是一种外在表现而已。

在中国古代，"服妖"现象不仅体现了与传统礼教完全对立的形式，又在一个特殊的时间段中形成了社会流行的时尚。所以，那些在某时期流行的有别于传统的服饰现象均被视为"服妖"，这是封建正统思想的产物，而其中却暗含着服饰发展的正常规律。《后汉书·五行志》把汉桓帝元嘉年中京师妇女们流行的梁冀之妻孙寿所作的愁眉、啼妆、堕马髻（图7-1）等视为"服妖"，这都有具体记载：

图7-1　河南洛阳永宁寺汉魏故城遗址出土的梳堕马髻的北魏女子发型（倭堕髻是堕马髻的延续）

桓帝元嘉中，京都妇女作愁眉、啼妆、堕马髻、折要步、龋齿笑。所谓愁眉者，细而曲折。啼妆者，薄拭目下，若啼处。堕马髻者，作一边。折要步者，足不在体下。龋齿笑者，若齿痛，乐不欣欣。始自大将军梁冀家所为，京都歙然，诸夏皆仿效。此近服妖也。梁冀二世上将，婚媾王室，

大作威福，将危社稷。天诫若曰：兵马将往收，妇女忧愁，蹴眉啼泣，吏卒犟顿，折其要脊，令髻倾邪，虽强语笑，无复气味也。到延熹二年，举宗诛夷。①

图7-2 《捣练图》中梳高髻的唐代女子

中国传统的妇女发型为高髻，这种发髻上小下大，仿佛中间有根"柱子"支撑，否则就挺立不住（图7-2）。而堕马髻像人要从马上坠落下来的样子，整个发髻歪斜到头的一侧，似堕非堕，和传统的发髻形象不相符合，所以被称为"服妖"。这种堕马髻在汉朝时非常流行，汉乐府诗《陌上桑》中所描写的罗敷"头上倭堕髻"，就是从堕马髻发展而来的一种新发型。这种堕马髻在唐代时又流行起来了，白居易《代书诗一百韵寄微之》诗"风流夸堕髻，时世斗啼眉"，温庭筠《南歌子·倭堕低梳髻》词"倭堕低梳髻，连娟细扫眉"等，都对这种发型进行了赞颂式的描绘。周昉《调琴啜茗图》中有两位端坐品茗的仕女梳的就是堕马髻。除堕马髻外，唐代后期还流行一种怪异的发型叫抛家髻，《宫乐图》中有四个乐伎都梳的是这样的发髻（见第二章图2-78）。在唐代，上自贵族下至庶民的日常发型，都是讲究时尚的，这与传统的正襟危坐的高髻不同，尽显女性的娇柔与妩媚情态。

由此可见，因为与中国封建社会保守派的正统着装理念不同，奇装异服自古以来就受到社会的排斥，可是在唐代，这些

---

① 范晔：《后汉书》，中华书局，1965，第943页。

都得到了最大限度的表现和流行。唐人从统治者到黎民百姓并没有将其视为"异端"和"妖邪"之物，更不把它看作是洪水猛兽。当然，奇装异服并不完全都是具有创造性价值的，其中也确实有代表没落社会中消极、堕落的因素，应该予以否定，不能不加区分地对待。可是中国古代服饰文化的丰富多彩，是世世代代实践者不断创新和积淀的结果，统治者一概以"作异服者杀"的禁令和维护等级制的保守思想，抑制、阻碍服饰文化正常发展的错谬也是很多的，也造成了一些无可挽回的历史遗憾。唐代对于非传统的服饰并不排斥，反而积极学习异质文化的精华，将很多历史上遭受抨击的服装样式再次发展起来，形成了大唐独有的服饰奇观，这就是有容乃大胸怀的具体表现，值得我们学习和借鉴（图7-3，图7-4，图7-5，图7-6）。

图7-3 河南龙门安菩墓出土的唐代梳交心髻的陶俑

总之，唐代女性为了追求自我美感，而有意摆脱传统的羁绊，摆脱封建礼教的

图7-4 河南洛阳关林唐墓出土的梳回鹘髻的彩陶俑

图7-5 陕西临潼秦陵出土的梳垂髻的陶俑

图7-6 《调琴啜茗图》中梳双环髻的唐代女子

精神枷锁，在服饰创新上做出了大胆的尝试，这是在开化的社会意识和人本的自我表现二者兼备的基础上产生的卓越成果。

二、空前繁荣的乐舞所造成的包罗万象的服饰景观

中国古代舞蹈在唐代发展到了全盛时期。舞蹈是带动服装流行的一大文化载体，当时社会上下对胡舞的垂青是胡服流行的直接原因。

由于唐朝皇室对胡人乐舞的垂青，从而引起胡服的流行。唐太宗、唐玄宗等帝王都喜胡舞，当时社会上，柘枝舞、胡旋舞、胡腾舞等都很盛行，而且西域边陲各少数民族为了和唐帝国搞好关系，就经常向大唐朝廷进献会跳舞的男女艺人。唐代柘枝舞演员在表演乐舞时都戴一种绣帽，比如章孝标《柘枝》中"迎风绣帽动飘摇"的诗句，刘言史《王中丞宅夜观舞胡腾》中"织成蕃帽虚顶尖"的诗句等，都是写胡人所戴的帽子顶端是交顶或尖顶的。王建《宫词一百首》中"未戴柘枝花帽子"诗句，白居易《柘枝词》中"绣帽珠稠缀，香衫袖窄裁"诗句等，写了胡人帽子上缀有宝珠，时时闪烁发光。舞蹈演员除戴这样漂亮的帽子之外，身上还穿着窄袖的细毡胡衫，腰上系着佩有饰物的革带，足蹬软靴。白居易《柘枝妓》诗写道："红蜡烛移桃叶起，紫罗衫动柘枝来。带垂钿胯花腰重，帽转金铃雪面回。"胡人这样一套装束，既是一种舞服，又代表了西域少数民族地区的日常服装，具有浓郁的异族风情（图7-7）。在以皇室为中心的宫

图7-7　回鹘服装

廷主导文化的强大辐射下，贵族女性从对胡舞的喜爱发展到对充满异域风情的胡服的模仿，从而使胡服在唐代迅速流行。初盛唐时期从宫廷到民间广泛盛行来自高昌、龟兹等西域诸国并间接受波斯影响的异域服装，特征为头戴浑脱帽，身穿圆领或翻领、衣长及膝的小袖袍衫，下着条纹裤，脚穿半勒软靴或尖头绣花软鞋，腰束蹀躞带，带下垂挂随身物品。这样的装束是汉人从来不曾见过的，由于唐代社会的宽大包容，其在长安城等地都时兴起来。

胡舞的化妆也别具特色。舞伎面部都经过认真的化妆，唐诗中有"红铅拂脸细腰人，金绣罗衫软著身"的描写，刘禹锡《和乐天柘枝》中"玉面添娇舞态奢"的句子，描写的是当时的化妆擅长于面部涂脂抹粉，以洁白如玉为美。这种化妆方式在唐代是非常流行的，后来也影响了日本女子的化妆风尚，一直流传到今天。中唐以后，舞女们为了赶时髦，将眉毛画得很浓，比如徐凝《宫中曲二首》描写道："身轻入宠尽恩私，腰细偏能舞柘枝。一日新妆抛旧样，六宫争画黑烟眉。"有的舞女还在两眉之间画着美丽的花钿图案，刘禹锡《观柘枝舞二首》也有"垂带覆纤腰，安钿当妩眉"的描写。制作花钿的原料除了金银外，还有玉石、珍珠、羽毛等。这原本是插在头发上的装饰，画在眉间额上倒增添了脸庞的美观。

由于舞蹈的影响，唐代流行服饰的更新速度是前所未有的。到了中晚唐时期，又开始流行回鹘装——胡服的另一种表现形式。回鹘与唐朝有姻亲关系，尤其在安史之乱中，回鹘派兵援助唐朝讨伐叛逆者，长期的和睦相处使回鹘装传入中原，中晚唐时期产生更大影响。花蕊夫人《宫词》中有"明朝腊日官家出，随驾先须点内人。回鹘衣装回鹘马，就中偏称小腰身"的描写，点出了回鹘装的特点，即袖子、腰身窄小的翻领曳地长袍，颜色以暖色为主，尤喜用红色，衣料多采用质地厚实的织锦，领、袖均镶有宽阔的织金锦花边。女人穿着回鹘服时，通常将头发绾成椎状的髻式，时称"回鹘髻"，头上再戴一顶缀满珠玉的桃形金冠，饰以凤鸟，两鬓插有簪钗，耳边及颈项各佩许多精美的首饰，足穿翘头软锦鞋。这种装扮更是汉族服饰不曾有的。

唐代服饰在经历了先秦服饰礼仪的规范、两汉文化的熏陶和魏晋南北朝时期带有个性解放意味的发展之后，非但没有对这些名不见经传的异域服饰加以排斥，反而还表现出极大的兴趣和热情，并使其在社会上广泛流行。这除了统治者的认可之外，更重要的是与传统的讲究政治等级和社会礼仪，摒弃服装原有的实用、审美功能相比，唐代服饰没有森严的政治性、等级性和单一的文化性要求，而更重视服饰的自由方便、穿着是否舒适（图7-8）。特别是胡服不仅形式独特新颖，而且相对比较贴身，有利于突出女性身体各部分的曲线美，因而具有无法抵挡的吸引力、诱惑力。此外，外域舞蹈的传入，使得服饰的流行速度超过了以往各个朝代。有别于中原传统文化的舞步、舞衣、妆容，外域舞蹈服

图7-8 时尚风流的唐代女子

饰成为当时女性热衷效仿的对象，这和当代大众受影视明星（特别是外国影视明星）着装影响是一个道理。而这种有些逆反传统的服装选择倾向，一方面是南北朝以来多种民族文化交融与流变的结果，另一方面则是唐代贵族女性渴望摆脱封建礼教的禁锢与束缚，回归女性本真的美好愿望的集中体现（图7-9）。

图7-9　甘肃安西榆林窟壁画中装饰时尚的女子

　　服装毕竟是一种文化现象，脱离不了一定历史时期社会的政治、经济、文化等发展水平的制约。唐代社会在多种民族交融、多样文明互相渗透这一特定历史条件下所形成的多元化的社会文化现实，以及这种现实对唐代人社会心理、价值取向和审美行为的影响和支配，都对其服装所形成的独特风格起着至关重要的作用，而这一切，最终还要归结于唐人有容乃大的胸怀所营造出的特殊环境。因此，要取得伟大的成就，就必须放开胸怀，学会包容和接纳，以开放的心态对待新事物。当然，我们今天由于改革开放而取得的服饰成就，与唐代相比有过之而无不及。但是，在一些时候，我们的服饰出现过于欧化的现象，西装革履、洁白婚纱等外国服饰充斥我们的生活，却很难见到我们民族自己的服装，这是需要深刻反思的。

第二节　在选择中形成独特的服饰形象

隋唐社会就像一条激荡奔流的大江，江水始终处于涌动不息的鲜活状态，正如朱熹在《观书有感》诗中所描写的那样："问渠那得清如许？为有源头活水来。"唐代服饰的成就就是在这样的社会状态下、这样的历史环境中形成的。唐代服饰独特的艺术特色集中体现在女装上，形成"大胆袒露"和"女着男装"的服饰景观。同时，服色的大胆运用也是历史上绝无仅有的，这都成为中国古代女性主义主张的历史佐证。中国历史上女着男装的端倪初现于南北朝时期。那时由于胡文化的传入，中原女性也有戴胡帽、穿胡装的个别现象，但是并没有广泛地流行开来。如果说那时的女性着男装还处于为了遮掩羞涩的低调状态的话，那么到了唐代，女着男装已成为社会普遍风潮。如此一来，唐代女装形成了特殊的时代风貌——极端女性化和极端男性化的艺术特征，显得更加引人注目。

考察一个社会是进步、开放，还是倒退、落后；是僵化、死寂，还是解放、活跃，都要从这个社会如何对待妇女的问题上来看。唐代妇女着装的情景足以证明唐代社会发展、进步、开放、活跃的程度，这是值得我们今天学习、借鉴的。我们对于自己民族历史上曾存在过这样的时代，备感欣慰和骄傲。

一、"绮罗纤缕见肌肤"——女性化的性感裸露

唐代女性服装款式有别于其他各个朝代，形成了独特的着装方式和习惯。款式上以"上襦下裙"为主，不同于以往时代的是，上襦短至腰间，下裙长度有所增加，所以常见的穿法是将上襦下摆束于裙子里面。而唐代大多女性喜欢"袒胸襦"，裙子就提到腋下，所以其服装特点是，颈部和胸部的部分肌肤被释放、裸露出来，并且裙腰上半露出胸部。此外，唐代女装领子多样化，有圆领、方领、斜领、直领、鸡心领等，最引人注目的是袒露胸部的袒领，一般可见女性胸前的乳沟。在这一时期，产生了大量的新式服装。比如大袖袒胸裙，它由大袖衫和高束腰的裙子组成，为袒胸贯头式，领子开得很低，女子甚至不着内衣，胸乳半露于外，充分展现出性感的女性服饰风韵（图7-10）。

图7-10 穿低胸衣服的唐代妇女

同时，为了充分突出美丽丰盈的曲线，服装材料上也大量采用丝绸面料，这样轻薄、透明，不但露胸，连肌肤也隐现于人前。女性往往以轻纱为裙，其上绣团花，露肩裸背，从披纱中透出细腻的肌肤。当时的男性对这种服装无疑是肯定的，欣赏的，并纷纷加以赞美。唐人在壁画、陶俑和其他雕塑中也把这种装束记录下来，传之后世，穿过悠远的历史时空，让

图7-11 新疆吐鲁番阿斯塔那张礼臣墓出土的唐代绢画侍女图，梳朝天髻，身穿窄袖大翻领衫，外罩蛮锦半臂，下着红色高腰曳地长裙，脚着重台履

我们今天仍然能够真切地感受到当时女性性感婀娜的体态美及服装美（图7-11）。

这种袒露的服装是在外来的佛教文化、胡俗文化等综合影响下的产物，此外，也和当时急速发展的丝织业有着密不可分的关系。唐代是丝绸发展的一个黄金时代。盛唐时期，"天生丽质难自弃""三千宠爱在一身"的杨贵妃一人就拥有绣工百余人，这些人专为她织、绣、染、裁，做各种衣着用品。丝绸面料更是品种多样，花色新颖、繁多。盛唐之后，女子的衣着不仅袒露，而且在服饰选材上多以纱罗为主。唐代丝绸在传统基础上吸收外来营养并加以创造，形成了特有的服饰风采，具有朝气蓬勃、丰满富丽、雍容大度的特色。配色上主调鲜明、强烈，具有富丽、明快、轩昂之气势。丝绸艺术的发展，使袒胸装有了更加丰富的内容，并将其推向了更高一层境地，完美地体现了唐代女性躯体的美。那是一种健康的美，积极向上的美，同时也充分体现了这个时代的极端女性化的着装风尚。

二、"着丈夫靴衫鞭帽"——男性化的硬朗洒脱

在中国古代，特别是男权社会建立以来，男性和女性便形

成一个二元对立的状态。人们的行为举止、礼仪礼节都要受礼制的规范和约束，讲求上下有等，长幼有序，男女有别。儒家经典《礼记》中有种种规定，比如《礼记·曲礼》中规定："男女不杂坐，不同椸（yí，音移，晾衣服的竿子）枷，不同巾栉，不亲授。"①女性的服饰打扮更受到严格的社会礼仪和文化的制约。占统治地位的儒家思想素来主张"男不言内，女不言外……男女不通衣裳"②。也正如西方人所说的那样，在封建等级社会，"衣服不只是社会和性别秩序的标志，它还创造并维护了社会秩序和性别秩序"③。因此，女着男装现象，鲜见于中国封建社会的其他朝代，历史上甚至将女着男装视为"服妖"。李延寿所编《南史·崔慧景传》记载，南齐"东阳女子娄逞，变服诈为丈夫，粗知围棋，解文义，遍游公卿，仕至扬州议曹从事。事发，明帝驱令还东。逞始作妇人服而去，叹曰：'如此之伎，还为老姬，岂不惜哉。'此人妖也。阴而欲为阳，事不果故泄，敬则、遥光、显达、慧景之应也"④。该南齐东阳女子女扮男装进入仕途，虽然才华胜过须眉，但终因事情泄露被罢官返乡，史官称其为"妖"，这当然是不公平的。无独有偶，五代前蜀临邛（今四川邛崃市）女子黄崇嘏，其父曾是临邛的使君。她从小受到良好教育和较为深厚的文化熏陶，很有才华、学识和胆识。为了实现人生理想，她女扮男装，进入仕途，并取得了良好的政绩。一些笔记文、诗话以及《全唐诗》《中国历代才女小传》等，都记载了她的事迹、传

①②　戴德、戴圣：《礼记》，中华书局，2007，第24页。
③　格尔特鲁特·雷娜特：《穿男人服装的女人》，张辛仪译，漓江出版社，2000，第223页。
④　李延寿：《南史》，中华书局，1974，第658页。

说和诗作。黄崇嘏初入仕途的时候，是因为一场飞来横祸被错抓入狱。但她又因祸得福，当得知素有贤名的知州周庠前来临邛，便于狱中写诗自辩曰："偶离幽隐住临邛，行止坚贞比涧松。何事政清如水镜，绊他野鹤向深笼。"周庠一见，很欣赏黄崇嘏的才华，于是就传令召见她，不但为她洗雪了冤情，还将她留在身边做幕僚。黄崇嘏做事干练，深得周庠器重，周庠想招黄崇嘏为女婿，黄崇嘏这才不得不以诗明志，表明自己的真实性别，说明不能答允婚事的苦衷，随即连夜带着老保姆弃官返回故乡隐居。诗为《辞蜀相妻女诗》：

> 一辞拾翠碧江湄，
> 贫守蓬茅但赋诗。
> 自服蓝衫居郡掾，
> 永抛鸾镜画蛾眉。
> 立身卓尔青松操，
> 挺志铿然白璧姿。
> 幕府若容为坦腹，
> 愿天速变作男儿。

事情解决的办法是"愿天速变作男儿"，这毕竟是虚妄的，于是只好诉诸内心了。有人说，"刺激和冒险是男人的事情，如果一个妇女进行这种努力，她至少必须穿着像男人"[1]。历史上那些真正想装扮成男人的女人首先是为生活所迫，从而寻求男性特有的社会利益。南齐东阳女子娄逞和五

---

① 卡罗尔·吉利根：《不同的声音——心理学理论与妇女发展》，肖巍译，中央编译出版社，1999，第55页。

代前蜀女子黄崇嘏，何尝不是这
样的被迫冒险者？她们可被视为
女中豪侠。而唐代全社会妇女的
女穿男装却和她们是完全不同
的——没有目的性，只是社会风
气或追求新异生活方式使然（图
7-12）。

　　在文化多元发展的唐代，随
着女性观念的开放，人们着装的
审美品位也不断提高。求新求

图7-12　唐代骑马女俑

异的精神伴随着盛唐的强大也日益明显。女着男装现象的出现
正好满足了具有反抗精神的唐代女子的普遍需要。统治阶级和
下层平民对女子头戴冪䍦、身着男人袍裤的形象普遍采取的默
许态度，更是助长了女性男装化之风，以至在开元天宝年间形
成风潮。唐代名画《虢国夫人游春图》中，九个骑马随行的女
子，有五人穿的是男式圆领袍衫、长裤和靴子，有三人头裹幞
头，这是标准的男子服装。敦煌莫高窟壁画等古代画迹中也留
下了许多女着男装的俏丽形象。女着男装是唐代女性服装在性
感裸露之外的另一大特点。那时的女性可以在薄纱罗裙中展现
自己丰盈婀娜的体态美，也可以大胆穿着男子服装挥杆驰骋在
马球场上，这些服饰文化特征都充分说明了她们无论是在生活
还是在政治方面都取得了一定的自主权和选择权。这是中国历
史上女性的一大进步，昭示着当时女权意识萌芽的历史事实。

　　唐代女性着装的两个极端表现——性感裸露与硬朗洒脱，
都是在当时复杂的历史条件和多元的文化交融过程中逐渐形成
的独特风貌。而女权意识是贯穿其间的一条主轴，也是产生这种文化现象的主要因素。唐代的女性在自己独特的着装风格中，向所有人展示了她们自主、独立、自信的态度。

首先，无论是思想和言行，还是穿衣戴帽，女性有了更多自主选择的权利。她们义无反顾地冲破性别束缚，选择男装；她们尊重自己的审美喜好，大胆袒露肌肤，行走于朝野与街巷间；她们选择了一系列休闲活动，如蹴鞠、马球；她们崇尚和追逐各种外来风尚，不再只为悦己者容。自主选择的意识是当时女性的普遍心理特征。

其次，风格明显的两极着装风格，凸显出唐代女性自信的性格特征。唐代经济的繁荣，政治的强大，兼收并蓄的文化理念，都使当时的女性较之以往更加自信。她们除了利用服装大胆展现自我外，还积极主动地吸收文化知识，在充满阳刚之气的大唐诗坛上，流传着妇女的"莺声燕语"。唐朝女诗人薛涛，就是其中最著名的一个。武则天，甚至杨玉环都有诗作传于后世。

再次，在男权社会当中，女性的思想行为较为独立，在社会生活的各个方面争取一种全新的地位。特别是武后、中宗时期，以太平公主为代表的唐代女性在政治、经济以及其他各方面都取得了前所未有的特权，女性社会地位明显提高。这是以男性为中心的封建社会中极为独特的一个历史时期。

"自主""自信""独立"的女权意识，都标明了这个时期是中国封建社会中妇女最为解放的时期。也只有这个时期，形成了一定气候的全新思维方式、一种开放式的社会氛围，在强大的女权意识崛起的情况下，才产生了如此开放的两极化着装方式。而研究分析唐代女装的这种特殊现象，会使我们对唐代的文化政治以及唐代女性意识有一个更广泛的了解和更深入的认识。

三、大胆的服色追求

　　色彩是构成服装的主要因素之一。中国自古以来对服装色彩的搭配就非常重视，而我们传统服装又以"平面"结构见长，所以，服色运用更是起到了装饰作用。各个朝代因其特殊的历史原因和审美观念，都形成了自己特有的用色习惯，而唐代是在继承前朝传统服色的基础上，又对色彩的选择和搭配重新进行组合，比起其他任何朝代都更加张扬和外放。

　　唐代丝织业和印染业的兴盛，使人们对服装色彩的选择更加自由和多样化。唐代官方经营的织染署下设二十五个染渍作，其中专门负责染渍色彩的就有青、绛、黄、白、皂、紫六个，每个染渍作中又有深浅不同色阶的专业化生产。可见当时官方经营的织染署组织庞大、分工细致、生产考究。经济的繁荣、民族的大融合使得当时妇女形成了较高水平的审美观和大胆着装的自信心，所以，唐代妇女在着装时普遍重视整体服装色彩的美化功能，上下衣裙色彩的搭配更是繁复多样。在服装色彩上，流行红、紫、黄、绿等颜色，尤以红裙为时尚。皇甫松诗"更脱红裙裹鸭儿"，白居易诗"红玉肤销系裙慢"，万楚诗"眉黛夺将萱草色，红裙妒杀石榴花"等，多以红色裙襦来突显女性美。我国古代对服装色彩的选用，有一个富于社会内涵的现象，即一种色彩先流行于民间，一旦被皇家贵族看中，就禁止民间使用，否则，轻者杀身，重者株连九族。这一方面说明我国古代对服饰色彩的重视，另一方面也说明服装色彩的运用带有明显的阶级性、等级性和地位性。在唐代，民间大胆创新的服色运用更是活跃了当时整个社会的服色观，而皇室的服色在某一程度上也有借鉴民间并反作用于民间的特点。唐代独特大胆的用色观在图案和面料上也可以看到，当时金色也是常用的装饰色之一。唐代妇女常穿着的襦、衫、裙上多有织文及绣文，如陈羽诗"十三学绣罗衣裳，自怜红袖闻馨香"，温庭筠词"新帖绣罗襦，双双金鹧鸪"等，就说明衣服上面大量绣着以金色为主体的图纹。此外，唐代丝织业的高度发展，为服装的美化提供了充裕的面料。不同面料的显色性也有较大的区别，当时诗人是这样用笔墨渲染的，比如"口脂易印吴绫薄"，"卿卿买得越人丝……鸳鸯正欲上花枝"，"越罗冷薄金泥重"，"越绯衫上有红霞"等，这些优美的诗句都以江南丝绸作为赞美对象，以丝织品的纹饰、颜色、质地、服装款式为内容，折射出当时人们服装审美的趣味和风貌。总之，唐代丝织业的高度发展，加上女性观念的开放，用色鲜艳而多变，无形中使人们对服饰的审美品位和对服饰美的欣赏能力、趣味等都得到大大的提升。

第三节　对唐装的正名与思考

服饰的流行除取决于社会文明程度之外，还会受到社会思潮的直接影响。因为服饰是社会气候的晴雨表，是展示时代风貌的一面镜子，服饰的发展、变迁直接反映出流行于那个时代的文艺思潮和当时人们的处世观念等精神特质。

唐代服装的空前繁荣，突出体现在女性的服装上，其主要特征是华丽典雅、雍容大度的服装款式；不拘一格、形式多样的穿着方式；配套齐全、种类繁杂的装饰妆扮。唐代妇女的发髻也种类多样，形态各异，极富时代气息。这些都为后世服饰的发展，树立了榜样。

经过上千年的历史演变，唐装已经成为传统服饰的一个特殊符号。在当今社会，人们对唐装的理解也不尽相同，没有一个明确的概念。到底唐装是特指唐代的服装，还是中华民族传统服装带有明显唐代特征的固定样式？是经过不断改良、革新和完善以后的民族传统服装的通称，还是外国人对中国服装的一种泛称？这些疑问都使得国人对这一概念的理解含混模糊，莫衷一是。唐装作为中华民族的传统服饰标志，在上海APEC会议之后火了一阵子。但是，当流行热潮退去后，为什么没有继续向前发展的底气和自信，某种程度上反而被现代人看成是一种俗气的服装样式，而鲜见于日常穿着？同作为东方国家的日韩两国，在一些重要场合里，传统服装的穿着是整个活动必不可少的组成部分，而中国人为什么没有坚守自己的民族服装，甚至还在逐渐淡化传统服装的日常穿着观念？现在，每逢自己民族的传统节日，根本没有出现全民着"唐装"的服饰景观。这些都是每一个中国人，特别是服饰文化研究者和服饰专业工作者需要直面的庄重而严肃的问题。

一、关于唐装的不同说法

社会上关于"唐装"的称谓，通常有两种比较通行的解释：最自然合理的解释是"唐朝的服装"；另一种解释则是"唐人街华人的中式着装"。后一种说法来源于海外。《明史·外国真腊传》有记载："唐人者，诸番（外国人）呼华人

之称也。凡海外诸国尽然。"东南亚的华人居住区，被称为
"唐人街"，而华侨也自称为"唐人"，正是由于自古以来，
唐朝是让中国人为之骄傲的朝代。西方国家称"中华街"为
"China Town"，英文"town"的发音很像"唐"，于是人们
便将"China Town"习惯地译为"唐人街"，进而就把这些华
人街的"唐人"所着的中式服装叫作"唐装"。20世纪20年代
初期，在当时"中西服装并行不悖"的社会大背景下，粤、
港、澳一带同胞就以"唐装""西装"来区别中西打扮。

　　在以上两种解释中，现在大众很显然已经将第二种说法顺
理成章地理解为"唐装"的常规解释，"唐装"由此也成为国
际公认的称号。这虽然在文化领域饱受质疑，可在中国经济处
于上升时期的当前，"唐装"的兴盛似乎可以被看作是中华文
化复兴的一种征兆。根据APEC会议各经济体领导人所穿"唐
装"的主要设计者余莺女士的意见，"唐装"应当是中式服装
的通称。因此在当初设计好服装后，设计组一起讨论，决定将
其命名为"唐装"，便是深受第二种释义影响的结果。

二、"唐装"款式的历史由来

1. 唐代服装的款式

　　唐装原本应指唐代汉人所穿的服装。"幞头纱帽"和"圆
领袍衫"是唐代男子最主要的服饰。唐代是"幞头"盛行的时
代，"幞头"的样式也富于变化，尤其是在唐武德初年至开
元年间的一百多年时间里，"幞头"的形制经历过几次较大
的变化。唐代传统的冠冕礼服，只在隆重的场合，比如祭祀
天地祖先、大型庆典等活动时穿着，其他时间和场合则穿着公
服或常服。唐代袍服的用途非常广泛，上自帝王公卿，下至百

官，礼见宴会时均可穿着，甚至将其用作朝服。袍服的款式，各个时期不尽相同，早期的袍服袖子多用大袖，但大袖对西域的少数民族来说，则不太适宜。随着外来风俗习惯的影响，一种紧身、窄袖的袍服样式，也被汉族人民所接受，而且成为唐代袍服款式不断改造的标本。而唐代女装款式花样相较男装则更加丰富多样，这种穿着一般流行在初唐时期，基本上沿袭了自东汉以来华夏妇女传统的上衣下裳制。与现代唐装的概念明显不同。唐朝的服装，"衣"指的是上衣，"裳"指的是下裳（即裙装），所以，衣与裳是分开的。这种妇女的服装不是连衣，而是分作两截的穿法一直延续到明末。上衣的穿法基本上是右衽交领或对襟系上带结，下面的裙子围起来系上长长的裙带，上衣掖在里面或者自然地松散着，后来这种松散的上衣不断加长，一直覆盖到膝盖部，就发展成了明代的背子。唐代妇女上衣种类一般分为襦、袄、衫三种。襦是一种衣身狭窄短小的夹衣或棉衣；袄长于襦而短于袍，衣身较宽松，也有夹衣或棉衣。襦、袄有窄袖与长袖两类。衫是单衣，有对襟及右衽两种。衫在春秋天也可穿在外面，但和穿在外面有短袖的衫不同，后者就发展成了背子或半臂，而长袖衫是基本样式。以前，裙子的造型向来都是一种长方形的方片直裙，有点类似和服裙子的样式。方片裙的样式显得较呆板生硬，女性穿起来并不能显出美丽的曲线来。因此到了唐代，裙子流行高腰束胸、宽摆拖地的样式，这样既能显露人体的曲线美，又能表现一种富丽潇洒的优美风度。这种裙子的结构必须和人体的主体结构有机配合，所以是一种下摆呈圆弧形的多褶斜裙或喇叭裙。到了中晚唐时期，服装中加强了华夏的传统审美观念，开始复古，从以显出女子身材为主逐步恢复到秦汉那种宽衣大袖、飘逸如仙的风格，服式越来越肥。这种风格定了型，一直影响到后期华夏女装的基本理念，即宽松肥大，柔和自然。

而真正有代表性的唐装是中晚唐女装（图7-13）。它逐渐向古代礼仪服饰过渡，款式为礼服，一层叠一层，层数繁多，厚重拖沓，穿起来很麻烦。先穿上很多层广袖上衣，层层压叠着，然后再围上宽大拖地的厚重裙子，即著名的"唐裙"，然后再在外面套上宽大的广袖上衣。虽然烦琐，却富于层次感，给人以稳重的感觉。值得一提的是，日本著名的古代宫廷和服"十二单"就是从此款服装演变来的。日本人称之为"唐衣"，即从唐朝传来的服饰，样式基本上没有多大改变，只不过在风格上增添了几许日本本民族的特色而已。

图7-13　晚唐女装（李菲画）

2. 现代"唐装"的款式

现在流行的"唐装"，基本属于近代以后"满服"的范畴，即清末中式着装风格的服装。这种服装事实上是清朝马褂的延续与改良，与"唐代的服装"相比，两者在风格、款式上面并无丝毫相似之处。这种"唐装"的款式结构有四大特点：一是立领，上衣前中心开口，立式领型；二是连袖，即袖子和衣服整体没有接缝，以平面裁剪为主；三是对襟，也可以是斜襟；四是直角扣，即盘扣，由纽结和纽袢两部分组成；五

是无袖变形设计（图7-14，图7-15）。另外，再从短而合身
的款式来说，唐装更具现代服装的形制特征，它和孙中山先生

图7-14　传统改良的现代唐装　图7-15　时尚开放的现代唐装新款式
新款式

所创制的中山装非常相似，可以被视为是中国现代服装的姊妹
款型。只不过中山装更现代化一些，也具有西化服装的特征，
因为它首先是受日本学生装的影响和启示而产生的，另外它所
用的扣子完全是西化的，而唐装使用的却是中国传统的布料盘
扣。从面料来说，唐装主要使用的是织锦缎面料，这也是中国
化的特征。从这些方面考证，唐装显然不是唐代的服装在今天
的翻版，而完全是现代化的服装创制（图7-16，图7-17，图
7-18）。2001年的上海APEC会议上，各经济体领导人所穿的
"唐装"，是中式立领的服装款式，面料用色鲜艳华丽并有中
国传统吉祥图纹，系扣为中国传统盘扣。这实际上也没有丝毫
唐代服装的影子。"唐装"以这样特殊的世界性姿态第一次

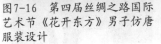

图7-16 第四届丝绸之路国际艺术节《花开东方》男子仿唐服装设计

图7-17 西安工程大学服装与艺术设计学院服装展品11（赵绍强摄）

图7-18 西安工程大学2014年平添、王恋恋、师惠子等学生毕业设计作品

出现在世人面前，在对外宣传中，虽将这种款式定位为"唐装"，但不是指唐代服装，而用的是中国传统服装的通称概念。令人遗憾的是，当今绝大多数国人都把这种源于"唐人街华人的中式着装"的清朝马褂误认为是"唐代的服装"。这种概念的混淆，是对唐代服饰文化的误读。

基于这样的当代服饰现状，很多人对"唐装"的提法仍存疑窦：以中华之大，唐代以降，岂无装可穿？其实，真正唐代人穿的长袍大袖，甚至离人们更近的明代袍服（两者其实是同一事物），并非不太可能重回流行。"长袍大袖"只是现代人对"古装"的模糊认识（从夏商周时期一直到明末的传统中国人的穿着主体款式，均是"交领右衽，隐扣系带，褒襟广袖，峨冠博带"，其中"褒襟广袖，峨冠博带"为礼服特征，而"交领右衽，隐扣系带"的特征则为礼服、常服所共有），也就是说，真正的唐装除了作为主体款式的礼服外，还有作为补充的"窄衣窄袖"的常服。其实真正的"唐装"的"宽衣大袖"礼服更适合于祭祀、大典、成人礼等庄重场合，而"窄衣窄袖"的常服则更适合于劳动耕作及日常运动、做事场合。这些服装自唐以来就有"汉服"或"汉装"的正式称谓（意为"汉民族的传统服装"或"汉族的民族服装"），经历将近四千年，一直自成体系，一脉相承，并深深地影响了日本、朝鲜、韩国、越南等周边国家。比如日本的"和服"（对汉服中的深衣款式的吸纳），朝鲜、韩国的"韩服""唐衣"（对汉服中的襦裙款式的吸纳）等便是汉服在这些国家的发展延续。如今，这些国家还在传统节日和婚丧礼仪中穿着这些传统服装，而我们的国人却在现代化进程中（加之"文化大革命"时期的特殊历史原因），将传统服装束之高阁，甚至逐渐从潜意识里"忘记"了它们的存在及价值，取而代之的是完全西化的服饰穿着——男士动辄西装、夹克、运动装，女子结婚时多是洁白婚纱，民族传统服装几乎毫无踪影。这对我们有着五千年悠久文明历史和厚重文化积淀的民族来说，是莫大的遗憾。相比较而言，我们国人对本民族传统服装的沿袭、传承并没有其他东方国家做得好。

　　然而，在当下中国社会，总有一些有识之士致力于传统服饰文化的继承和发扬。从专业领域的设计师到民间的自由团体，都存在着一股复兴传统服饰、传承传统服饰文化内蕴的力量。随着在互联网上发起、以都市青年白领阶层为骨干的"汉服复兴"运动的兴起，真正的唐装（汉服）在现代人们的视野

中也并非"遥不可及"。很多青年人愿意日常穿着汉服，从而身体力行地将民族服饰文化予以宣传和弘扬，也有更多人开始对民族传统服装倍感兴趣，汉服的宣传推广为振兴民族服饰起到了积极的推动作用。在2008年北京奥运会开幕式上，也有各式传统服装亮相，这让世界开始重新审视"唐装"，重新理解它的含义。基于中国传统服装的多样化和对唐文化的深入理解，源于外国人眼中的"唐人"而定义的"唐装"一词，正越来越受到人们的重视，当然也有质疑。总之，对于"唐装"的概念，不能单单局限在某一朝代的服装款式上，也不仅仅是某些群体的穿着方式，和对"汉服"的理解一样，它应该通指中国的传统服饰，将其冠以"中国古代服饰文化精髓"之名，似乎更加贴切得当。

对于"唐装"的概念，我们应该将它理解为符合中国传统规范的、特别是体现唐代服装元素的中华民族服装，就是我们现在要提倡的。在今天，我们着意倡导"唐装"，就是要使服装回归我们的民族文化与美学传统的轨道。但是，颇具现代性质的唐装，不再是那种长袍宽袖和褒衣博带的古老款型（那样显得太烦琐、拖沓），而是更紧凑、精干、简洁和利索的现代唐装，有利于行动和做事。2012年，笔者赴美国调研唐装在域外流行的情况时，在华盛顿某大街碰巧遇见了一位穿着红衣黑裤典型中式服装的美国女士。笔者眼前陡然一亮，就赶快过去和她搭讪，问她身上穿的是什么服装。她非常和悦地笑着说，是唐装，并说自己从小就喜欢中国文化，所以在服装店特别定制了这身唐装。她一头黑发，上衣为枣红地色，起着金黄色叶形花纹，下身穿着黑色竖条纹裤，显得端庄大方，很有东方美女的气质（图7-19）。另外，在纽约某宾馆，笔者还见到

了两位在美国的华
人，他们一位穿着
一件绣龙纹的白色
短袖唐装，一位穿
着蓝色绣牡丹图案
的中式宽袖长衫，
更富东方韵味（图
7-20，图7-21）。

图7-19　华盛顿街头着唐装的美国女士

图7-20　美国纽约穿着龙纹唐装
的中国先生

图7-21　美国纽约穿中式湘绣丝
绸长衫的中国女士

3. 由"唐装"引发的思考

中国有许多传统服饰流传至今，特别是在戏曲与影视作品
中，很多做工精湛的传统服饰得以重现。服装大师叶锦添就将
中国传统服饰做到了极致。而现代"唐装"作为中式服装的代
表，成为了当今服饰界关注的焦点。因源于民族性和艺术性，
看似简单的一袭"唐装"在今天重新流行，掀起了一股华人复
古着装的风潮。不过这股"唐装"风并没有持续太长时间。也
许"西装意识"还是根深蒂固地影响着我们当代的"正装"概
念，而民间的"唐装"穿着也仅限于饮食业、服务业、影视演

艺和婚纱摄影等个别领域。我们不难发现，"唐装"的普及率并没有想象中的理想。1997年香港回归时，当时的香港民间组织曾发起过穿中装（中国的民族服装）的号召，此消息还曾感动了中国大陆的亿万同胞们。不过当时有记者撰文称：假如我们内地也号召穿中装（包括现代唐装），能有几个人在箱底藏有中装？

今天，我们一方面对"唐装"进行思考和提倡，一方面也对中国传统文化的传承现状感到忧虑。我们的传统文化悠久丰富，成就超卓，又特色鲜明。问题是我们对传统还知道多少？正如著名作家、民俗文化学者冯骥才先生在《粗鄙文化伤害了谁》开篇所提到的："我们一向自诩中华文化的博大精深——但那是古代。而我们今天的文化却正走向粗鄙化！""一个民族不管有多么博大精深的文化，关键是你现在手里还剩下多少，你对自己的文化知道多少，还有你心怀多少文化的自尊与自豪？否则，你辉煌的过去与你的关系并不大。"①只有走到历史中去，找到"我们是谁"的答案，我们才会有足够的底气，使我们的民族和民族文化在新的历史时期成为我们往前大步行进的精神支柱和宏伟目标。只有更多地、更深地去了解她、理解她，我们才能从心底加倍地去热爱她和保护她，并且努力地去发展她。我们的祖先大唐人就是这样，当西亚、南亚、中亚等形形色色的域外文化以汹涌之势从唐帝国开启的国门中一拥而入的时候，他们并没有忘记自己的传统文化，而是始终在保持民族文化本土主体性的基础上，通过能动地选择与改造，将外来文化的精华吸收消化，变为自身的营养，从而创

---

① 胡月：《唐装的尴尬——服装设计中对传统服饰文化的反观与重拾》，《美术观察》2003年第6期。

造出具有中外合璧特色和浓郁民族风格的更新更美的开放性文化——大唐服饰文化。

幸运的是，我们国家领导人不断强调传统文化的重要性，更提出文化自信的口号。在这样的大背景下，中央电视台举办《中国汉字听写大会》《中国成语大会》《中国谜语大会》《中国诗词大会》，还有陕西电视台的《唐诗风云会》等，在全社会引起了强烈的反响，使国人对传统文化更加崇尚和坚信，特别是对唐代文化艺术的辉煌成就更感自豪和向往。嘉宾们所穿的中装，更映射出传统文化的光辉。

如今，全球化风潮扑面而来，更多的西方设计师从中国、印度、非洲等地域汲取创作的灵感；我们也可以立足本土，放眼世界，从西方、印度、非洲等域外汲取灵感。2008年北京奥运会不也提出"同一个世界，同一个梦想"的口号吗？这并不意味着我们应该忘记自己的民族，而是应该在这种大浪潮之下，以更博大的胸怀去看世界，并把中国推向世界！我们应以大唐时代的民族创造精神为鉴，兼收并蓄，为我所用，立足于汉民族服饰文化的沃土之上，发掘出唐装之精华，创造出庄重典雅、大气磅礴的当代服饰品样，以此来促进民族文化的伟大复兴！

第八章　穿越时空的梦想

第一节　开放、兼容与守护

　　纵观中华民族漫长而厚重的五千年历史，多民族的共同依存、文化底蕴的深厚博大、审美取向的稳定成熟，都使得我们这个古老的东方国度的服饰景观恢宏壮丽、千姿百态。我们既保持着自己的优秀传统，又能够在发展中博采众家之长，丰富自己的文化田园。

　　我们的民族服饰在历史发展中，每一个阶段都有每一个阶段的特色，彰显着不同的时代魅力，在世界服装发展史上显得尤为独特而别致。在过去，由于封建社会上层统治的需要，各个朝代不尽相同的服饰制度成为了中国古代必不可少的着装规范，也形成服饰发展清晰的脉络与轨迹。但是无论服饰典制规定因改朝换代而发生怎样的变化，有一点是贯穿于始终的，那就是影响着中国古代服饰观念的儒家思想。因为这样的思想，中国的传统文化不同于张扬而外放的外来文化，它所体现出来的尽是讲求本土文化气韵与遵从"礼制"规范的风格，中国服饰也因此而形成了自己固有的特点。由于中国地域辽阔，民族众多，各地民俗风情不同，想要始终如一地保持着某民族的单一着装特征并不可能。无论是战国时期赵武灵王实行的胡服骑射政策，还是南北朝时期出现的民族大融合，抑或是元代、清代少数边远民族的一统中原，都使汉民族不断受到异质文化的影响，进而使我们固有的着装习惯发生较大变化。在丰富了我们服饰文化内容的同时，当然也使我们的服饰文化对异族产生了强烈的冲击。比如北魏孝文帝迁都洛阳后，要求鲜卑人都"改汉姓，说汉话，穿汉服"。可见，多民族服饰的"开放""兼容"的特征，也是唐代服饰的显著特征。当然，在"开放""兼容"中，我们始终没有遗弃和丢失我们本色的东西，就是我们始终守护着的民族化的传统。民族化的传统正是我们灿烂瑰丽的民族服装文化之根基。没有了这个根基，开放、交流、融合等也就没有了依附。没有依附，创造也就失去了意义。所以，任何一个民族的服饰文化的高峰，都是在守护本色文化的基础上，经多民族文化交流、融合之后结出的丰硕成果。

一、"开放""兼容"：对外来文化包容并借鉴的气度

唐代服饰在中国服饰史上能成为经典，与开放交流、兼收并蓄的思想观念不无关联。我们要使今天的民族服装成为流行于世界的经典，又何尝不是如此？随着经济的不断发展和国力的不断强大，我们民族的自信心在不断地增强，我们的民族文化对整个世界的影响也越来越大。所以，我们有必要在全世界重新树立我们的民族新形象，这样的新形象就可以以服装为代表来体现。

　　唐王朝建立以来，唐高祖、唐太宗均以儒学为主流思想。到了唐高宗当政时，他却淡薄儒术而归心于佛道，武则天更是以佛教治国。唐玄宗时道教兴起，形成儒道佛三家并立的文化新格局，其他宗教如景教、摩尼教等也纷纷在唐朝找到了适合发展的平台，使从汉代以来统治中国传统思想的儒学在一定程度上并不再是唯一。与此同时，从隋代就已经形成的胡汉文化交融倾向，在唐代时更加明显。丝绸之路的繁荣兴起，将当时世界诸多文明形式引入中原，唐王朝的繁盛景象也吸引了来自日本及东南亚等国家的留学者。据《唐六典》记载，与唐朝政府有过交往的国家有三百多个。在长安居住的除了汉族人民，还有吐蕃人、日本人、朝鲜人、波斯人、阿拉伯人等，这使得当时的长安城到处充满了新奇和异样——五花八门的语言，各具特色的服饰，民风、民俗交相辉映，令人目不暇接。由于异国文明、宗教、文化与大唐本土传统文化相互交流影响，社会呈现出多元化发展的趋势，于是造就了唐人兼收并蓄、平等开放的独特社会心理。在这种旧礼教被不断冲击的氛围下，人们的着装形成了历史上前所未有的自由和开放状态，特别是在这种相对宽松的社会环境中的唐代女性，比任何一个封建朝代的女性都要享有更多的生存和发展的权利。她们洋溢着生活的激情，对未来充满憧憬，给自己的着装加入了更多的异域民族的元素。她们穿胡服，着袒领长裙，披薄如蝉翼的霞帔，戴没有遮掩的靓妆尽显的胡帽，这都是唐代女装在融入异族文化后呈现出的独特景象。这和唐代之前传统女装的严实保守完全不同。

　　反观我们民族的服饰发展史，凡是可以将其机械规范为一种形式的时期，都是服饰文化的低落期，这种低落期甚至造成了审美上的空白和精神上的压抑。从20世纪50年代一直到70年代这段漫长的时期里，服饰的对外交流几乎没有任何实绩。在这种严苛的政治环境中，服装发展速度缓慢，开放交流形成空白。那时的中国无论在政治、经济还是文化方面，开放交流都被划入了相对固定的圈子，对象主要局限于苏联及东欧、亚洲的社会主义国家。着装也受到了政治的严重影响，无论是西方资本主义国家的服饰观，还是封建时期的传统元素一律被列入否定的范围内，服饰从款式、色彩、质料等都出现了简约划一的趋势，一切都趋于单一化。当时的中国因受到苏联的影响，列宁装、布拉吉、中山装成为最具代表性的服装。曾经风靡一时的长袍马褂却往往与被批判的封建买办资本家、土改时的农村地主形象重合，历史上流传多年的长衫也被视为封建文化的"余孽"。中国的服饰观因此出现单一化、贫弱化局面。20世纪60年代，"文化大革命"爆发，对非社会主义形态下的文化进行排斥的现象更为严酷，即使是女子们编发和烫发，也被冠以封建主义的"残渣余孽"和资本主义腐朽事物的称谓而被"铲除"。中国自古以来的服饰经典如旗袍等均被否定，禁止流行，就连当时穿着传统服装进行表演的戏曲表演家们也被一并打击。中国人民解放军的军人形象成为当时最革命的服饰形象，在"向人民解放军学习"的口号下，社会上掀起了全民着装仿军服的热潮。男子是灰黑黄蓝草绿装，女子全是齐耳短发，服装和男子们很接近，谁也不敢着靓装。直到20世纪80年代初期，那种以军大衣为原型的时尚的棉大衣还被广泛接受，在男女着装行为中普遍流行，所以，中国20世纪中后期的服饰记忆中也尽是军装的颜色。可见，那时的中国服饰受政治因素影响的程度有多深——将社会主义国家的服装形态完全照搬，

反对一切代表资本主义和封建社会的文化。服饰要在一定程度上代表着工、农、兵三大阶级，因而也造成了新中国成立以来，中华民族服饰的单一发展趋向，人们的审美意识、审美选择权利被完全抑制和剥夺（图8-1，图8-2）。

图8-1　20世纪30年代穿时尚西装的青年合影　　图8-2　20世纪50年代家庭合影

　　这种由于特殊原因所造成的特殊时期的服装样式单一化现象，却并不能彻底遏止我们中国这个多元文化大国内，向来流淌着的富有创新精神和革新活力的血液。其实，中国服装对外来文化的吸收融会可以说自古以来就有，几次服装的大革新都是与主动吸收异质文化不可分割的。胡服骑射将传统上衣下裳的服饰格局打破，形成了裤装这一新的服装样式，影响了整个中国服装发展史。20世纪初期的中国服饰时尚可以用"西服东渐"来概括，即使是纯粹的中装也受到了来自西式服装的微风吹拂，从而产生了一些中西合璧的穿着方式，比如女装中的旗袍与烫发、高跟鞋，男装中更是有身着长袍马褂，头上却戴着西式礼帽，手中挂着文明拐杖，脚上蹬着油亮皮鞋的穿着打扮。自1978年中国共产党第十一届中央委员会第三次全体会议的召开，国家颁布了改革开放的政策，这不仅仅是中国政治、经济、文化史上的大转折，同时也是新中国成立以来中国服饰发展史上一个巨大的转折点。从20世纪80年代开始，中国对全世界敞开国门，西方现代文明迅疾涌入，中国服装在经过一段时间的禁锢后重新得到了解放，开始了与世界异质文化的再一次大交流、大融合。一系列领导服饰新潮流的时装给古老的中国带来了别样的精彩，但是由于人们长期的审美封闭，这一时期对外来文化不假思索地照搬与抄袭，而将中国经典的传统服装束之高阁。穿喇叭裤、留长发、跳disco（迪斯科）的青年，正是照搬西方颓废文化，并没有展现出中国青年的朝气。直到进入20世纪90年代，中国服装界才真正开始意识到这种完全照搬外来文化的后果，就是对本国文化的遗忘，对自己美好传统的遗弃！人们认识到这种不良情况不能再继续下去了。中国服装设计师们开始思索民族文化如何坚守民族本色，并思考在此基础上如何以唐代服装为楷模，进一步创造我们今天的民族服装。服装界的有识之士不断地探索着富有中国特色的服装风格。虽然在一段时期内，传统服装被外来服装所代替，但从整个中国服装发展史来看，对民族文化的守护是需要当今服装界直面的现实问题。这正是我们所面临和需要解决的对民族服饰文化如何"保持"与"守护"的严肃问题。

二、"保持""守护"：对本国传统坚守与再创造的信念

在进行多民族文化交流、融合的基础上，我们也不能不加选择地、盲目地学习接受外来文化，不能将"拿来主义"演变为"一切为外"的极端主义。在历史上，东汉灵帝以好胡服

而著称，凡是带有"胡"字的，诸如"胡帐""胡床""胡坐""胡饭""胡箜篌""胡笛""胡舞"之类，他都要提倡。他这种完全拜倒在外来文化脚下的态度，被范晔批评为"服妖"，成为中国历史上学习外来文化以致不伦不类的反面教材。随着20世纪末中国国门的打开，外来文化大量涌入，其中不乏沉渣泛滥。这时，由于闭关锁国太久，中国服饰就对西方文化进行了大量的借鉴甚至照抄。尤其是加入了WTO以后，被强迫性地纳入世界服装次序中的中国服饰，更是如饥似渴地主动深入到全球化进程的各个领域之中。我们受西方发达国家，诸如英、美、法、德等国，还有亚洲近邻日本、韩国等国的影响，对他国的文化吸收、向往甚至崇拜。特别是20世纪90年代以来，在青少年中"哈韩""哈日""哈拉丁"等现象日益严重，穿韩装，吃日餐，化日本街头妆，说韩语等行为一夜之间仿佛都成了时尚，而我们自己的汉服、唐装、旗袍、中式盘头等传统经典服饰打扮，仅仅只能在一些特定的场合（比如影视艺术、服务行业）才能看到。有些青年甚至认为传统服饰太"土气"，在日常生活中拒绝穿着。这与20世纪中期完全排斥西方资本主义，只穿着工人阶级"革命服装"刚好相反——不仅对西方服饰进行主动学习，并且只要是西方发达国家的就是"时髦"的这一想法，在整个社会上广为流传。这都使我们不得不重新面对弘扬民族服饰的问题，对民族传统服饰的保护和传承已经成为了新世纪全民族的热点话题。在21世纪里，物质文明极度繁荣，科技成果全面生活化，信息通道无限畅通，媒体无限发达，人们思想观念不断创新，在这样急速发展的过程中，现代文明给我们都带来了什么？我们现在还能留下多少属于自己的文化？如果我们生活的社会一切都照搬外来文化，

我们连属于自己的东西都没有，更何谈为后世留下什么遗产呢！这也是我们亟待解决的严重问题。

其实，对于民族文化继承与发扬的问题，中国服装界早在20世纪末就有所讨论。在当时一片国人对西方服饰刻意模仿的景象中，我们看到的是夸张的形体、超常的配色和不符合东方美感的设计。例如那时很流行的女士西装，东方女性窄小的身形穿着带有极厚垫肩的西装，这种典型的西方服装结构其实并不适合中国人。宽阔的肩部和硬朗的风格虽说顺应了世纪末的时尚风潮，是工业飞速发展下人们本能的一种审美选择，对于西方欧美国家的女性来说穿着起来尤为高挑俊逸，可是穿于体形相对瘦小的中国女性身上，就不能体现出灵秀与雅致的气质，与我们民族的气质和实际体形极不相符。这样的借鉴和吸纳就是失败之举。对外来文化不假思索地运用的后果就是使本国服饰缺少了创新和发扬光大的机会。然而，总有那么一些"不和谐"的"潜流"在社会以及人们生活的深处暗暗涌动着。中国服装设计领域开始意识到"只有民族的才是世界的"这一真理，很多具有独创性和前瞻性的设计师们，就试图在其设计中运用传统因素。特别是在20世纪90年代到21世纪初，我国新型服装产业的萌芽阶段和发展时期，有很多善于思考并且勇于挑战的设计师，在外来文化疯狂涌入国门之时，主动扛起了坚守民族传统文化的这面大旗。他们确实精神可嘉，值得肯定（图8-3）。

在20世纪90年代中后期，中国服装舞台刮起了强劲的民俗风潮，"民族化"成为不变的口号。本土设计师们也开始做出不懈的探索和努力。当然，我们应该认识到这样一个问题，即任何事物在其探索的过程中必然会有一些不可避免的失败，但这些失败的教训带来的是更宝贵的财富。比如充满民族情怀的设计师胡晓丹，他凭借非凡的想象力和卓越的设计才能，被称为"中国的皮尔·卡丹"。由他设计的"流动的紫禁城"系列服装作品，自1995年1月问世以来，在国内外引起了很大的轰动。"流动的紫禁城"这一系列的设计中一共包含着228套服装，以故宫中轴线上的所有重要建筑形式为主要题材——从午门大门上的门钉，到太和殿门顶的走兽；从太和殿的鎏金龙椅，再到乾清宫立柱上的楹联，以至于汉白玉栏望柱、珍宝馆的珐琅座钟、御花园的百年老树等，都是设计者创作的素材与灵感的来源（图8-4）。这场服装领域的民族化创新性壮举，是当时中国本土设计师的一次大爆发，他们将古典元素运用到了极致。胡晓丹认为："一些中国人的内心深处总有一种自卑的情结，包括一直以来对模特的训练都是采用西方的训练方式。从天生的条件和后天的成长环境来看，我们的模特很难

图8-3　2014年江南大学纺织服装学院为APEC会议设计的新中装

图8-4　胡晓丹中国故宫建筑风格服装设计

成为西方模特的对手，但是我们中国人有一种高雅端庄的东方之美，有一种优雅含蓄的独特气质，这是五千年的文明所积淀出来的美，是西方人无可比拟的美。"①胡晓丹、吴海燕等人的设计大量运用本土文化元素，正是想充分烘托出东方民族迥异于西方民族的美的精神氛围，并与西方美学元素相对峙。强调和张扬独具气韵的东方美，重新创造和彰显风格独具的东方美，这已成为新时期坚守民族化阵地的设计师们的光荣、神圣使命，也是我们的希望和骄傲所在。

当然，在胡晓丹的设计中，对中国宫殿过分写实的诠释、对建筑物完全形式化的照搬、各种传统因素的机械化组合，都使得设计本身存在着缺陷。但是不可否认的是，胡晓丹的设计在一定程度上让世界对中国古代文化特别是宫廷文化有了新认识。在这一层面上，他以服装的形式，对民族传统文化走向世界起到极大的推动作用，这对中华民族文化的传扬具有积极的影响力。在20世纪90年代以后众多的服装设计大赛中，涌现出的很多具有创意的新人，让我们看到了中国服装业复兴的曙光。他们充分思索和探讨民族文化的内涵，创作出一件件具有东方古国文化意蕴的服饰作品，为中华传统文化的振兴做着不懈的努力。比如在首届"兄弟杯"国际青年服装设计师作品大奖赛上，吴海燕的《鼎盛年代》就充分地塑造出了古老环境的浓郁氛围，其作品从材质、色彩、手绘图案到帽饰的曲线空间都达成和谐，从而让我们看到我们的设计师在放眼世界的同时，进入的本土文化底蕴的纵深度（图8-5）。还有张晓峰设计的系列中国传统婚礼服，以纯粹和浓艳的正红为主色调，酝

---

① 张小兰：《胡晓丹：中国有大美》，《人民日报（海外版）》2002年8月2日第7版。

图8-5 首届"兄弟杯"国际青年服装设计师作品大奖赛金奖作品《鼎盛年代》（吴海燕设计作品）

酿出中国文化精魂的无限活力。

通过在盲目学习后遭到失败的教训，服装设计界开始反思并重新进行不断的探索。媒体对民族传统文化做着大力的宣传，我们的社会也进行着守护传统文化的审美导向。当今人们把这种代表一个民族文化特征的服装定位在一些特定场合，除作为电影、电视、舞台表演等演出服装外，主要还出现在颁奖晚会、大型的特殊文化活动、某些重要的新闻发布会以及一些有国外友人参与的盛典活动上。比如，每年清明节黄帝陵祭祖活动、新世纪伊始的上海APEC会议、2008年的北京奥运会、2014年的北京APEC会议等。这些都是现代服装民族化的最好实践机会与场所（图8-6，图8-7）。现在，全国民间也不断有汉服协会、唐装学会、华服研究会等社团成立，以吸引更多的民族传统文化爱好者对优秀服饰文化进行传承和发扬，而参加这些协会的人士大都是行业内的专家、文化界精英、高校专业教师、都市白领以及有志于发展民族服装的企业界领军人物，还有无数的青年志愿者。可见，民族传统服饰已经被推向了一个新的发展平台，而且还在不断地向更新的高度跃进。在一些正式场合或者对外场合里，国人们，特别是有关领导人都会着意去穿着、去宣传我们的民族服

图8-6 2014年北京服装学院为2014年11月北京APEC会议设计的三款新中装,其中的立领造型盘扣设计(简单横式、花纹式、祥云式)、对襟以及下摆的海水江涯图案(中国戏曲标准图案),都是典型的中国传统服装元素(2016年1月摄于北京服装学院)

装,以彰显我们民族的文化事业。所以,传统服饰已经进入了新的视野,成为新时期人们关注的新焦点。由于本土的服装工作者们已经注意到了传统文化保持与守护的问题,再加上国家经济实力的不断增强,国际地位的日益提高,我们的传统文化在世界舞台上也受到了极大的关注,和全球时尚界"复古风""民族风"的复兴风潮不谋而合。我们的文化精髓亦成为国外设计师的灵感

图8-7 西安工程大学曹艳妮在德国柏林剧院演出时所着的朝鲜族服装

源泉，"中国风"经久不衰。

当下，在国际时装界，设计师们不断地从民族服饰中提炼具有代表性的元素，经过现代化的加工改造，将其完全融入到现代服装设计中，从而成为时尚宠儿。比如服装设计大师伊夫·圣·洛朗、约翰·加利亚诺等先后推出中国风貌的服饰，在服装中大量运用立领、刺绣等中国元素。各种T台秀上，中国元素的服装屡见不鲜（图8-8，图8-9，图8-10）。可见，在现代服装领域内对中国传统经典服装进行传承，这不仅仅是中国人的使命，也是世界人的使命。当代服装设计一定要在"吸收""兼容"外来文化的基础上，不忘对本民族传统文化予以"保持"和"守护"。借鉴、兼

图8-8　第四届丝绸之路国际艺术节《一路同心》霓裳羽衣服装表演

图8-9　第四届丝绸之路国际艺术节《花开东方》仿唐霓裳服装表演

图8-10　第四届丝绸之路国际艺术节《花开东方》仿唐簪花装饰

容和继承、传播，这两方面是一个有机的整体，两方面相辅相成、互相促进、缺一不可。只要有选择性地对国外优秀文化进行引进，并始终对本国文化不离不弃，坚持服装产业的创新思路，就能设计出符合本土审美特点、有传统民族服饰元素、独具艺术风格的现代优质服装。这样，中华民族的文化才能得以传承和发展，并在传承、发展中不断注入新的血液和活力，在世界时尚之林中重新树立我们的民族自信心，坚守本属于我们自己的时尚领地，重现辉煌博大的服饰风采！

第二节　融合、创造与超越

　　当今的世界是个全球化的世界，文化的全球化冲突与不同民族之间的矛盾等也日益尖锐，各国都积极致力于对本民族文化的保护。拥有灿烂文化的中华民族，在经过了一个世纪的迷茫、困惑与自我否定后，正日趋自信与成熟。有人说，21世纪是中国的世纪，那是因为他看到了中国飞速发展的经济；但如果仅仅是经济实力的增强，那么这句话是不确切的。只有物质与文化都发达了，才是中华民族的真正复兴。如何复兴民族文化？那就是"文化自觉"和"文化自信"——其中一个重要的内容就是通过对传统服饰的传承，来复兴承载了服饰文明的传统文化。

　　在体现民族风格、地域文化方面，陕西刺绣大师张漪嫒在对唐代服装的传承上做出了很好的尝试，表现出"文化自觉"

和"文化自信"的襟怀（图8-11，图8-12）。

图8-11　秦绣大师张漪媛 　图8-12　秦绣大师张漪媛刺绣《敦煌唐
刺绣《簪花仕女图》　　　代乐女图》

一、融合中的尺度把握

　　唐代旖旎的服饰文化脱胎于民族交融的历史大背景下，传统文化和异质文化的相互渗透造就了唐代服饰的多元性，也形成了中国历史上服饰的繁盛景观。这种服饰盛世的确立，并不是一味地以接收外来文化为宗旨的，而是始终抱着"取其精华，去其糟粕"的态度，将中华服饰进行一再的创新和发展。唐代服饰取得的丰硕成果，给我们树立了榜样，更激发了我们在融合外来文化条件下，发展民族服饰文化的信心。

　　我国现代美术教育家、散文家丰子恺先生曾提出一个有益的观点：对外来服饰文化应学它的好处，但切忌"盲从流行"，"学过了头，好的也变成不好的了"。他在谈到如何学习西洋服饰时，说过一段很有启发意义的话，值得我们深思。

他说，西洋衣服有"适体"的美，中国人悟到这一点之后，就拼命地去追求"适体"，于是那些盲从流行的女子，穿的衣服竟像袜子穿在脚上一样，身体各部分的原形十分显出，行动时全身像是一条蚕或一条蛇……我常暗中为她们担心：衣服裹得这么紧，透得过气来吗？

　　丰子恺先生所说的这一席话，和白居易、元稹等人对唐代女子学胡妆学得不伦不类的行为的批评态度是很接近的。可见，对外来文化不可全部禁止，更不要惧怕，但也不能完全地盲目照搬。唐代在繁盛时期，对外来服饰文化的接纳，很好地把握了融合的尺度——大量吸收胡文化中的精华，并与中原传统文化有机地结合起来。唐代一方面欢迎胡服、胡帽、胡靴的流行；另一方面，在着装上也追求合体、合理的要素，不是一味地盲从。所以，唐代人在学习过程中没有一味地照搬，而是将外来文化中适于日常生活的服装款式加以借鉴，在此基础上创制自己的新款样，这是中华民族学习外来文化的正确之举，也是对当时服饰文化的创新之举（图8-13）。

图8-13　西安工程大学服装与艺术设计学院2014年毕业作品

二、融合外来文化对当代服装产业的启示

　　少数民族服饰文化对唐代人们的着装产生了深远的影响，唐代在吸收融合外来文化中受益；战国时代赵武灵王通过推行

"胡服骑射"政策，使赵国在改革中强盛起来，也是在吸收外来文化中受益的表现；魏晋南北朝时期北部少数民族和中原民族大融合，使中原民族服饰得以丰富多样，这些都是外来文化影响的结果。所以，文化融合不仅对服饰的发展有利，更对社会的发展产生巨大的推动作用。

从历史长河的汇合处沿着支流上溯，可以发现当时中国视"胡"犹如今天我们看待"洋"一样，确实存在着一个传统服装和外来服装之间相互影响、相互渗透，甚至相互冲撞、相互消长的问题。我国的服装自20世纪后期与国家的改革开放同时起步发展至今，经历了无数的起伏跌宕，在不断的摸索中创新发展。而怎样将传统服饰文化与现代国际化的潮流有机地结合起来，是一个需要长期探讨的焦点问题，也是我国服装产业形成成熟的自我形象，在世界服装之林中创造出新的经典品牌，找到自己准确、合适的位置所面临的一个关键问题。如果只是一味地吸收外来文化，刻意地将西方流行元素作为创造的标准，只为国人提供西化的产品，而没有自己的文化底蕴和审美标志，那么整个国家的服装文化就失去了民族性，将不会被世人铭记，更不能重现传统服饰的盛世奇观。这就需要我们在学习外来时尚的时候，要始终将传统文化放置在核心的位置上，只有从这一角度去探寻中国本土服装设计发展的出路，才是正确的（图8-14）。

随着改革开放的不断深化，中国经济持续的飞速发展，国际交流与合作的空前加强，中国文化正被越来越多的国家所重视和接受。中国巨大的时尚消费潜力引起国际服装设计师的重视，中国传统造型元素成为他们灵感的源泉。同时，国际品牌大量进入中国市场，迫使我们的民族服装企业从自己本土的文化当中发掘突破点。面对各种剧烈的竞争，中国服装业发展的出路之一就是在传统文化的基础上创造出富有民族特征的服饰时尚，这样才能赢得自己的立足之地。对于服装设计而言，市场环境、消费文化至关重要。现在国内市场上已出现不少传统风格的服装设计品牌与机构，可惜的是大多数服装未能真正摆脱传统与突破、模仿与创新的拘囿，尚且停留于表面形式的搬抄上，所谓

图8-14　西安工程大学服装学院2015年夏季本科毕业展示中的中式传统服饰设计作品（陶器图案）

的"唐装""华服"都未能真正进入国际市场参与竞争。而恰恰相反的是，国外一些大的时装品牌却借"东方之风"，将我国的传统服饰元素加以利用和再造，与西方的立体剪裁相结合而创造出具有轰动效应的时尚品牌，从而引起流行风潮。此外，同作为东方国家的韩国，在保留自己的传统文化方面就非常令人钦佩。韩国从20世纪末以来非常重视传统文化的弘扬，特别是通过影视作品的大力宣传，使传统服饰文化理念深入人心，并影响至海外。我国从20世纪90年代以来引进了大量的韩国电视剧作品，使韩国的服饰风潮席卷全国各个角落，而这种韩剧与韩服风潮使我们看到韩国影视艺术行业是如何对其传统服饰进行再创造的。比如电视剧《宫》《只属于我的你》（图8-15，图8-16）里面，大量传统韩服元素的植入，使得传统服

图8-15 韩国电视剧《宫》剧照

饰在现代剧情里熠熠生辉。人们对人物造型的关注甚至超过了剧情本身，形成了一股不小的崇尚传统的时尚浪潮。而韩国服装文化中也渗透着中国传统服装文化的基因。从中我们可以清晰地看出，在现代生活中，传统文化不应被湮没，被抛弃，被视为落后，而应通过现代的设计手段和宣传理念，将传统文化这颗闪烁着民族奇异光芒的珍贵宝石重新加以打磨，使它越发光彩照人。特别值得注意的是，在韩国民俗中，年轻人结婚时，整个家庭的人都得穿着传统民族服装，形成一种非常温馨、协调一致的氛围。在《只属于我的你》这部长河式的电视连续剧中，男主人公和女主人公结婚时，男女双方的母亲都穿着传统的韩国服装，甚至连男女双方的姐妹、嫂嫂、阿姨等，也一律穿着韩服（唐衣）参加婚礼，这是一种多么热闹、喜庆的场面啊，如一场民族服装的展示会般，令人无比感动！但是，我们民族现在在这一方面就没有韩国、朝鲜做得好。2013年中国杨凌农业高新科技成果博览会期间，陕西省武功县苏蕙土织布合作社推出了

图8-16 韩国电视剧《只属于我的你》中新婚夫妇的着装

一系列精心设计的传统文化作品，特别是与陕西省服装行业协会联合组织，特聘了一些服装设计人员，专门设计的颇具民族色彩和陕西地域特征的婚礼服、庆寿服等，颇吸引人的眼球。而且，合作社理事长赵哲先生有一个极好的想法，就是在庆寿服中首先设计一套过寿诞的老者的服装，即主服，再设计几套庆寿的配套服装，即为前来贺寿的儿子、儿媳妇、女儿、女婿等亲属设计的相应服装。大家这样穿着，就能够把整个庆寿的气氛烘托起来，显得更加热闹喜庆，和谐统一，温馨无比。可惜的是，最后设计的服装并没有得到推广。笔者觉得在这一方面，我们民族的凝聚力还是不够紧密和强大。这又使我想起了2012年前往美国调研唐装的流行情况时，在俄克拉何马基督教会大学，和那里的一位华人教师王女士交流的情景。她说她很注意在华人留学生中推广我们的唐装，让孩子们在节日期间都能够穿上自己民族的传统服装，但孩子们对自己的民族文化了解很少。比如在过美食节和民族节日时，韩国学生都会穿着韩服（唐衣），做各种民族食品让同学、老师们品尝；日本学生也一样，他们穿上自己民族的和服，做出各种日本民族食品，让大家一饱眼福和口福——既观赏了不同民族的服装风采，又品尝了不同国家、民族的美食（图8-17）。可是在这样的活动中，我们中国

图8-17　2012年6月摄自美国俄克拉何马基督教会大学（韩国学生及日本学生均穿着民族服装）

的留学生却很少穿着自己民族的传统服装，他们穿的都是现代便装或休闲装，看不出汉民族的特征和特色，很让人失望。这是值得我们深思的事情。

相对来说，在越来越成熟的国际性服饰文化面前，中国服装业的传承显得非常幼稚而乏力，仿佛营养不足，无法有力地站立起来形成参天大树，更不要说引领潮流了。造成这种情况的原因，我们分析主要有以下三点：第一，当代设计师缺乏对我国服饰文化和历史的深入解读。认识和了解历史与传统文化是我们认识自身和走民族化道路的最佳途径，只有从历史中总结成功的规律与经验，才能指导当前的实践，并预知未来的发展方向；只有理性地分析中国传统服饰的特点，才能深入认识和领悟传统服饰文化的真谛，把握传统服饰文化的精髓。第二，国内的本土化服装设计对传统文化的理解还停留在"感性阶段"，缺乏对其精神内涵的理解。在现代复杂多样的设计手段面前，本土设计显得茫然无措，无法很好地将传统文化进行再创造以和谐地融入当代中国人的生活中。不了解传统文化，设计就是无本之木、无源之水，创新就无从谈起。第三，缺乏对当前时代特征的科学分析。对"洋"文化盲目的崇拜，使本土设计不能深究其中的真正内涵及如何与其融合的方法，所以就不能批判地接收并有效地消化，最后便不能达到为我所用的目的。此外，不解读和关注大的社会环境和文艺思潮动向，不了解当下服装发展趋势和消费者的心理状况与实际需求，自然会陷入茫然的服饰创新误区，成为流于表面的、肤浅的创新（图8-18，图8-19）。

这几年来，国家主席习近平及其夫人彭丽媛特别重视对民族服装的扶持和弘扬。他们在许多国际访问活动以及重大国事

图8-18　西安工程大学服装学院2014年夏季本科毕业生现代与传统对比强烈的设计展示作品

图8-19　西安工程大学服装学院2014级硕士研究生设计的仿唐中式传统服装

活动场合，坚持穿着民族传统服装或民族品牌服装，使得民族服装和民族服装企业得以快速发展，在经济上大幅度提升，同时也带动了国内民众热衷于穿着自己民族传统服装与民族品牌服装的热潮，增强了中华民族在国际舞台上的自信心。这对于传承和弘扬民族文化，具有极其强烈的现实意义和无比深远的历史意义。在我国著名时装设计师张肇达看来，习近平和彭丽媛在2014年3月出访荷兰期间的衣着，可以用"精彩"来形容——充分体现出一个大国领袖与夫人的深厚涵养和外交智慧。"国家领导人与第一夫人的外交服饰，不仅展现出其卓越的个人形象，更是国家形象与传统文化的符号与象征。领导人的着装需要具备沉稳、儒雅、尊贵、严谨、博学等特点，第一夫人的着装则要展现端庄、谦逊、智慧、高雅与平和。夫妇二

人既要各具特色，又要相互映衬；既要展现文化精髓，又要时尚经典。"①

2014年3月22日，国家主席习近平偕夫人彭丽媛前往荷兰进行国事访问，在与荷兰国王威廉-亚历山大和王后马克西玛会谈时，彭丽媛穿着对襟盘扣中式套装，清新典雅的粉色衬托出第一夫人的优雅与大气，高质感的中国传统面料体现出第一夫人深厚的文化涵养和典雅气质。习近平主席选择同样色彩的领带，与夫人的服色相映衬，显出和谐、一致、温馨的氛围。

习近平主席与夫人彭丽媛参观荷兰郁金香花展时，彭丽媛穿的是淡紫色丝绸长袍，显得低调、平和，却又不失高雅气质。这款服装面料呈现出柔软、光泽熠熠的品质，既充满人文关怀的寓意，又洋溢着无限的希望，体现了大国第一夫人的风范。习近平主席选择的是紫色领带，这种紫色一直是我们国家最为尊贵的颜色的象征，也是荷兰国花郁金香最灿烂的颜色，体现了两国之间和谐、友好的关系。服装设计专家认为："色彩代表品位，面料代表内涵，外型代表个性。总体上看，习主席与夫人的外交场合着装服饰搭配感十足，习主席的服装细节与夫人彭丽媛服装中的亮色元素总能巧妙地交相呼应。在款式选择上，层次感衬托简约感，时尚与经典交融，无不体现一个大国领袖与夫人的深厚涵养和外交智慧。"②领导人和第一夫人的着装，既对国际社会产生着重大影响，更对国内社会起到引领和鼓舞性的作用，这是毋庸置疑的。

我们把这些成功的传统与现代和谐结合的案例，完全可以看作是唐代服饰文化在今天的余韵再现。

---

①② 引自2014年3月24日新华网。

参考文献

［1］吴小如. 中国文化史纲要[M]. 北京：北京大学出版社，2001.

［2］诸葛铠. 文明的轮回——中国服饰文化的历程[M]. 北京：中国纺织出版社，2007.

［3］居阅时，瞿明安. 中国象征文化[M]. 上海：上海人民出版社，2011.

［4］华梅，要彬. 服饰与传播[M]. 北京：中国时代经济出版社，2010.

［5］孙隆基. 中国文化的深层结构[M]. 桂林：广西师范大学出版社，2011.

［6］李斌城，李锦绣，等. 隋唐五代社会生活史[M]. 北京：中国社会科学出版社，1998.

［7］庄华峰. 中国社会生活史[M]. 合肥：合肥工业大学出版社，2003.

［8］居阅时，高福进，等. 中国象征文化图志[M]. 济南：山东画报出版社，2010.

［9］爱德华·W. 萨义德. 东方学[M]. 王宇根译，北京：生活·读书·新知三联书店，2007.

［10］韩昇. 古代中国：社会转型与多元文化[M]. 上海：上海人民出版社，2007.

［11］林惠祥. 文化人类学[M]. 上海：上海书店出版社，2011.

［12］刘其伟. 文化人类学[M]. 天津：百花文艺出版社，2012.

［13］沈从文. 中国服饰史[M]. 西安：陕西师范大学出版社，
　　　2004.

［14］沈从文. 中国古代服饰研究[M]. 上海：上海世纪出版集
　　　团，2007.

［15］周锡保. 中国古代服饰史[M]. 北京：中国戏剧出版社，
　　　1984.

［16］周汛，高春明. 中国古代服饰风俗[M]. 西安：陕西人民
　　　出版社，1988.

［17］高春明. 中国历代服饰艺术[M]. 北京：中国青年出版
　　　社，2009.

［18］华梅. 服饰与中国文化[M]. 北京：人民出版社，2001.

［19］华梅. 服装美学[M]. 北京：中国纺织出版社，2003.

［20］华梅. 服饰人类学全览[M]. 天津：天津社会科学出版
　　　社，2005.

［21］黄能福，陈娟娟，黄钢. 服饰中华[M]. 北京：清华大学
　　　出版社，2011.

［22］赵丰. 中国丝绸通史[M]. 苏州：苏州大学出版社，2005.

［23］叶立诚. 服饰美学[M]. 北京：中国纺织出版社，2001.

［24］卞向阳. 服装艺术判断[M]. 上海：东华大学出版社，
　　　2006.

［25］张志春. 中国服饰文化[M]. 北京：中国纺织出版社，
　　　2009.

［26］王维堤. 中国服饰文化[M]. 上海：上海古籍出版社，
　　　2001.

［27］江冰. 中华服饰文化[M]. 广州：广东人民出版社，2009.

［28］李怡. 唐代文官服饰文化研究[M]. 北京：知识产权出版社，2008.

［29］吴琳. 中外服饰文化[M]. 北京：清华大学出版社，2013.

［30］陈茂同. 中国历代衣冠服饰制[M]. 天津：百花文艺出版社，2005.

［31］蔡子谔. 中国服饰美学史[M]. 石家庄：河北美术出版社，2001.

［32］吴功正. 唐代美学史[M]. 西安：陕西师范大学出版社，1999.

［33］孙运飞. 历朝历代服饰[M]. 北京：化学工业出版社，2010.

［34］张其旺. 服饰文化与着装艺术[M]. 合肥：合肥工业大学出版社，2011.

［35］刘芳. 中西服饰艺术史[M]. 长沙：中南大学出版社，2008.

［36］咸建军. 秦绣[M]. 西安：西安交通大学出版社，2014.

［37］徐宏力，关志坤. 服装美学教程[M]. 北京：中国纺织出版社，2007.

［38］罗玛. 开花的身体[M]. 上海：上海社会科学院出版社，2005.

［39］张乃仁，杨蔼琪. 外国服装艺术史[M]. 北京：人民美术出版社，2003.

［40］周谷城. 中国通史[M]. 上海：上海人民出版社，1957.

［41］彭修银. 东方美学[M]. 北京：人民出版社，2008.

［42］温克尔曼. 论古代艺术[M]. 邵大箴译，北京：中国人民

大学出版社，1989.

[43] 包铭新. 时装评论[M]. 重庆：西南师范大学出版社，
　　　2002.

[44] 张涵，史鸿文. 中华美学史[M]. 北京：西苑出版社，
　　　1995.

[45] 丹纳. 艺术哲学[M]. 傅雷译，北京：人民文学出版社，
　　　1981.

[46] 弗·威·约·封·谢林. 艺术哲学[M]. 魏庆征译，北
　　　京：中国社会出版社，2005.

[47] 李泽厚. 美的历程[M]. 北京：中国社会科学出版社，
　　　1984.

[48] 歌德. 色彩论[M]. 杨宪益译，北京：人民出版社，1980.

[49] 约翰内斯·伊顿. 色彩艺术[M]. 杜兰宇译，上海：上海
　　　人民美术出版社，1985.

[50] 郭廉夫，张继华. 色彩美学[M]. 西安：陕西人民美术出
　　　版社，1992.

[51] 黑格尔. 美学：第一卷[M]. 朱光潜译，北京：商务印书
　　　馆，1979.

[52] 罗兰·巴特. 符号学美学[M]. 董学文译，沈阳：辽宁人
　　　民出版社，1987.

[53] 舒也. 中西文化与审美价值诠释[M]. 上海：三联出版
　　　社，2008.

[54] 吴卫刚. 服装美学[M]. 北京：中国纺织出版社，2000.

[55] 杨道圣. 服装美学[M]. 重庆：西南师范大学出版社，
　　　2003.

[56] 何星亮. 图腾文化与人类诸文化的起源[M]. 北京：中国

文联出版公司，1991.

［57］李斌城. 唐代文化[M]. 北京：中国社会科学出版社，2007.

［58］王立. 欢娱的巅峰：唐代教坊考[M]. 北京：新星出版社，2015.

［59］薛爱华. 朱雀：唐代的南方意象[M]. 上海：生活·读书·新知三联书店，2014.

［60］荣新江. 中古中国与外来文明[M]. 上海：生活·读书·新知三联书店，2014.

［61］李少林. 唐代文化大观[M]. 呼和浩特：内蒙古人民出版社，2006.

［62］徐连达. 唐朝文化史[M]. 上海：复旦大学出版社，2006.

后 记

2009年，在学校领导的支持、鼓励下，我有了写作《唐代服饰文化研究》这本书的动意。2011年，我想把唐代服饰研究和唐装研究结合起来，去国外考察一下唐装在国外华人及外国人着衣方面的影响。学校很支持我的想法，批准我和外语专业的高菊霞教授联合到美国去调研。2012年5月中旬，我们踏上了美国的土地，考察了唐装在美国华人及美国人中的影响情况。可喜的是，很多年纪稍大一点的华人和一些美国人对唐装都情有独钟。在华盛顿大街上，我们碰见一个在美国政府工作的女士，她上身着枣红色绣金黄花卉图案的短袖唐装，下身穿着竖条纹的中式黑裤。她从我们身边经过，我赶忙拦住了她，和她进行了短暂的交谈，高菊霞教授赶快过来为我们做翻译。我问她穿的是什么衣服，她说是唐装。我又问她，唐装是哪国服装，她说是中国服装。我再问她为什么选择穿唐装呢，她说很喜欢中国文化，所以专门在服装店定做了这身唐装。后来我们到了俄克拉何马和堪萨斯的两所大学，访问了这两所大学国际交流与合作处负责人，问到他们对唐装的态度时，他们均表示对唐装很感兴趣，而且说他们到中国以后，一定要穿唐装。这说明我们的民族服装和民族文化一样，在国外还是很有影响、很受欢迎的。

　　2001年，APEC会议在上海召开，中国领导人偕同参会的美、俄等经济体领导人穿着唐装亮相，成为大会主题之外的一个亮点。之后，唐装风潮席卷全球，成为2001到2005年世界服装潮流中最有影响的标志性服装。那几年，在国内，许多节目主持人、文化学者、社会名流，都以穿着唐装为时尚。大约从十年前开始，中国很多高校学生热衷于推行汉服，他们不但在校园穿汉服，甚至穿着汉服走上大街。2012年冬，新一届国家领导人习近平在视察工作时穿着中山装出行。2013年初，彭丽媛随习近平出访俄罗斯、坦桑尼亚、南非、英国等国时穿着国产品牌服装得到国内外舆论界的极高评价，对中华民族服装产业也起到极大的激励和推动作用。特别是2014年11月，APEC会议再次在中国召开，21个经济体领导人身穿名为"新中装"的现代中式礼服在北京水立方亮相。本次服装主题是"各美其美，美美与共"，体现了中国作为"衣冠大国"的风范。中国服装设计师为这次会议设计的新中装的寓意很深厚，文化价值非常突出，其根为"中"，其魂为"礼"，其形为"新"，所以取名为"新中装"。这使我们的民族服装在世界领域再次引起瞩目，使中国传统服装的元素深入人心。

　　不管是唐装、汉服还是中式服装，这些服装的名称或者款样，都和我们民族悠久、辉煌的历史文明紧密地联系在一起——汉代灿烂、大气的服装，唐代辉煌、开放的服装等，都是中国服装走向世界的典型代表。所以，研究唐代服装文化，对于弘扬民族传统服装意义重大。

　　中国向来被称为"衣冠古国"。《尚书正义》中说："冕服华章曰华，大国曰夏。"《左传·定公十年》中也说："中国有礼仪之大，故称夏，有服章之美，谓之华。"中国服装堪

称"华服"，中国华服中有很多的名品，比如周代的深衣，秦汉时期的帝王冕服，汉代的襦袄长裙、直裾、曲裾服装、王莽巾等。在唐代，由于社会的开放、经济的发达、文化的繁荣，人们的创造智慧得到了充分的发挥，整个社会处于积极向上、心智旺盛的状态，所以新式服装就不断地涌现。比如乌纱帽、圆领衣、翻领衣、文化长衫、文武官员服装上的禽兽图案（在明清时发展为官服的补子）、华贵无比的百鸟毛裙、艳丽迷人的石榴裙及郁金裙等，妇女们充满智慧的发型、化妆花样也层出不穷，这些都是中国服装史上的名品。保护、传承历史文化与文明，在深厚的历史积淀中开发新的服装品牌，对现代服装发展意义深远。

本书的出版，首先要感谢陕西人民美术出版社的领导及本书的责任编辑高立民、白雪，他们为本书列入国家"十三五"重点出版项目和本书的编辑出版付出了很大努力；同时要感谢西安工程大学在经费上给予的支持；另外，学校青年教师刘婷婷和中共西安市委党校王琪玖教授，也参与了本书部分内容的撰写，学校服装与艺术学院服装设计专业研究生李菲、刘永辉、马晓露同学为本书画了相关的插图，在这里一并致谢。

兰宇于西安工程大学

2017年2月

本书为

"十三五"国家重点出版物出版规划项目

陕西新华出版传媒集团 2016 年度重大出版项目

西安工程大学资助项目